westermann-colleg Mathematik

Herausgegeben von Dr. Otto Hahn und Dr. Jürgen Dzewas

Leistungskurs Analysis I

von Dr. Jürgen Dzewas, Uwe Kliem, Peter Klink und Werner Pfetzer

westermann

Verlagslektor: Jürgen Grimm
Layout und Herstellung: Adolf Kahmann
Einbandgestalter: Gerd Gücker
Zeichnungen: Techn.-Graph. Abteilung Westermann
Satz: Hermann Hagedorn, Berlin
Druck und Bindung: westermann druck, Braunschweig 1980

ISBN 3-14-**11 1976**-7

Inhalt

Vorwort

Die Analysis bildet wegen ihrer großen theoretischen Bedeutung für die Mathematik und wegen ihrer weitreichenden Anwendungen in der Praxis mit Recht eines der Kerngebiete des Mathematikunterrichts in der Sekundarstufe II. Der vorliegende erste Band des Leistungskurses Analysis will dieser Bedeutung dadurch gerecht werden, daß er

- die theoretischen Grundlagen durch Verwendung möglichst weniger tragfähiger Begriffe durchsichtig macht und
- die praktische Anwendbarkeit durch vielfältige Beispiele verdeutlicht.

Nach einer Wiederholung und Zusammenstellung der Definitionen und Sätze über stetige Funktionen aus dem „Vorkurs Analysis" wird der Grenzwertbegriff mithilfe des Begriffs der stetigen Fortsetzung einer Funktion eingeführt. Es schließen sich die Definition der Differenzierbarkeit, Differentiationsregeln und der Extremwertbegriff an.

Kapitel 4 enthält die wichtigen globalen Sätze über stetige und differenzierbare Funktionen: Intervallsatz, Zwischenwertsatz, Mittelwertsatz und verwandte Sätze. Der Intervallsatz hat in diesem Lehrgang die Rolle des Vollständigkeitsaxioms für die reellen Zahlen. Hierdurch wird eine gegenüber üblichen Darstellungen wesentliche Vereinfachung hinsichtlich Motivation und Beweistechnik erreicht.

Diese Sätze werden dann auf Funktionsuntersuchungen angewandt. Das Integral wird als Infimum aller oberen Treppenflächen bzw. als Supremum aller unteren Treppenflächen einer Funktion eingeführt. Für stetige Funktionen liefert diese Methode zugleich den Beweis der Integrierbarkeit und den des Hauptsatzes der Differential- und Integralrechnung. Ausführlich durchgerechnete Beispiele zeigen den praktischen Nutzen theoretischer Begriffsbildungen. Die Behandlung der Integrationsregeln und Anwendungen, besonders zur Berechnung von Flächen- und Rauminhalten beschließen den Band.

Die Anwendung auf weitere Funktionen, wie z.B. den Logarithmus, findet sich in Band 2 des Kurses.

Dieser Band enthält die grundlegenden Begriffe und Sätze der Analysis. Kürzungen sind daher in nennenswertem Umfang nicht zu empfehlen. Selbstverständlich können einzelne Beweise fortgelassen und eine Auswahl unter den Anwendungen getroffen werden.

Die Aufgaben aus den Wirtschaftswissenschaften wurden dem Buch von Herrn Prof. Schwarze „Mathematik für Wirtschaftswissenschaftler" Band 2, erschienen im Verlag Neue Wirtschaftsbriefe, Herne, entnommen und den Bedürfnissen dieses Buches entsprechend umgearbeitet. Auf diesem Wege möchten wir Herrn Prof. Schwarze und dem Verlag herzlich danken.

1 Stetigkeit

1.1 Stetigkeitsdefinition, Stetigkeitssätze

In diesem Abschnitt werden Ergebnisse aus den Kapiteln 9 und 10 des Vorkurses Analysis zusammengestellt.

Die Funktionen f: $x \rightarrow \operatorname{sgn}(x-\pi)$ und g: $x \rightarrow \begin{cases} 0 \text{ für } x<\pi \\ 1 \text{ für } x \geq \pi \end{cases}$ sind an der Stelle π unstetig (Bild 1 und 2), während l: $x \rightarrow 10x$ dort stetig ist (Bild 3). f hat bei π einen beidseitigen, g einen einseitigen Sprung, und l ist sprungfrei.

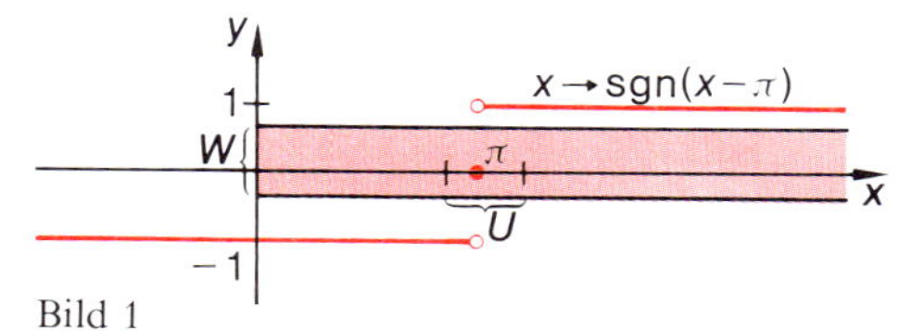

Bild 1

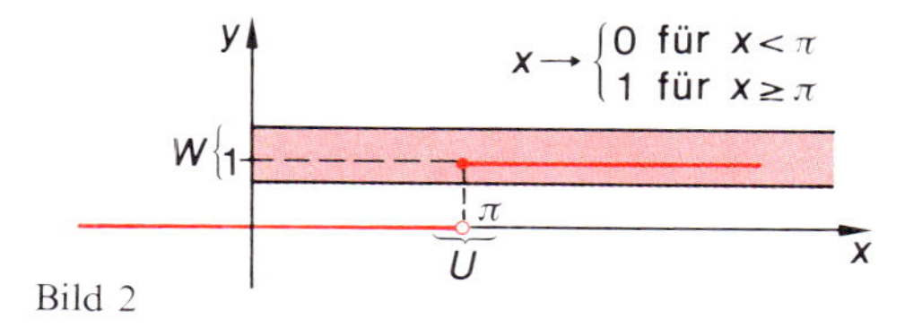

Bild 2

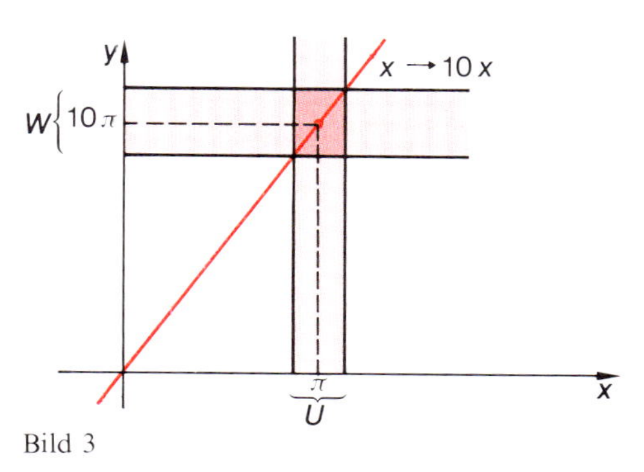

Bild 3

Ersetzt man das Argument π durch einen Näherungswert x für π, so gilt:

für f: *Kein* Näherungswert x für π führt zu einem brauchbaren Näherungswert $f(x)$ für $f(\pi)$. Denn für $x \neq \pi$ ist stets $f(x)=-1$ oder $f(x)=1$, während $f(\pi)=0$ gilt.

für g: *Nicht alle* Näherungswerte x für π führen zu einem brauchbaren Näherungswert $g(x)$ für $g(\pi)$. Denn ist $x<\pi$, z.B. $x=3{,}14$, so ist $g(x)=0$, während $g(\pi)=1$ gilt. Dagegen liefert ein Näherungswert x für π mit $x>\pi$, z.B. $x=3{,}15$ den genauen Funktionswert $g(x)=g(\pi)=1$.

für l: *Alle* Näherungswerte x für π führen zu brauchbaren Näherungswerten $l(x)$ für $l(\pi)$. Ist z.B. $x=3{,}14$, so ist $l(x)=31{,}4$ statt $l(\pi)=10\,\pi$. Sollte dieser Näherungswert noch nicht gut genug sein, so läßt er sich mühelos verbessern, indem man z.B. $x'=3{,}14159$ wählt. Für $l(x')$ ergibt sich dann $31{,}4159 \approx 10\,\pi$.

Die Funktion $h\colon x \to \begin{cases} \sin\frac{1}{x} & \text{für } x \neq 0 \\ 0 & \text{für } x = 0 \end{cases}$ ist an der Stelle 0 unstetig (Bild 4). Zwar liegt hier kein Sprung vor, doch oszilliert h in jeder Umgebung der Stelle 0 beliebig oft mit der Amplitude 1, so daß es in unmittelbarer Nachbarschaft von 0 stets Argumente x gibt, deren Funktionswerte $h(x)$ stark von $h(0)=0$ abweichen und als Näherungswerte daher nicht brauchbar sind.

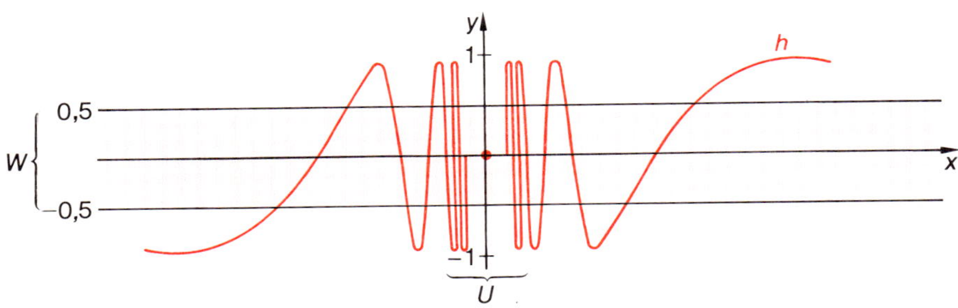

Bild 4

Für die Funktionen f, g und h gibt es je eine Umgebung W des Funktionswertes $f(\pi)=0$, $g(\pi)=1$ und $h(0)=0$, so daß in jeder (noch so kleinen) Umgebung U des Argumentes π bzw. 0 Elemente x (Näherungswerte für das Argument) liegen, deren Funktionswerte $f(x)$, $g(x)$ und $h(x)$ außerhalb von W liegen und damit als Näherungswerte für $f(\pi)$, $g(\pi)$ und $h(0)$ unbrauchbar sind (Bilder 1, 2 und 4).

Dagegen gibt es bei der Funktion l zu jeder Umgebung W des Funktionswertes $l(\pi)=10\pi$ eine Umgebung U von π, so daß für alle $x \in U$ die Funktionswerte $l(x)$ innerhalb von W liegen, also als brauchbare Näherungswerte für $l(\pi)$ angesehen werden können.

Definition 1 (Stetigkeit): Eine Funktion f heißt an einer Stelle a ihrer Definitionsmenge D_f genau dann **stetig,** wenn es zu jeder Umgebung W des Funktionswertes $f(a)$ eine Umgebung U von a mit $f(U \cap D_f) \subseteq W$ gibt.
Andernfalls heißt f bei a **unstetig.**
f heißt auf einer Teilmenge A von D_f genau dann stetig, wenn f an jeder Stelle a aus A stetig ist.
f heißt genau dann (global) stetig, wenn f auf D_f stetig ist; andernfalls heißt f unstetig.

Die Stetigkeit einer Funktion f an einer Stelle a ist eine „lokale" Eigenschaft. Aus ihr kann man Folgerungen über das Verhalten von f in unmittelbarer Umgebung von a ziehen. Wie sich f „fern" von a verhält, läßt sich dagegen nicht erschließen.

Satz 1 (Umgebungssatz): Die Funktion f sei an der Stelle a stetig, und es sei $f(a) > w$. Dann gibt es eine Umgebung U von a mit $f(U) > w$.

In Satz 1 kann „$>$" durch „$<$" und auch durch „$\neq$" ersetzt werden.
Setzt man $w=0$, so folgt aus Satz 1:
Ist f bei a stetig und $f(a)$ positiv, so gibt es eine Umgebung U von a, so daß f auch in U positiv ist.

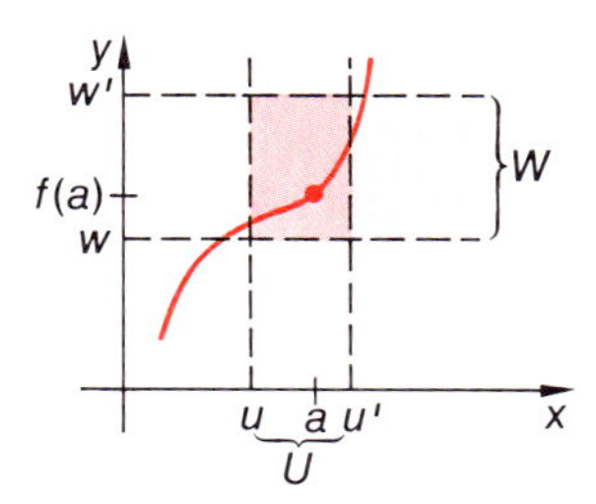

Bild 5: Veranschaulichung der Stetigkeitsdefinition im Koordinatensystem

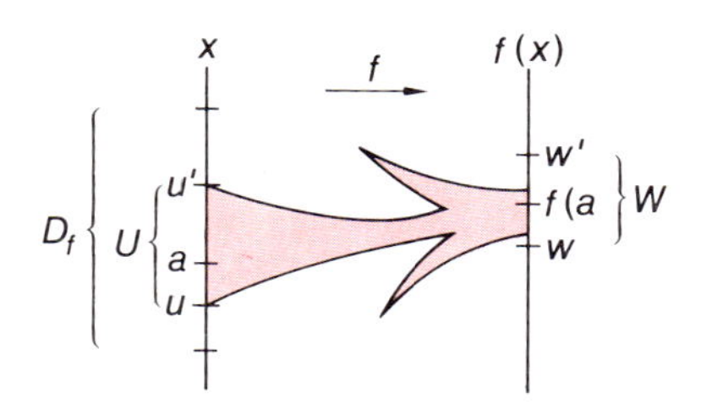

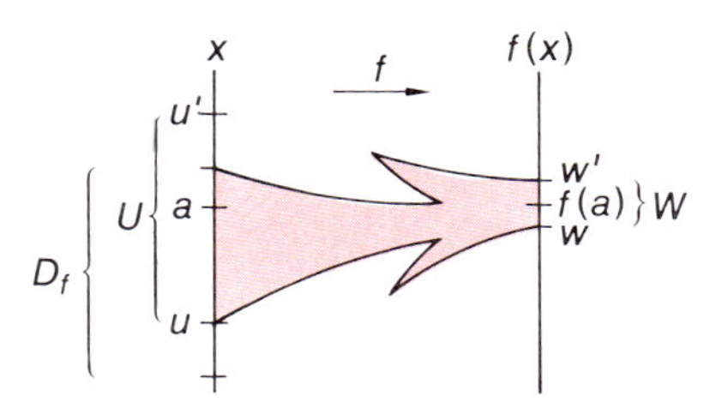

Bild 6: Veranschaulichung der Stetigkeitsdefinition im Pfeildiagramm

Um ein reichhaltiges Material stetiger Funktionen bereitzustellen, beschreitet man folgenden Weg:

1. Man beweist die Stetigkeit einiger spezieller Funktionen.
2. Man beweist, daß es eine Reihe von Verfahren gibt, mit denen man aus stetigen Funktionen neue stetige Funktionen konstruieren kann. Diese Verfahren wendet man auf die stetigen Funktionen aus 1. an.

Satz 2 (Stetigkeit spezieller Funktionen): Die folgenden Funktionen sind (global) stetig:

alle linearen Funktionen	$l\colon x \to mx + b$	$(m, b \in \mathbb{R})$
die Reziprokfunktion	$r\colon x \to \frac{1}{x}$	
alle Potenzfunktionen	$p_n\colon x \to x^n$	$(n \in \mathbb{N})$
die Betragsfunktion	$\text{abs}\colon x \to \lvert x \rvert$	
die Sinusfunktion	$\sin\colon x \to \sin x$	
alle Wurzelfunktionen	$w_n\colon x \to \sqrt[n]{x}$	$(n \in \mathbb{N} \setminus \{0, 1\})$

Satz 3 (Konstruktionsverfahren für stetige Funktionen): Sind die Funktionen f und g stetig, so sind auch die folgenden Funktionen stetig:

$f+g$	(Summensatz)
$f-g$	(Differenzensatz)
$f \circ g$	(Verkettungssatz)
$f \cdot g$	(Produktsatz)
$\frac{f}{g}$	(Quotientensatz)

Beispiel 1: Es ist zu prüfen, ob die Funktion $f\colon x \to \sqrt{x} \cdot \sin \frac{x}{x+1}$ stetig ist:

Nach Satz 2 sind die folgenden Funktionen stetig: $\mathrm{id}\colon x \to x$, $l\colon x \to x+1$, $\sin\colon x \to \sin x$ und $w_2\colon x \to \sqrt{x}$. Nach Satz 3 ist daher $f = w_2 \cdot \left(\sin \circ \frac{\mathrm{id}}{l}\right)$ stetig.

Insbesondere ergibt sich auf diese Weise die Stetigkeit aller ganzrationalen Funktionen

$$g\colon x \to a_n x^n + a_{n-1}x^{n-1} + \cdots + a_1 x + a_0 \qquad (a_i \in \mathbb{R})$$

und aller rationalen Funktionen

$$h\colon x \to \frac{a_n x^n + a_{n-1}x^{n-1} + \cdots + a_1 x + a_0}{b_m x^m + b_{m-1}x^{m-1} + \cdots + b_1 x + b_0} \qquad (a_i \in \mathbb{R},\ b_i \in \mathbb{R},\ b_m \neq 0).$$

Aus den Sätzen 2 und 3 folgt auch die Stetigkeit der Funktionen cos, tan und cot:

$\cos x = \sin(\frac{\pi}{2} - x)$, also $\cos = \sin \circ l$ mit $l\colon x \to \frac{\pi}{2} - x$ (Verkettungssatz)

$\tan x = \frac{\sin x}{\cos x}$, also $\tan = \frac{\sin}{\cos}$ (Quotientensatz)

$\cot x = \frac{1}{\tan x}$, also $\cot = r \circ \tan$ mit $r\colon x \to \frac{1}{x}$ (Verkettungssatz)

Durch Anwendung der Sätze 2 und 3 läßt sich eine Fülle stetiger Funktionen gewinnen. Will man weitere stetige Funktionen erhalten, muß man entweder die Stetigkeit neuer spezieller Funktionen begründen (z.B. die der Logarithmusfunktion), oder man muß neue Konstruktionsverfahren beweisen (z.B. Stetigkeit der Umkehrfunktion).

Aufgabe

1. Begründen Sie, daß die Funktionen mit folgenden Termen stetig sind.

a) $|\sin x|$ b) $\cos|x|$ c) $\frac{x}{\tan x}$ d) $x \cdot \cos\frac{1}{x}$

e) $\frac{x+\sqrt{x}}{x+|x|}$ f) $(1-\sin x)^3$ g) $(x-\sqrt{x})^2$ h) $\sqrt{1-\sqrt[3]{x}}$

i) $\sin(2\cdot|x|-1)$ k) $\sqrt{\frac{x-\sin x}{x-\cos x}}$ l) $\left|1+x\cdot|x|\right|$ m) $(x-2)\cdot\frac{x}{\sin x}$

1.2 Stetige Fortsetzung

Beispiel 2: Die Funktionen $f\colon x \longrightarrow \frac{x^2+x}{x} = \frac{x(x+1)}{x}$ und $r\colon x \longrightarrow \frac{1}{x}$

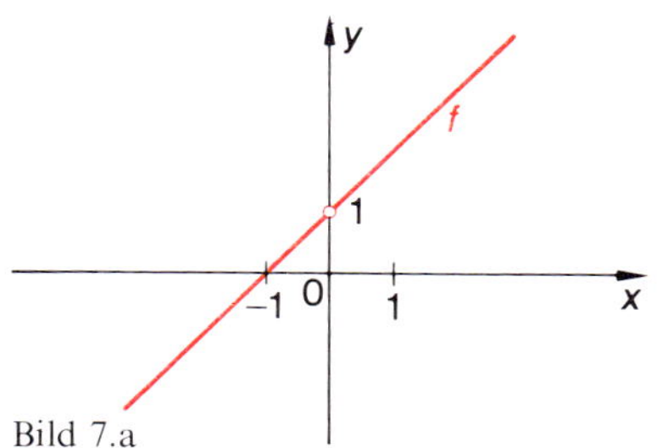

Bild 7.a

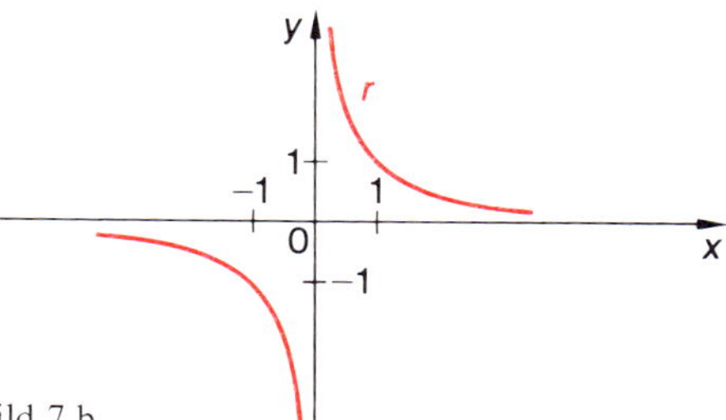

Bild 7.b

haben dieselbe Definitionsmenge $D_f = D_r = \mathbb{R}^*$.

Die Funktionen $f_0\colon x \longrightarrow x+1$ und $r_0\colon x \longrightarrow \begin{cases} \frac{1}{x} & \text{für } x \neq 0 \\ 0 & \text{für } x = 0 \end{cases}$

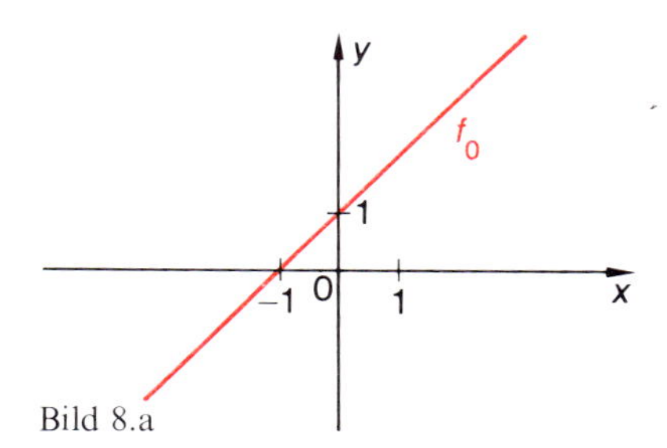

Bild 8.a

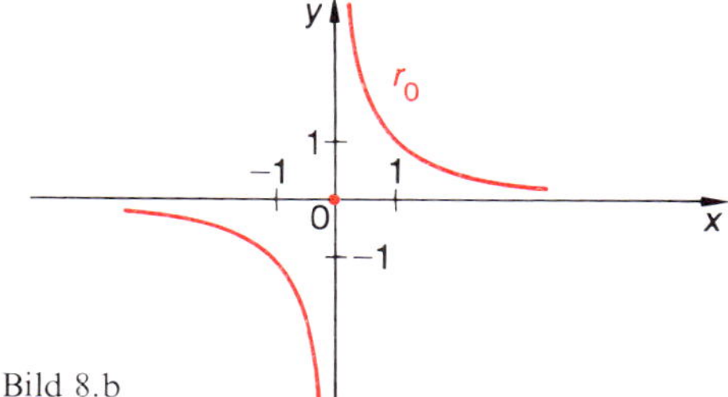

Bild 8.b

stimmen mit f bzw. r auf $\mathbb{R}^*$ überein und sind zusätzlich an der Stelle 0 definiert. Daher heißen f_0 bzw. r_0 Fortsetzungen von f bzw. r nach 0.
f_0 ist bei 0 stetig, r_0 dagegen bei 0 unstetig.
f_0 heißt eine stetige Fortsetzung von f nach 0.
r_0 heißt eine unstetige Fortsetzung von r nach 0.

Man entnimmt der Anschauung unmittelbar:
a) Versucht man, die Lücke in der Funktion f an der Stelle 0 durch einen von 1 verschiedenen Funktionswert zu schließen, so ist die dabei entstehende Funktion eine unstetige Fortsetzung von f nach 0.
f_0 ist also die einzige stetige Fortsetzung von f nach 0.
b) Versucht man, die Lücke in der Funktion r an der Stelle 0 durch irgendeinen Funktionswert (sei er null, positiv oder negativ) zu schließen, so ist die dabei entstehende Funktion stets eine unstetige Fortsetzung von r nach 0. r läßt sich also nicht stetig nach 0 fortsetzen (vgl. Vorkurs Analysis, Aufgabe 17, Seite 129).

Definition 2 (Fortsetzung): Die Funktion f habe die Definitionsmenge D_f, es sei $a \notin D_f$ und $c \in \mathbb{R}$. Dann heißt die Funktion

$$f_a\colon x \longrightarrow \begin{cases} f(x) & \text{für } x \in D_f \\ c & \text{für } x = a \end{cases}$$

eine **Fortsetzung** von f nach a.
Ist f_a bei a stetig, so sagt man: f läßt sich **stetig** nach a **fortsetzen.**

Beispiel 3: Die Funktion f aus Beispiel 2 läßt sich nach 0 auf nur eine Weise stetig fortsetzen. Die Lücke im Graphen wird „auf natürliche Weise" durch den Punkt (0; 1) geschlossen. Die Funktionswerte in der Nachbarschaft „erzwingen" den Funktionswert 1 an der Stelle 0, wenn Stetigkeit verlangt wird.
Will man dagegen die Funktion g: $x \to \sqrt{x-1}$ nach 0 fortsetzen, so hat man keinerlei Hinweise, wie dies „auf natürliche Weise" geschehen könnte. So ist zwar jede der Funktionen

$$x \to \begin{cases} \sqrt{x-1} & \text{für } x \geq 1 \\ 1 & \text{für } x = 0 \end{cases},$$

$$x \to \begin{cases} \sqrt{x-1} & \text{für } x \geq 1 \\ 0 & \text{für } x = 0 \end{cases},$$

$$x \to \begin{cases} \sqrt{x-1} & \text{für } x \geq 1 \\ -1 & \text{für } x = 0 \end{cases}$$

an der Stelle 0 stetig (Aufgabe 6, S. 15), aber keine ist der anderen „vorzuziehen".

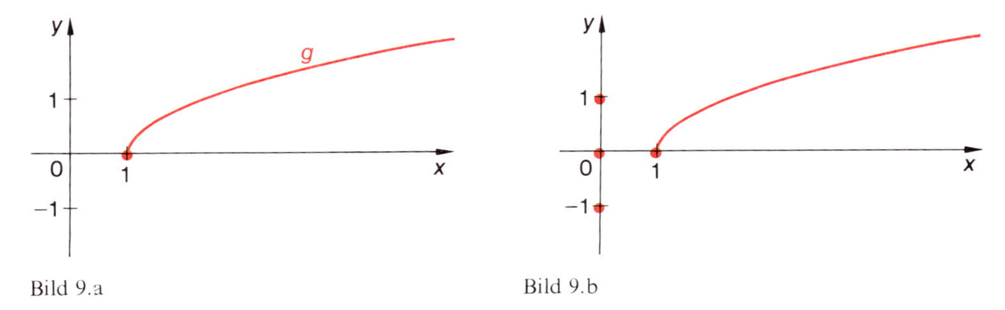

Bild 9.a Bild 9.b

Das liegt daran, daß die Stelle 0 von der Definitionsmenge $D_g = \{x | x \geq 1\}$ „getrennt" liegt, so daß die Funktionswerte von g den Funktionswert an der Stelle 0 nicht „vorprägen". Letzteres kann höchstens dann geschehen, wenn die Stelle a, nach der die Funktion fortgesetzt werden soll, „hinreichend nahe" an der Definitionsmenge der Funktion liegt. Dieses „hinreichend nahe" wird folgendermaßen definiert:

> **Definition 3 (Häufungspunkt):** Eine reelle Zahl a heißt ein **Häufungspunkt** einer Menge M genau dann, wenn es in jeder Umgebung U von a (mindestens) ein von a verschiedenes Element aus M gibt.

Beispiel 4: Wir betrachten die Menge $M = \{\frac{1}{n} | n \in \mathbb{N}^*\} \cup]\frac{3}{2}; 2]$.

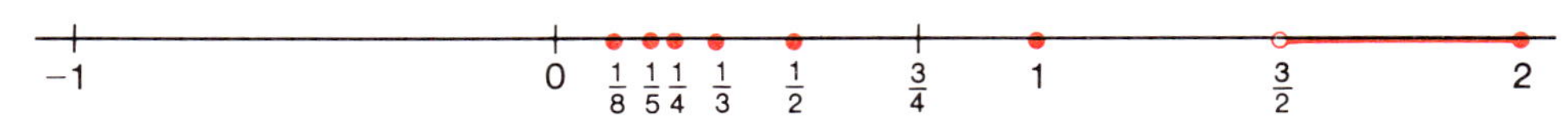

Bild 10

a) Die Zahl $\frac{3}{4}$ gehört nicht zu M und ist auch kein Häufungspunkt von M; denn z. B. in der Umgebung $U =]0{,}7; 0{,}8[$ von $\frac{3}{4}$ gibt es kein Element von M. Auch die Zahlen -1, $\frac{5}{4}$ und 3 gehören nicht zu M und sind keine Häufungspunkte von M.

b) Weil es zu jeder Zahl $u > 0$ eine natürliche Zahl n mit $\frac{1}{n} < u$ gibt, liegt in jeder (symmetrischen) Umgebung $U =]-u; u[$ von 0 ein (von 0 verschiedenes) Element von M.

Somit ist 0 ein nicht zu M gehörender Häufungspunkt von M. Auch $\frac{3}{2}$ ist ein nicht zu M gehörender Häufungspunkt von M.

c) In der Umgebung $U =]0{,}9;\ 1{,}1[$ von 1 liegt außer 1 kein weiteres Element von M. Daher ist 1 ein Element von M, das kein Häufungspunkt von M ist. Ebenso sind die Elemente $\frac{1}{2}, \frac{1}{3}, \frac{1}{4}, \ldots$ zwar aus M, aber keine Häufungspunkte von M.

d) 1,7 gehört zu M und ist Häufungspunkt von M. Denn in jeder Umgebung $U =]u;\ u'[$ von 1,7 gibt es außer 1,7 noch weitere Elemente von M. Auch 1,3 und 2 sind zu M gehörende Häufungspunkte von M.

Das Beispiel zeigt, daß Häufungspunkte einer Menge selbst Elemente der Menge sein können, es aber nicht zu sein brauchen.

Satz 4 (Eindeutigkeitssatz): Wenn die Definitionsmenge D_f einer Funktion f einen nicht zu ihr gehörigen Häufungspunkt a hat, läßt sich f auf höchstens eine Weise stetig nach a fortsetzen.

Bemerkung: In Beispiel 2.b ist 0 ein Häufungspunkt von $\mathbb{R}^*$; dennoch gibt es keine stetige Fortsetzung von r nach 0. In Beispiel 2.a ist 0 ebenfalls Häufungspunkt von $\mathbb{R}^*$; und die Funktion f läßt sich auf genau eine Weise stetig nach 0 fortsetzen. Satz 4 sagt also nichts über die Existenz, sondern nur etwas über die Eindeutigkeit einer stetigen Fortsetzung von f nach a aus.

Beweis: Angenommen, es gäbe zwei verschiedene bei a stetige Fortsetzungen f_1 und f_2 von f nach a. Dann ist $f_1(a) \neq f_2(a)$, und daher können die beiden Zahlen $f_1(a)$ und $f_2(a)$ durch zwei Umgebungen W_1 und W_2 voneinander „getrennt" werden; d. h. es gibt zwei Umgebungen W_1 von $f_1(a)$ und W_2 von $f_2(a)$ mit $W_1 \cap W_2 = \emptyset$. Weil f_1 und f_2 bei a stetig sind, gibt es zu W_1 eine Umgebung U_1 von a mit $f_1(U_1) \subseteq W_1$ und zu W_2 eine Umgebung U_2 von a mit $f_2(U_2) \subseteq W_2$. Dann ist auch $U = U_1 \cap U_2$ eine Umgebung von a, und es gilt $f_1(U) \subseteq W_1$ und $f_2(U) \subseteq W_2$.

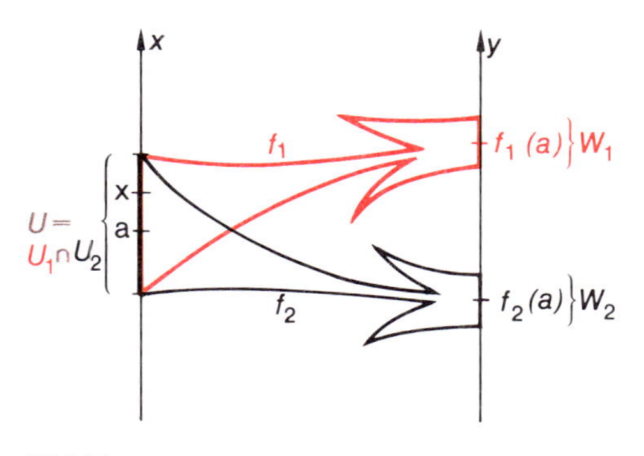

Bild 11

Da a ein Häufungspunkt von D_f ist, gibt es in U ein von a verschiedenes Element $x \in D_f$.
Aus $f_1(x) \in W_1$, $f_2(x) \in W_2$ und $W_1 \cap W_2 = \emptyset$ folgt $f_1(x) \neq f_2(x)$.
Dies ist ein Widerspruch dazu, daß f_1 und f_2 an allen Stellen aus D_f mit f, also auch untereinander übereinstimmen. Die Annahme $f_1(a) \neq f_2(a)$ ist also zu verwerfen.

Beispiel 5: Für die Funktion f: $x \longrightarrow \frac{\sin x}{x}$; $x \in \mathbb{R}^*$ stellen wir eine Wertetabelle auf. Überprüfen Sie sie mit dem Taschenrechner.

x	$\pi \approx 3{,}1416$	$\frac{3}{4}\pi \approx 2{,}3562$	$\frac{\pi}{2} \approx 1{,}5708$	$\frac{\pi}{3} \approx 1{,}0472$	$\frac{\pi}{4} \approx 0{,}7854$	$\frac{\pi}{6} \approx 0{,}5236$
$\frac{\sin x}{x}$	0,0000	$\frac{2\sqrt{2}}{3\pi} \approx 0{,}3001$	$\frac{2}{\pi} \approx 0{,}6366$	$\frac{3\sqrt{3}}{2\pi} \approx 0{,}8270$	$\frac{2\sqrt{2}}{\pi} \approx 0{,}9003$	$\frac{3}{\pi} \approx 0{,}9549$

x	0,4	0,3	0,2	0,1	0,01	0,001	0,0001
$\frac{\sin x}{x}$	0,9735	0,9851	0,9933	0,9983	0,9999	0,999999	0,99999999

Beachtet man noch, daß $f(-x) = \frac{\sin(-x)}{-x} = \frac{-\sin x}{-x} = \frac{\sin x}{x} = f(x)$ für alle $x \in \mathbb{R}^*$ gilt, so kann mit Hilfe der Tabelle die Funktion f wie in Bild 12 gezeichnet werden.

Satz 4 sagt, daß es höchstens eine stetige Fortsetzung f_0 von f nach 0 gibt. Wertetabelle und Bild 12 lassen vermuten, daß $f_0(0) = 1$ gesetzt werden muß, damit die Funktion

$$f_0\colon x \longrightarrow \begin{cases} \frac{\sin x}{x} & \text{für } x \neq 0 \\ 1 & \text{für } x = 0 \end{cases}$$

an der Stelle 0 stetig ist. Wir zeigen später (Beispiel 13, Seite 25), daß diese Vermutung richtig ist.

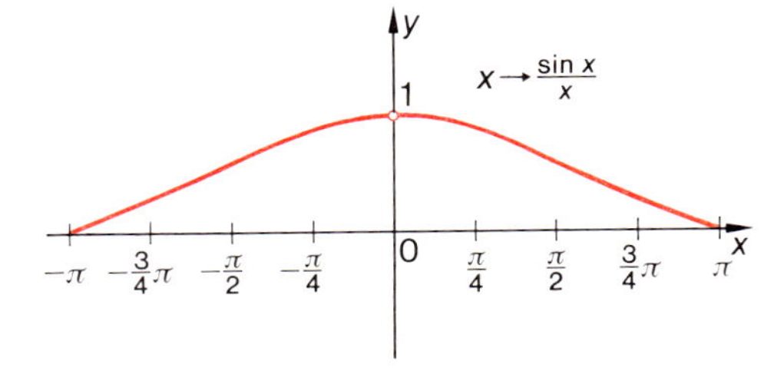

Bild 12

Aufgaben

2. Begründen Sie die folgenden Aussagen.
a) Jeder Punkt der Mengen $]1;3[$, $]1;3]$, $[1;3[$ und $[1;3]$ ist ein Häufungspunkt dieser Mengen.
b) 1 ist einziger Häufungspunkt der Menge $\{1-\frac{1}{n} | n \in \mathbb{N}^*\}$.
c) $\mathbb{Q}$ hat unendlich viele Häufungspunkte, die zu $\mathbb{Q}$ gehören, und unendlich viele Häufungspunkte, die nicht zu $\mathbb{Q}$ gehören.
d) Das Intervall $[a;b]$ mit $a<b$ besteht aus allen seinen Häufungspunkten.
e) Die Menge aller Häufungspunkte von $]a;b[$ mit $a<b$ ist gleich $[a;b]$.
f) Die Definitionsmenge der Funktion $x \to \sqrt{x}$ besteht aus allen ihren Häufungspunkten. Entsprechendes gilt jedoch nicht für die Tangensfunktion.

3. Bestimmen Sie die Menge aller Häufungspunkte folgender Mengen.
a) $[-1;4[$ b) $]2;3]$ c) $\mathbb{R}$ d) $\mathbb{Q}$ e) $\mathbb{N}$
f) $]0;1] \cup [2;3[$ g) $[0;2[\cap]1;3]$ h) $]0;2] \cup]1;3[$
i) $]1;2[\cup]2;3[$ k) $]0;1[\cap]1;2[$ l) $]0;1] \cap [1;2[$
m) $\{x | x>3 \wedge x \in \mathbb{Q}\}$ n) $\{x | x>3 \wedge x \in \mathbb{R}\}$ o) $\{x | x \geq 3 \wedge x \in \mathbb{Q}\}$
p) $\{x | x<7 \wedge x \in \mathbb{R}\}$ q) $\left\{1+\frac{1}{n} \middle| n \in \mathbb{N}^*\right\}$ r) $\left\{\frac{n-1}{n+1} \middle| n \in \mathbb{N}\right\}$
s) $\left\{(-1)^n+\frac{1}{n} \middle| n \in \mathbb{N}^*\right\}$ t) $\left\{3+\frac{(-1)^n}{n} \middle| n \in \mathbb{N}^*\right\}$ u) $\left\{(-1)^n+\frac{3}{n} \middle| n \in \mathbb{N}^*\right\}$
v) $\left\{1+\frac{(-3)^n}{n} \middle| n \in \mathbb{N}^*\right\}$ w) $\left\{1+\frac{n}{(-3)^n} \middle| n \in \mathbb{N}\right\}$ x) $\left\{\frac{1}{z}+\operatorname{sgn}(z) \middle| z \in \mathbb{Z}^*\right\}$

4. Geben Sie – wenn möglich – je ein Beispiel für eine Menge M so an, daß gilt:
a) $5 \in M$ und 5 ist Häufungspunkt von M.
b) $5 \notin M$ und 5 ist Häufungspunkt von M.
c) $5 \in M$ und 5 ist kein Häufungspunkt von M.
d) $5 \notin M$ und 5 ist kein Häufungspunkt von M.
e) Die Menge der Häufungspunkte von M ist $\{0, 1\}$.
f) Die Menge der Häufungspunkte von M ist $]0;1[$.
g) Die Menge der Häufungspunkte von M ist $[0;1]$.
h) $0 \notin M$ und 0 ist einziger Häufungspunkt von M.

5. Begründen Sie (eine Zeile!): Ist a ein Häufungspunkt der Menge A und ist A Teilmenge von B, so ist a auch Häufungspunkt der Menge B.

6. Begründen Sie, daß jede der drei Funktionen aus Bild 9.b an der Stelle 0 stetig ist (vgl. auch Aufgabe 1.d von Seite 38).

7. Die Funktion $x \to \sqrt{x}$; $x \in \{x | x>0\}$ wird durch die folgenden drei Funktionen stetig „auf $\mathbb{R}$ fortgesetzt" (Zeichnen Sie!):

$x \to \begin{cases} \sqrt{x} & \text{für } x>0 \\ \sqrt{-x} & \text{für } x \leq 0 \end{cases}$ $x \to \begin{cases} \sqrt{x} & \text{für } x>0 \\ -\sqrt{-x} & \text{für } x \leq 0 \end{cases}$ $x \to \begin{cases} \sqrt{x} & \text{für } x>0 \\ 0 & \text{für } x \leq 0 \end{cases}$

Warum ist dies kein Widerspruch zum Eindeutigkeitssatz?

8. Gegeben sind eine Funktion f und ein nicht zu D_f gehörender Häufungspunkt von D_f. Bestimmen Sie – wenn möglich – durch Angabe von $f_a(a)$ die einzige stetige Fortsetzung f_a von f nach a.

a) $x \to x^2$;	$x \in [1; 2[$	$a = 2$
b) $x \to 3x - 2$;	$x \in \{x \mid x > -1\}$	$a = -1$
c) $x \to -2x$;	$x \in \mathbb{R}^*$	$a = 0$
d) $x \to \frac{-2}{x}$;	$x \in \mathbb{R}^*$	$a = 0$
e) $x \to \frac{1}{x-1}$;	$x \in \mathbb{R}\setminus\{1\}$	$a = 1$
f) $x \to \frac{1}{x-2}$;	$x \in \mathbb{R}\setminus\{1, 2\}$	$a = 1$
g) $x \to \frac{x^2+4x+4}{x+2}$;	$x \in \mathbb{R}\setminus\{-2\}$	$a = -2$
h) $x \to \frac{1}{x+1}$;	$x \in \mathbb{R}\setminus\{-1, 1\}$	$a = -1$ und $a = 1$
i) $x \to \frac{1}{x^2+1}$;	$x \in \mathbb{R}\setminus\{-1, 1\}$	$a = -1$ und $a = 1$

9. Zeichnen Sie die Funktionen $x \to \frac{x^2}{|x|}$, $x \to \frac{|x|}{x^2}$ und $x \to \frac{x}{x} \cdot \operatorname{sgn}(x)$.
Eine der drei Funktionen läßt sich stetig nach 0 fortsetzen, die beiden anderen nicht. Begründung!

10. Zeigen Sie, daß sich die Funktion $x \to \frac{x^5 + x^4 - x^2 - x}{x^3 - x}$ auf genau eine Weise stetig auf $\mathbb{R}$ fortsetzen läßt. Wie lautet diese Fortsetzung?

11. Bei den folgenden Funktionen f ist 3 ein nicht zu D_f gehörender Häufungspunkt von D_f. Bestimmen Sie jeweils die einzige stetige Fortsetzung f_3 von f nach 3 und geben Sie $f_3(3)$ an.

a) $x \to \frac{x-3}{x-3}$ b) $x \to \frac{5x-15}{x-3}$ c) $x \to \frac{x^2-9}{x-3}$ d) $x \to \frac{x^3-27}{x-3}$

e) $x \to \frac{\frac{1}{x} - \frac{1}{3}}{x-3}$ f) $x \to \frac{\sqrt{x} - \sqrt{3}}{x-3}$ g) $x \to \frac{2x^2 - 5x - 3}{x-3}$

12. Begründen Sie, daß sich die Funktion $x \to \sin\frac{1}{x}$ (vgl. auch Bild 4, Seite 8) nicht stetig nach 0 fortsetzen läßt.

13. Zeigen Sie, daß bei jeder Wahl der reellen Zahl c die Funktion

$$x \to \begin{cases} \frac{1}{(x-a)^k} & \text{für } x \neq a \\ c & \text{für } x = a \end{cases}$$

mit $a \in \mathbb{R}$ und $k \in \mathbb{N}^*$ an der Stelle a unstetig ist.

2 Grenzwerte von Funktionen

2.1 Grenzwertdefinition

Wir betrachten die drei Funktionen

$f\colon x \to \dfrac{x^3+x}{x};\; x \in \mathbb{R}^*$

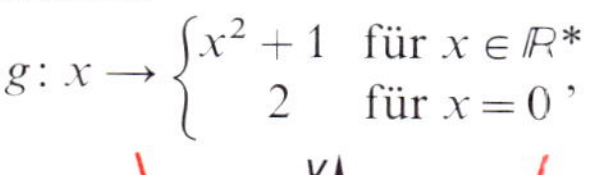

$g\colon x \to \begin{cases} x^2+1 & \text{für } x \in \mathbb{R}^* \\ 2 & \text{für } x = 0 \end{cases},$

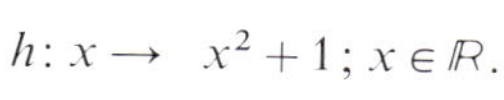

$h\colon x \to \; x^2+1;\; x \in \mathbb{R}.$

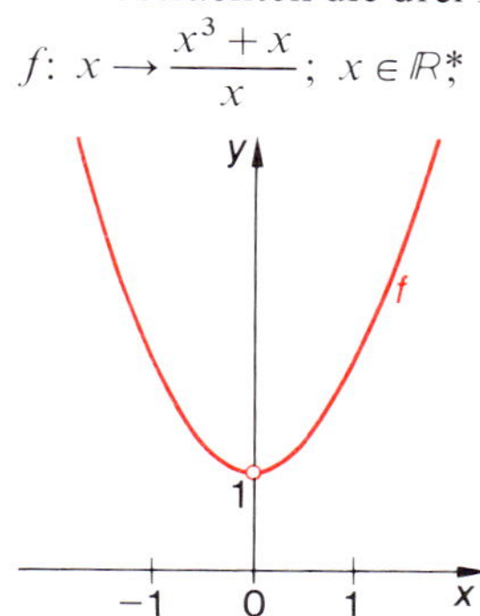

Bild 1.a

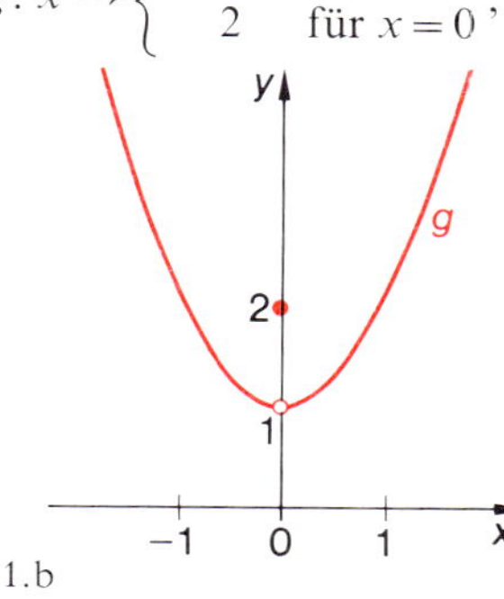

1.b

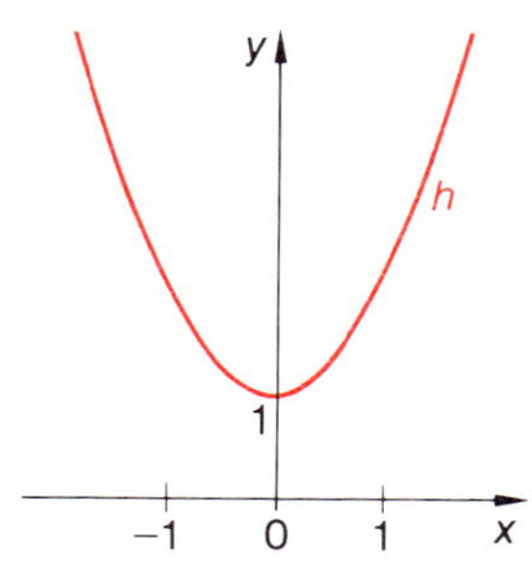

1.c

0 ist Häufungspunkt jeder der drei Definitionsmengen.

f ist an der Stelle 0 nicht definiert, g ist eine unstetige und h die stetige Fortsetzung von f nach 0. Nähert sich die Stelle x dem Wert 0, so nähert sich bei allen drei Funktionen der Funktionswert jeweils dem Wert 1. Wir werden sagen: Jede der drei Funktionen hat an der Stelle 0 den Grenzwert 1 oder konvergiert an der Stelle 0 gegen den Grenzwert 1.

In Zeichen: $\lim\limits_{x\to 0} f(x) = \lim\limits_{x\to 0} g(x) = \lim\limits_{x\to 0} h(x) = 1$

Sprich: Limes von f von x für x gegen 0 ist gleich 1. „Limes" bedeutet „Grenze".
Der Grenzwert an der Stelle a kann mit dem Funktionswert an der Stelle a übereinstimmen:

$\lim\limits_{x\to 0} h(x) = h(0) = 1$, braucht es aber nicht:

$\lim\limits_{x\to 0} g(x) = 1 \neq 2 = g(0).$

Er kann sogar an einer Stelle a definiert sein, an der die Funktion nicht definiert ist:

$\lim\limits_{x\to 0} f(x) = 1$, aber $f(0)$ ist nicht definiert.

Der Grenzwert 1 ist derjenige Wert, den man der Funktion an der Stelle 0 zuschreiben muß, wenn sie sich dort „vernünftig" verhalten soll. Die Funktion f verhält sich bei 0 nicht „vernünftig". Sie hat dort eine Definitionslücke, die behoben werden kann, indem man zusätzlich $f(0) = 1$ definiert. Dann stimmt f mit h überein, und h ist an der Stelle 0 stetig.
Auch die Funktion g verhält sich an der Stelle 0 „unvernünftig". Zwar ist g dort definiert, aber unstetig. Diese Unstetigkeit kann behoben werden, indem man g umdefiniert: Statt $g(0) = 2$ legt man $g(0) = 1$ fest. Dann stimmt g ebenfalls mit h überein.
Wir wollen nun den Begriff des Grenzwertes genau fassen, und zwar so, daß wir alle drei Situationen aus Bild 1
- f ist an der Stelle a nicht definiert
- g ist an der Stelle a „ungeschickt" definiert
- h ist an der Stelle a bereits „vernünftig" (stetig) definiert

in der Definition erfassen.

Definition 1 (Grenzwert einer Funktion): Es sei a ein Häufungspunkt der Definitionsmenge D_f einer Funktion f.
Die Funktion f heißt **an der Stelle a konvergent** genau dann, wenn es eine bei a stetige Funktion f_a gibt, die auf $D_f \setminus \{a\}$ mit f übereinstimmt.
Der Funktionswert $f_a(a)$ heißt **Grenzwert** der Funktion f an der Stelle a.
Gibt es eine solche Funktion f_a nicht, so heißt f **an der Stelle a divergent.**

Bemerkung: Die Begriffe „Konvergenz", „Divergenz" und „Grenzwert" einer Funktion f sind also nur an einem Häufungspunkt a der Definitionsmenge D_f sinnvoll. Andernfalls „prägen" die Funktionswerte von f den Funktionswert an der Stelle a nicht vor (vgl. Beispiel 3 von Seite 12).

Die Funktion f_a entsteht in zwei Schritten aus der Funktion f:
1) Falls f bei a definiert ist, wird zunächst a aus der Definitionsmenge D_f entfernt. Man sagt: Die Funktion f wird bei a punktiert.
2) Die bei a nicht definierte Funktion wird – wenn möglich – stetig nach a fortgesetzt. Dies geht nach Satz 4 (Seite 13) auf höchstens eine Weise.
Man kann daher von *dem* Grenzwert von f bei a reden und für ihn eine Bezeichnung wählen, die nur von f und a abhängt: $\lim_a f$.
Weiter verbreitet ist allerdings die aufwendigere Schreibweise $\lim_{x \to a} f(x)$. Wenn man erlaubt, statt der Funktion f den Term $f(x)$ zu notieren, so erspart man sich vielfach die Einführung von Funktionsnamen:
Statt $f\colon x \longrightarrow \frac{x^3+x}{x}$ und $\lim_0 f = 1$ schreiben wir $\lim_{x \to 0} \frac{x^3+x}{x} = 1$.

Wir haben folgendes Ergebnis:

Satz 1 (Eindeutigkeit des Grenzwertes): Eine Funktion f hat an einer Stelle a höchstens einen Grenzwert.

Wenn die Funktion f am Häufungspunkt a ihrer Definitionsmenge D_f stetig ist, entsteht durch Punktieren bei a und anschließende stetige Fortsetzung nach a wieder die Funktion $f_a = f$. Also konvergiert f bei a gegen den Grenzwert $f_a(a) = f(a)$.
Wenn umgekehrt die Funktion f am Häufungspunkt a ihrer Definitionsmenge D_f definiert ist und $f(a)$ als Grenzwert hat, so ist die Funktion

$$f_a\colon x \longrightarrow \begin{cases} f(x) & \text{für } x \in D_f \setminus \{a\} \\ f(a) & \text{für } x = a \end{cases}$$

nach Definition 1 bei a stetig. Wegen $f_a = f$ heißt das: f ist bei a stetig.
Also folgt:

Satz 2 (Grenzwert und Stetigkeit): Die Funktion f sei am Häufungspunkt a ihrer Definitionsmenge D_f definiert. Dann gilt:
f ist bei a stetig $\Leftrightarrow \lim_{x \to a} f(x)$ existiert und ist gleich $f(a)$.

Beispiel 1: Für stetige Funktionen ist die Grenzwertbestimmung an Häufungspunkten der Definitionsmenge also sehr leicht: Der Grenzwert stimmt mit dem Funktionswert überein. Daher gilt z. B.:

$\lim\limits_{x \to a}(x^3 - 2x + 5) = a^3 - 2a + 5$ für alle $a \in \mathbb{R}$; $\lim\limits_{x \to 2}\sqrt{x^2 - 2} = \sqrt{2}$;

$\lim\limits_{x \to 1}\frac{x-5}{x+5} = \frac{-4}{6} = -\frac{2}{3}$; $\lim\limits_{x \to \pi}\cos x = -1$; $\lim\limits_{x \to \frac{\pi}{4}}\sin x = \frac{1}{2}\sqrt{2}$.

Insbesondere gilt für jede konstante Funktion und alle $a \in \mathbb{R}$: $\lim\limits_{x \to a} c = c$.

Beispiel 2: Die Funktion $f\colon x \to \dfrac{x^2 - 4}{x^2 - x - 2} = \dfrac{(x-2)\cdot(x+2)}{(x-2)\cdot(x+1)}$ hat die Definitionsmenge $D_f = \mathbb{R}\setminus\{-1, 2\}$, und 2 ist Häufungspunkt von D_f.

Die Funktion $f_2\colon x \to \dfrac{x+2}{x+1}$ stimmt mit f auf $D_f\setminus\{2\} = D_f$ überein und ist an der Stelle 2 stetig.

Daher ist $f_2(2) = \frac{4}{3}$ der Grenzwert von f an der Stelle 2.

Beispiel 3: Die Funktion $f\colon x \to \begin{cases} \dfrac{x^2-1}{x-1} & \text{für } x \neq 1 \\ 0 & \text{für } x = 1 \end{cases} = \begin{cases} x+1 & \text{für } x \neq 1 \\ 0 & \text{für } x = 1 \end{cases}$

hat die Definitionsmenge $D_f = \mathbb{R}$, und 1 ist Häufungspunkt von D_f.

Die Funktion $f_1\colon x \to x + 1$ stimmt mit f auf $D_f\setminus\{1\}$ überein und ist an der Stelle 1 stetig.

Daher ist $f_1(1) = 2$ der Grenzwert von f an der Stelle 1.

Beispiel 4: Die Funktion $f\colon x \to \begin{cases} \dfrac{x^2 - 7x + 12}{x-3} & \text{für } x \neq 3 \\ -1 & \text{für } x = 3 \end{cases} = x - 4$

ist auf $\mathbb{R}$ stetig, und daher gilt wie in Beispiel 1 $\lim\limits_{x \to 3} f(x) = f(3) = -1$.

Beispiel 5: Für die Funktion $f\colon x \to \sqrt{x^2\cdot(x-1)}$ gehört zwar 0 zur Definitionsmenge D_f, ist aber kein Häufungspunkt von D_f. Daher kann f an der Stelle 0 nicht auf Konvergenz untersucht werden.

Beispiel 6: Die Einschaltfunktion $e\colon x \to \begin{cases} 0 & \text{für } x < 0 \\ 1 & \text{für } x \geq 0 \end{cases}$ und die Signumfunktion

$\operatorname{sgn}\colon x \to \begin{cases} -1 & \text{für } x < 0 \\ 0 & \text{für } x = 0 \\ 1 & \text{für } x > 0 \end{cases}$ lassen sich an der Stelle 0 nicht so umdefinieren, daß sie stetig werden. Daher konvergieren sie an der Stelle 0 nicht.

Beispiel 7: Die Funktion $r\colon x \to \frac{1}{x}$ hat an der Stelle 0 und die Funktion $f\colon x \to \dfrac{1}{(x-4)^2}$ hat an der Stelle 4 eine Definitionslücke, die sich nicht stetig beheben läßt. Daher divergieren diese Funktionen bei 0 bzw. 4.

Beispiel 8: Die Funktion $f\colon x \to \frac{x^3-7x^2+7x+15}{x^3-3x^2+x-3}$ soll an der Stelle $a=3$ auf Konvergenz untersucht werden. Man sieht sofort, daß 3 sowohl Nullstelle des Zählers als auch des Nenners von f ist. Da der Nenner höchstens endlich viele Nullstellen hat, ist 3 ein nicht zu D_f gehörender Häufungspunkt von D_f.
Man kann im Zähler und Nenner jeweils den Linearfaktor $x-3$ abspalten. Eine Polynomzerlegung liefert die Darstellung

$$f(x)=\frac{(x-3)\cdot(x-5)\cdot(x+1)}{(x-3)\cdot(x^2+1)}.$$

Also ist f nur bei 3 nicht definiert: $D_f=\mathbb{R}\setminus\{3\}$.
Die Funktion f_3 mit $f_3(x)=\frac{(x-5)\cdot(x+1)}{x^2+1}$ ist bei 3 stetig und stimmt auf D_f mit f überein, ist also die stetige Fortsetzung von f nach 3. Also gilt

$$\lim_{x\to 3} f(x)=f_3(3)=\frac{(3-5)\cdot(3+1)}{9+1}=-\tfrac{4}{5}.$$

Aufgaben

1. Untersuchen Sie die Funktionen mit den folgenden Termen an den angegebenen Stellen auf Konvergenz und bestimmen Sie gegebenenfalls den Grenzwert.

a) $\frac{x}{x^2}$; $a=0$ b) $\frac{x^2}{x}$; $a=0$ c) $\frac{x}{x}$; $a=0$

d) $\sqrt{x+1}$; $a=-1$ e) $\frac{x}{\sqrt{x}}$; $a=0$ f) $\sqrt{(-2-x)\cdot x^2}$; $a=0$

g) $\frac{x-2}{x-2}$; $a=2$ h) $\frac{x}{x-2}$; $a=2$ i) $\frac{x-2}{x}$; $a=2$

k) $\frac{x^2+3x-4}{x+4}$; $a=-4$, $a=1$ l) $\frac{x+4}{x^2+3x-4}$; $a=-4$, $a=1$ m) $\frac{x-1}{1+x^2}$; $a=1$, $a=-1$

n) $x\cdot\operatorname{sgn}x$; $a=0$ o) $\operatorname{sgn}^2 x$; $a=0$ p) $\operatorname{sgn}x\cdot\sin x$; $a=0$

q) $\operatorname{sgn}x\cdot\cos x$; $a=0$ r) $\operatorname{sgn}(\sin x)$; $a=0$ s) $\operatorname{sgn}(\cos x)$; $a=0$

t) $\frac{x-1}{\sqrt{x^2-1}}$; $a=1$, $a=-1$ u) $\frac{1-x}{1-|x|}$; $a=1$, $a=-1$ v) $\frac{x^3-1}{x^2-1}$; $a=1$, $a=-1$

w) $\frac{x}{\cos x}$; $a=0$ x) $\frac{\sin 2x}{\sin x}$; $a=0$ y) $\frac{\tan x}{\sin x}$; $a=0$

z) $\frac{\sin 2x}{\tan x}$; $a=0$ a_1) $\frac{\tan x}{\cos x}$; $a=0$

2. Bestimmen Sie für die Funktion $f\colon x \to \begin{cases} x & \text{für } x\notin\mathbb{Z} \\ 0 & \text{für } x\in\mathbb{Z}\end{cases}$ und alle Stellen $a\in\mathbb{R}$ den Grenzwert $\lim_{x\to a} f(x)$. Zeichnen Sie f.

3. a) Beweisen Sie: Die Funktion g entstehe aus der Funktion f durch die lineare Substitution $l\colon h \longrightarrow x = mh + a$ mit $m \in \mathbb{R}^*$ und $a \in \mathbb{R}$:

$$f(x) = f(mh + a) = f(l(h)) = (f \circ l)\,(h) = g(h).$$

Dann existieren die Grenzwerte $\lim\limits_{x \to a} f(x)$ und $\lim\limits_{h \to 0} g(h)$ entweder beide oder beide nicht und sind im ersteren Fall einander gleich. Speziell gilt $(m = 1)$:

$$(*) \quad \lim_{x \to a} f(x) = \lim_{h \to 0} f(a + h)$$

b) Der Grenzwert der Funktion f aus Beispiel 8 an der Stelle $a = 3$ läßt sich mit Hilfe der Gleichung $(*)$ folgendermaßen ermitteln:

$$\lim_{x \to 3} \frac{x^3 - 7x^2 + 7x + 15}{x^3 - 3x^2 + x - 3} = \lim_{h \to 0} \frac{(3+h)^3 - 7 \cdot (3+h)^2 + 7 \cdot (3+h) + 15}{(3+h)^3 - 3 \cdot (3+h)^2 + (3+h) - 3}$$

$$= \lim_{h \to 0} \frac{h \cdot (h^2 + 2h - 8)}{h \cdot (h^2 + 6h + 10)}$$

$$= -\tfrac{4}{5} \text{ (vgl. mit Beispiel 8)}$$

Begründen Sie jedes der drei Gleichheitszeichen.
Aufgrund des bewiesenen Satzes kann man also statt der Funktion f an der Stelle a die Funktion g an der Stelle 0 auf Konvergenz untersuchen. Dies bringt gelegentlich Vereinfachungen mit sich.

4. Bei den Funktionen f mit den folgenden Termen $f(x)$ existiert der Grenzwert $\lim\limits_{x \to a} f(x)$ an der jeweils angegebenen Stelle a. Berechnen Sie ihn sowohl mittels einer Polynomzerlegung von Zähler und Nenner als auch mit Hilfe der Gleichung $(*)$ (aus Aufgabe 3) und vergleichen Sie den Rechenaufwand beider Wege.

a) $\dfrac{3x^2 + 11x - 4}{x^2 - 16}$; $\quad a = -4$

b) $\dfrac{x^3 + 4x^2 - x - 4}{x^2 - 1}$; $\quad a = 1$ und $a = -1$

c) $\dfrac{x^3 - 3x^2 - x + 3}{x^4 + x^2 - 2}$; $\quad a = 1$ und $a = -1$

5. Der Grenzwert $\lim\limits_{x \to 1} \dfrac{x^n - 1}{x^m - 1}$ mit $n, m \in \mathbb{N}^*$ existiert.
Berechnen Sie ihn mit Hilfe einer Polynomzerlegung von Zähler und Nenner.

6. Beweisen Sie:

a) $$\lim_{x \to a} \frac{\sin x - \sin a}{x - a} = \lim_{h \to 0} \left(\cos a \cdot \frac{\sin h}{h} - \sin a \cdot \frac{1 - \cos h}{h} \right)$$

Anleitung: Substituieren Sie linear: $x = a + h$,
benutzen Sie die Gleichung $\sin(a + h) = \sin a \cdot \cos h + \cos a \cdot \sin h$
und wenden Sie Aufgabe 3a) an.

b) $$\lim_{x \to a} \frac{\sin x - \sin a}{x - a} = \lim_{h \to 0} \frac{\sin h}{h} \cdot \cos(a + h)$$

Anleitung: Benutzen Sie die Gleichung $\sin x - \sin a = 2 \cdot \sin \dfrac{x-a}{2} \cdot \cos \dfrac{x+a}{2}$, substituieren Sie linear: $h = \dfrac{x - a}{2}$ und wenden Sie Aufgabe 3a) an.

c) $$\lim_{x \to a} \frac{2^x - 2^a}{x - a} = \lim_{h \to 0} 2^a \cdot \frac{2^h - 1}{h}$$

Anleitung: Substitution $x = a + h$.

2.2 Grenzwertsätze

Die Bestimmung von Grenzwerten kann oft in einfacher Weise mit Hilfe von Grenzwertsätzen erfolgen, die aus den entsprechenden Stetigkeitssätzen hergeleitet werden.

Beispiel 9: Die Funktion

$$g\colon x \to \frac{x-1}{x^2-x-2} = \frac{x-1}{(x-1)\cdot(x+2)}; \qquad x \in \mathbb{R}\setminus\{1, -2\} \text{ bzw.}$$

$$h\colon x \to \frac{x^2-3x+2}{x-1} = \frac{(x-1)\cdot(x-2)}{x-1}; \qquad x \in \mathbb{R}\setminus\{1\}$$

hat am Häufungspunkt 1 den Grenzwert

$$\lim_{x\to 1} g(x) = \tfrac{1}{1+2} = \tfrac{1}{3} \text{ bzw. } \lim_{x\to 1} h(x) = 1-2 = -1.$$

Verknüpft man die Funktionen g und h durch Addition, Subtraktion, Multiplikation und Division, so bleibt 1 Häufungspunkt der Definitionsmenge der jeweils neuen Funktion, und es gilt:

$$(g+h)(x) = \frac{(x-1)+(x-1)\cdot(x-2)\cdot(x+2)}{(x-1)\cdot(x+2)} = \frac{(x-1)\cdot(x^2-3)}{(x-1)\cdot(x+2)}; \quad x \in \mathbb{R}\setminus\{1, -2\},$$

$$(g-h)(x) = \frac{(x-1)-(x-1)\cdot(x-2)\cdot(x+2)}{(x-1)\cdot(x+2)} = \frac{(x-1)\cdot(5-x^2)}{(x-1)\cdot(x+2)}; \quad x \in \mathbb{R}\setminus\{1, -2\},$$

$$(g\cdot h)(x) = \frac{(x-1)^2\cdot(x-2)}{(x-1)^2\cdot(x+2)}; \qquad x \in \mathbb{R}\setminus\{1, -2\},$$

$$\left(\tfrac{g}{h}\right)(x) = \frac{(x-1)^2}{(x-1)^2\cdot(x-2)\cdot(x+2)}; \qquad x \in \mathbb{R}\setminus\{1, 2, -2\}$$

Hieraus liest man ab:

$$\lim_{x\to 1}(g+h)(x) = \frac{1-3}{1+2} = \frac{-2}{3} = \frac{1}{3} + (-1) = \lim_{x\to 1} g(x) + \lim_{x\to 1} h(x),$$

$$\lim_{x\to 1}(g-h)(x) = \frac{5-1}{1+2} = \frac{4}{3} = \frac{1}{3} - (-1) = \lim_{x\to 1} g(x) - \lim_{x\to 1} h(x),$$

$$\lim_{x\to 1}(g\cdot h)(x) = \frac{1-2}{1+2} = \frac{-1}{3} = \frac{1}{3}\cdot(-1) = \lim_{x\to 1} g(x) \cdot \lim_{x\to 1} h(x),$$

$$\lim_{x\to 1}\left(\tfrac{g}{h}\right)(x) = \frac{1}{(-1)\cdot 3} = \frac{\frac{1}{3}}{-1} = \lim_{x\to 1} g(x) : \lim_{x\to 1} h(x).$$

Beispiel 10: Die Funktion

$$g\colon x \to \frac{x-1}{x^2-x-2} = \frac{x-1}{(x-1)\cdot(x+2)}; \quad x \in \mathbb{R}\setminus\{1, -2\} \quad \text{bzw.}$$

$$h\colon x \to \frac{x^2-2x+1}{x-1} = \frac{(x-1)\cdot(x-1)}{x-1}; \quad x \in \mathbb{R}\setminus\{1\}$$

hat am Häufungspunkt 1 den Grenzwert

$$\lim_{x\to 1} g(x) = \frac{1}{1+2} = \frac{1}{3} \quad \text{bzw.} \quad \lim_{x\to 1} h(x) = 1-1 = 0.$$

Für die Quotientenfunktion $\frac{g}{h}$ mit

$$\left(\tfrac{g}{h}\right)(x) = \frac{(x-1)^2}{(x-1)^3\cdot(x+2)} = \frac{1}{(x-1)\cdot(x+2)}; \quad x \in \mathbb{R}\setminus\{1, -2\}$$

ist 1 wie in Beispiel 9 Häufungspunkt der Definitionsmenge. Bild 2 zeigt jedoch, daß bei jeder Wahl der reellen Zahl c die Funktion

$$x \longrightarrow \begin{cases} \dfrac{1}{(x-1)\cdot(x+2)} & \text{für } x \neq 1 \text{ und } x \neq -2 \\ c & \text{für } x = 1 \end{cases}$$

an der Stelle 1 unstetig ist. Vgl. auch Aufgabe 13 von Seite 16. Daher läßt sich $\frac{g}{h}$ nicht stetig nach 1 fortsetzen; der Grenzwert $\lim\limits_{x \to 1} (\frac{g}{h})(x)$ existiert nicht. Der Grund dafür ist, daß die Nennerfunktion h bei 1 den Grenzwert 0 hat.

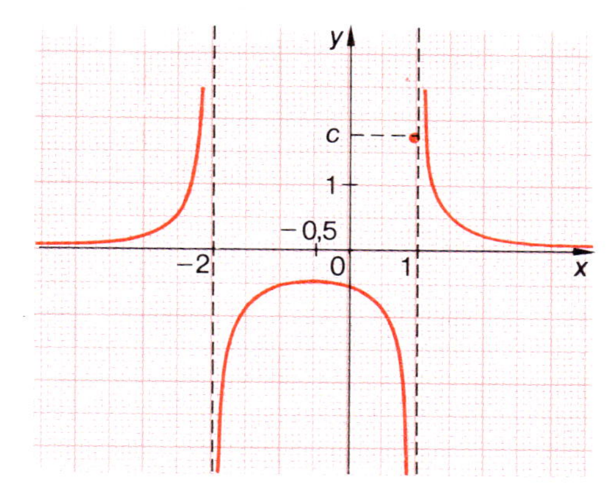

Bild 2

Beispiel 11: Anders als in den Beispielen 9 und 10 braucht ein Häufungspunkt a der Definitionsmengen D_g und D_h zweier Funktionen g und h nicht auch Häufungspunkt von

$$D_{g+h} = D_{g-h} = D_{g \cdot h} = D_g \cap D_h \text{ bzw. von } D_{\frac{g}{h}} = (D_g \cap D_h) \setminus N_h$$

zu sein, wobei N_h die Menge aller Nullstellen der Nennerfunktion h ist. Es sei z. B.

$g\colon x \longrightarrow \sqrt{1-\frac{1}{x}};\quad D_g = \{x | x < 0 \text{ oder } x \geq 1\},$

$h\colon x \longrightarrow \sqrt{1-x};\quad D_h = \{x | x \leq 1\},$ also

$g+h\colon x \longrightarrow \sqrt{1-\frac{1}{x}} + \sqrt{1-x};\quad D_{g+h} = D_g \cap D_h = \{x | x < 0 \text{ oder } x = 1\}.$

Zwar ist 1 Häufungspunkt von D_g und D_h, doch nicht von D_{g+h}. Die Grenzwerte von g und h an der Stelle 1 existieren; sie sind wegen der Stetigkeit beider Funktionen gleich dem Funktionswert $g(1) = h(1) = 0$. Aber der Grenzwert von $g+h$ an der Stelle 1 existiert nicht; weil 1 kein Häufungspunkt von D_{g+h} ist. Dies muß also ausdrücklich vorausgesetzt werden, wenn man von der Existenz der Grenzwerte von g und h auf die Existenz des Grenzwertes von $g+h$ schließen will.

Satz 3 (Grenzwertsatz der Addition, Subtraktion, Multiplikation, Division): Die Funktionen g und h seien an der Stelle a konvergent.

a) Ist a Häufungspunkt von $D_g \cap D_h$, so konvergieren auch die drei Funktionen

$$\left\{\begin{matrix} g+h \\ g-h \\ g \cdot h \end{matrix}\right\} \text{ an der Stelle } a \text{, und es gilt}$$

$$\lim_{x \to a} (g * h)(x) = \lim_{x \to a} g(x) * \lim_{x \to a} h(x),$$

wobei für $*$ jedes der drei Zeichen $+, -, \cdot$ eingesetzt werden kann.

b) Ist N_h die Menge aller Nullstellen von h, ist a Häufungspunkt von $(D_g \cap D_h) \setminus N_h$ und ist $\lim\limits_{x \to a} h(x) \neq 0$, so konvergiert auch $\dfrac{g}{h}$ an der Stelle a, und es gilt

$$\lim_{x \to a} \frac{g}{h}(x) = \frac{\lim\limits_{x \to a} g(x)}{\lim\limits_{x \to a} h(x)}.$$

Beweis zu b): Nach Voraussetzung sind die beiden folgenden Funktionen bei a stetig:

$$g_a\colon x \longrightarrow \begin{cases} g(x) \text{ für } x \in D_g \setminus \{a\} \\ \lim\limits_{x \to a} g(x) \text{ für } x = a \end{cases} \qquad h_a\colon x \longrightarrow \begin{cases} h(x) \text{ für } x \in D_h \setminus \{a\} \\ \lim\limits_{x \to a} h(x) \text{ für } x = a \end{cases}$$

Wegen $\lim_{x \to a} h(x) \neq 0$ ist daher auch die Quotientenfunktion

$$x \longrightarrow \begin{cases} \dfrac{g(x)}{h(x)} & \text{für } x \in [(D_g \cap D_h) \setminus N_h] \setminus \{a\} \\ \dfrac{\lim\limits_{x \to a} g(x)}{\lim\limits_{x \to a} h(x)} & \text{für } x = a \end{cases}$$

bei a stetig (Satz 3, Seite 9). Gemäß Definition 1 ist damit Teil b) bewiesen.

Der Beweis zu Teil a) wird als Aufgabe 7 gestellt.

Satz 4 (Grenzwert und Betrag): Es gilt $\lim_{x \to a} f(x) = 0 \Leftrightarrow \lim_{x \to a} |f(x)| = 0$.

Beweis: Die beiden Funktionen

$$x \longrightarrow \begin{cases} f(x) & \text{für } x \in D_f \setminus \{a\} \\ 0 & \text{für } x = a \end{cases} \quad \text{und} \quad x \longrightarrow \begin{cases} |f(x)| & \text{für } x \in D_f \setminus \{a\} \\ 0 & \text{für } x = a \end{cases}$$

sind an der Stelle a beide zugleich stetig oder zugleich unstetig. Als Umgebung W von 0 darf eine symmetrische Umgebung gewählt werden.

Beispiel 12: Die Funktion $x \longrightarrow x \cdot \sin\frac{1}{x}$ ist bei 0 nicht definiert; doch ist 0 ein Häufungspunkt der Definitionsmenge. Daher ist die Frage nach dem Grenzwert $\lim_{x \to 0} (x \cdot \sin\frac{1}{x})$ sinnvoll. Bild 3 legt die Vermutung nahe, daß dieser Grenzwert existiert und gleich 0 ist.

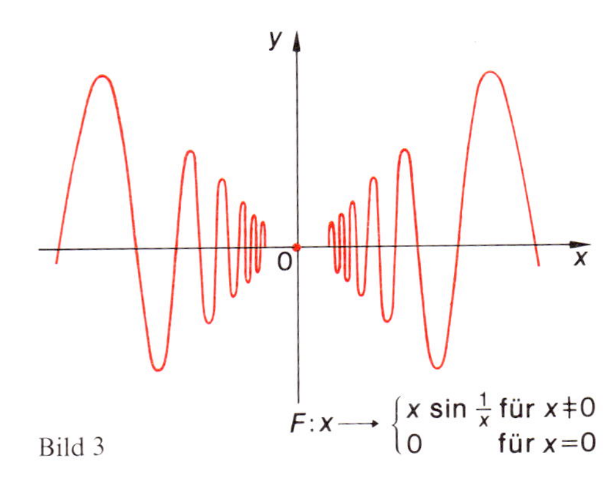

Bild 3

Zum Beweis braucht nach Satz 4 nur $\lim_{x \to 0} |x \cdot \sin\frac{1}{x}| = 0$ gezeigt zu werden. Die Funktion $g\colon x \longrightarrow |x \cdot \sin\frac{1}{x}|$ wird nun durch die beiden Funktionen $f\colon x \longrightarrow 0$ und $h\colon x \longrightarrow |x|$ „eingeschachtelt"; denn es gilt

$$0 \leq |x \cdot \sin\tfrac{1}{x}| = |x| \cdot |\sin\tfrac{1}{x}| \leq |x| \cdot 1 = |x| \quad \text{für alle } x \in \mathbb{R}^*.$$

Anders als die Funktion g sind f und h bei 0 definiert und sogar stetig. Ihre Grenzwerte stimmen dort also mit den jeweiligen Funktionswerten überein (vgl. Satz 2):

$\lim_{x \to 0} 0 = 0$ und $\lim_{x \to 0} |x| = |0| = 0$.

Beide Grenzwerte sind gleich.

Nach dem folgenden Einschachtelungsprinzip existiert dann auch $\lim_{x \to 0} g(x)$ und ist gleich 0. Zusammen mit Satz 4 folgt also $\lim_{x \to 0} (x \cdot \sin\frac{1}{x}) = 0$.

Anders formuliert: Die Funktion $F\colon x \longrightarrow x \cdot \sin\frac{1}{x}$ wird durch die Festsetzung $F(0) = 0$ stetig nach 0 fortgesetzt.

Dagegen läßt sich die Funktion $x \longrightarrow \sin\frac{1}{x}$ nicht stetig nach 0 fortsetzen (vgl. Aufgabe 12, Seite 16 und Bild 4, Seite 8).

Satz 5 (Einschachtelungsprinzip): Es sei a ein Häufungspunkt der Definitionsmengen D_f, D_g und D_h der drei Funktionen f, g und h. Es möge eine Umgebung U von a so geben, daß g innerhalb von U nur an Stellen definiert ist, an denen auch f und h definiert sind: $U \cap D_g \subseteq D_f \cap D_h$.
Ferner möge $f(x) \leq g(x) \leq h(x)$ für alle $x \in U \cap D_g$ gelten.
Wenn dann die beiden Funktionen f und h an der Stelle a gegen den gleichen Grenzwert c konvergieren, konvergiert auch g an der Stelle a gegen c.

Beweis: Weil f und h bei a gegen c konvergieren, sind die beiden Funktionen

$$f_a: x \longrightarrow \begin{cases} f(x) & \text{für } x \in D_f \setminus \{a\} \\ c & \text{für } x = a \end{cases} \quad \text{und} \quad h_a: x \longrightarrow \begin{cases} h(x) & \text{für } x \in D_h \setminus \{a\} \\ c & \text{für } x = a \end{cases}$$

bei a stetig. Zu jeder Umgebung $W =]w; w'[$ von c gibt es daher zwei Umgebungen U_1 und U_2 von a mit

$$f_a(U_1 \cap D_{f_a}) \subseteq W, \quad \text{also} \quad w < f(x) < w' \text{ für alle } x \in (U_1 \cap D_f) \setminus \{a\} \text{ und}$$
$$h_a(U_2 \cap D_{h_a}) \subseteq W, \quad \text{also} \quad w < h(x) < w' \text{ für alle } x \in (U_2 \cap D_h) \setminus \{a\}.$$

Ist U die im Satz genannte Umgebung von a und setzt man $V = U \cap U_1 \cap U_2$, so gilt wegen

$$V \cap D_g \subseteq V \cap D_f \subseteq U_1 \cap D_f \quad \text{und} \quad V \cap D_g \subseteq V \cap D_h \subseteq U_2 \cap D_h \quad \text{also}$$
$$w < f(x) \leq g(x) \leq h(x) < w' \quad \text{für alle } x \in (V \cap D_g) \setminus \{a\}.$$

Es gibt also zu jeder Umgebung W von c eine Umgebung V von a, so daß für die Funktion

$$g_a: x \longrightarrow \begin{cases} g(x) & \text{für } x \in D_g \setminus \{a\} \\ c & \text{für } x = a \end{cases} \quad \text{gilt:} \quad g_a(V \cap D_{g_a}) \subseteq W;$$

d. h. g_a ist bei a stetig. Nach Definition 1 konvergiert daher g an der Stelle a gegen c.

Beispiel 13: Aus Bild 4 liest man ab, daß für den Bogen x am Einheitskreis (den Winkel) gilt

$$0 < \sin x < x < \tan x \quad \text{für } 0 < x < \tfrac{\pi}{2} \text{ und}$$
$$0 > \sin x > x > \tan x \quad \text{für } 0 > x > -\tfrac{\pi}{2}.$$

Nach Division durch $\sin x$ erhält man aus diesen beiden Ungleichungen $1 < \frac{x}{\sin x} < \frac{1}{\cos x}$ und schließlich

$$(*) \quad \cos x < \frac{\sin x}{x} < 1$$

für $x \in U =]-\frac{\pi}{2}; \frac{\pi}{2}[$ und $x \neq 0$.

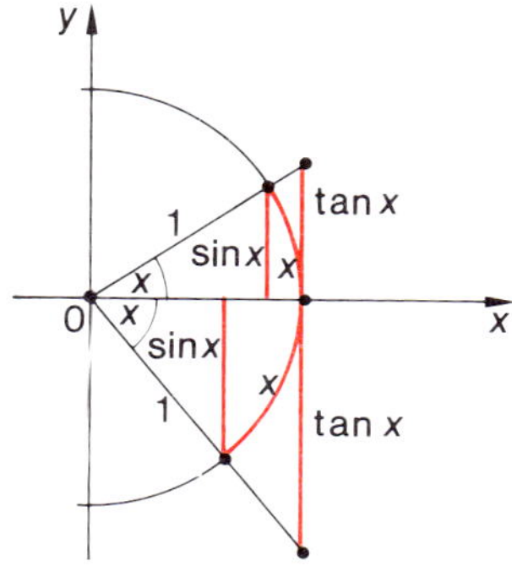

Bild 4

Für die drei Funktionen $f: x \longrightarrow \cos x$, $\quad g: x \longrightarrow \frac{\sin x}{x}$ $\quad$ und $\quad h: x \longrightarrow 1$
ist 0 Häufungspunkt der jeweiligen Definitionsmengen. Weil f und h an der Stelle 0 stetig sind, ergeben sich die Grenzwerte so: $\lim\limits_{x \to 0} \cos x = \cos 0 = 1$, $\lim\limits_{x \to 0} 1 = 1$.
Damit sind alle Voraussetzungen von Satz 5 erfüllt. Die Funktion g konvergiert also an der Stelle 0, und es gilt $\lim\limits_{x \to 0} \frac{\sin x}{x} = 1$.
Das Ergebnis kann auch so formuliert werden:

Die Funktion $x \longrightarrow \begin{cases} \frac{\sin x}{x} & \text{für } x \neq 0 \\ 1 & \text{für } x = 0 \end{cases}$ ist bei 0, also überall stetig.

Damit ist die Vermutung aus Beispiel 5, Bild 12, Seite 14 bestätigt.

Bei der Herleitung von (*) haben wir uns wesentlich auf Bild 4 gestützt. Eine von der Anschauung unabhängige Herleitung ist nicht möglich, solange die Winkelfunktionen anschaulich (am Einheitskreis) definiert sind.
Das Ergebnis $\lim\limits_{x\to 0}\frac{\sin x}{x}=1$ wird auch außerhalb der Mathematik, z. B. in der Physik häufig benutzt. Es besagt, daß für kleine Winkel x der Sinus näherungsweise mit dem Winkel (im Bogenmaß) übereinstimmt: $\sin x \approx x$. Bei der näherungsweisen Behandlung von Pendelschwingungen wird diese Aussage benötigt.

Beispiel 14: Weil $\lim\limits_{x\to 0}\frac{\sin x}{x}=1$, $\lim\limits_{x\to 0}\sin x=\sin 0=0$ und $\lim\limits_{x\to 0}\frac{x}{x}=\lim\limits_{x\to 0}1=1$ gilt, folgt mit Hilfe des Grenzwertsatzes der Addition und der Multiplikation

$$\begin{aligned}\lim_{x\to 0}\frac{\sin^2 x+\sin x+x}{x}&=\lim_{x\to 0}\left[\tfrac{\sin x}{x}\cdot(\sin x+1)+\tfrac{x}{x}\right]\\&=\lim_{x\to 0}\tfrac{\sin x}{x}\cdot\lim_{x\to 0}(\sin x+1)+\lim_{x\to 0}\tfrac{x}{x}=1\cdot(0+1)+1=2.\end{aligned}$$

Aufgaben

7. Beweisen Sie Teil a) von Satz 3 (S. 23).

8. Zeigen Sie: Für alle $n\in\mathbb{N}^*$ gilt $\lim\limits_{x\to 0}x^n\cdot\sin\frac{1}{x}=0$.

9. Mit Hilfe des Grenzwertes $\lim\limits_{x\to 0}\frac{\sin x}{x}=1$ und der Grenzwertsätze können andere Grenzwerte berechnet werden (vgl. Beispiel 14).

a) $\lim\limits_{x\to 0}\dfrac{x}{\sin x}$ b) $\lim\limits_{x\to 0}\dfrac{x}{\tan x}$ c) $\lim\limits_{x\to 0}\dfrac{\tan x}{x}$

d) $\lim\limits_{x\to 0}\dfrac{\sin 2x}{x}$ e) $\lim\limits_{x\to 0}\dfrac{\sin^2 x}{x}$ f) $\lim\limits_{x\to 0}\dfrac{1-\cos 2x}{x}$

g) $\lim\limits_{x\to 0}\dfrac{x^2-\sqrt{x}\cdot\sin x}{x\cdot\sqrt{x}}$ h) $\lim\limits_{x\to 0}\dfrac{\sin x+x^2\cdot\sin\frac{1}{x}}{x}$ i) $\lim\limits_{x\to 0}\dfrac{x^2\cdot\sin\frac{1}{x}}{\sin x}$

k) $\lim\limits_{x\to 0}\dfrac{1-\cos x}{x}$ *Anleitung:* $\dfrac{1-\cos x}{x}=\dfrac{1-\cos^2 x}{x\cdot(1+\cos x)}=\dfrac{\sin x}{x}\cdot\sin x\cdot\dfrac{1}{1+\cos x}$

10. Es sei D_g eine Teilmenge der Definitionsmenge D_f einer Funktion f.
Dann heißt die Funktion $g\colon x\to f(x);\ x\in D_g$ die **Einschränkung** von f auf D_g.
Beweisen Sie: Ist g Einschränkung von f, a ein Häufungspunkt von D_g und f an der Stelle a konvergent gegen c, so konvergiert auch g an der Stelle a gegen c.
Anleitung: 1. Weg: Beweisen Sie als Hilfssatz, daß jede Einschränkung einer stetigen Funktion stetig ist.
2. Weg: Wenden Sie Satz 5 an: Als erste und dritte Funktion wählen Sie f, als zweite g. Dann gilt $f\leq g\leq f$.

11. a) Beweisen Sie den Satz: Hat die Funktion f an der Stelle a den Grenzwert c und gibt es in jeder Umgebung U von a ein Element $x\in D_f$ mit $f(x)\geq 0$, so gilt $c\geq 0$.
b) Beweisen Sie den Satz: Hat die Funktion f bzw. g an der Stelle a den Grenzwert c bzw. d und gibt es in jeder Umgebung U von a ein Element $x\in D_f\cap D_g$ mit $f(x)\leq g(x)$, so gilt $c\leq d$.
c) Wenn man in Teil a) bzw. b) statt $f(x)\geq 0$ bzw. statt $f(x)\leq g(x)$ die schärfere Voraussetzung $f(x)>0$ bzw. $f(x)<g(x)$ macht, kann man daraus nicht auf $c>0$ bzw. $c<d$ schließen. Zeigen Sie dies durch je ein Gegenbeispiel.

2.3 Grenzwerte an den Stellen ∞ und $-\infty$

Die Funktionswerte $f(x)$ der Funktion $f\colon x \to \frac{1}{x^2}$ (Bild 5) sind für sehr große und auch für sehr kleine Argumente x nahezu gleich 0; diese Näherung ist um so besser, je größer $|x|$ ist.
Entsprechendes gilt für die Reziprokfunktion $r\colon x \to \frac{1}{x}$.

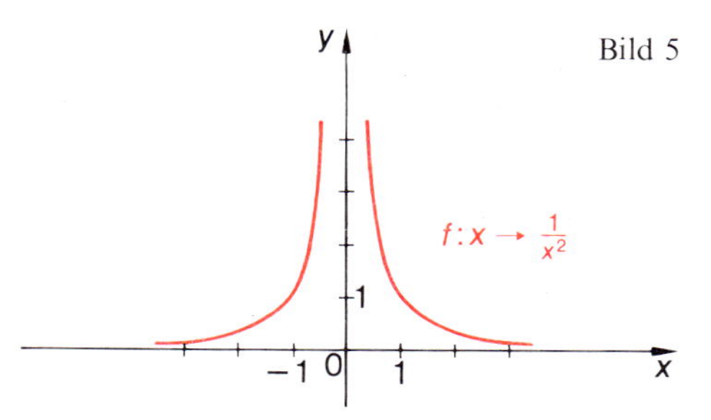

Bild 5

Man ist geneigt, diesen Sachverhalt durch $\lim\limits_{x\to\infty}\frac{1}{x^2} = \lim\limits_{x\to-\infty}\frac{1}{x^2} = 0$ und $\lim\limits_{x\to\infty}\frac{1}{x} = \lim\limits_{x\to-\infty}\frac{1}{x} = 0$ zu beschreiben; doch sind diese Symbole bisher nicht definiert.

Um zu einer Präzisierung zu kommen, fügen wir der Menge $\mathbb{R}$ zwei Elemente ∞ und $-\infty$ hinzu, die voneinander und von jeder reellen Zahl verschieden sind: $\overline{\mathbb{R}} = \mathbb{R} \cup \{\infty, -\infty\}$.
Ein Rechnen mit diesen Elementen wird nicht eingeführt; sie sind keine reellen Zahlen. Wir legen zwischen ihnen und den reellen Zahlen lediglich Anordnungsbeziehungen fest:

$$-\infty < \infty, \quad -\infty < a, \quad a < \infty \quad \text{für alle } a \in \mathbb{R}.$$

Wegen dieser Festlegung muß man zwischen der Beschränktheit einer Menge in $\mathbb{R}$ und in $\overline{\mathbb{R}}$ unterscheiden:
So ist $\mathbb{N}$ zwar nicht in $\mathbb{R}$, wohl aber in $\overline{\mathbb{R}}$ nach oben beschränkt, nämlich durch ∞. Auch $\mathbb{N} \cup \{\infty\}$ ist in $\overline{\mathbb{R}}$ nach oben durch ∞ beschränkt. Jede Teilmenge von $\overline{\mathbb{R}}$ ist in $\overline{\mathbb{R}}$ nach oben und unten beschränkt.

Unter dem Intervall $]u; \infty]$ versteht man die Menge $\{x | x > u \text{ und } x \in \mathbb{R}\} \cup \{\infty\}$.
Entsprechend wird festgesetzt: $[-\infty; u[= \{x | x < u \text{ und } x \in \mathbb{R}\} \cup \{-\infty\}$.
Alle und nur diese Intervalle bezeichnet man als Umgebungen von ∞ bzw. $-\infty$.

Mit dieser Festlegung der Anordnungsbeziehung und des Umgebungsbegriffs lassen sich nun die früheren Definitionen und Sätze von $\mathbb{R}$ auf $\overline{\mathbb{R}}$ übertragen.

Häufungspunkt: ∞ heißt ein Häufungspunkt einer Menge $M \subseteq \overline{\mathbb{R}}$ genau dann, wenn es in jeder Umgebung $]u; \infty]$ von ∞ (mindestens) ein von ∞ verschiedenes Element aus M gibt.
Dies ist genau dann der Fall, wenn M in $\mathbb{R}$ nach oben unbeschränkt ist.
Entsprechend ist eine Menge M genau dann in $\mathbb{R}$ nach unten unbeschränkt, wenn sie $-\infty$ als Häufungspunkt hat.

Funktionsbegriff: Die Definitionsmenge D_f einer Funktion f kann jetzt auch die Elemente ∞ oder $-\infty$ enthalten. In der Wertemenge $f(D_f)$ lassen wir dagegen diese Elemente nicht zu; denn wir wollen mit Funktionen, also ihren Funktionswerten problemlos rechnen können, und ein Rechnen mit den Elementen ∞ und $-\infty$ ist nicht definiert.
Aufgrund von Bild 5 erscheint es z. B. vernünftig, die Funktion f folgendermaßen nach ∞ und $-\infty$ fortzusetzen:

$$x \to \begin{cases} \frac{1}{x^2} & \text{für } x \in \mathbb{R}^* \\ 0 & \text{für } x = \infty \text{ oder } x = -\infty \end{cases}.$$

Die Reziprokfunktion wird man genau so fortsetzen wollen:

$$x \longrightarrow \begin{cases} \frac{1}{x} & \text{für } x \in \mathbb{R}^* \\ 0 & \text{für } x = \infty \text{ oder } x = -\infty \end{cases}.$$

Die konstante Funktion $x \longrightarrow 4$ wird zweckmäßigerweise so fortgesetzt:

$$x \longrightarrow \begin{cases} 4 & \text{für } x \in \mathbb{R} \\ 4 & \text{für } x = \infty \text{ oder } x = -\infty \end{cases},$$

kurz: $x \longrightarrow 4;\ x \in \bar{\mathbb{R}}$.

Stetige Fortsetzung: Die so fortgesetzten Funktionen sind bei ∞ und $-\infty$ stetig. Die Stetigkeitsdefinition und der Begriff der stetigen Fortsetzung bleiben nämlich unverändert.

Beispiel 15: Wir zeigen, daß die durch $r(\infty)=0$ nach ∞ fortgesetzte Reziprokfunktion dort stetig ist (Bild 6).

Zu jeder Umgebung $W =]w; w'[$ von $r(\infty)=0$ muß eine Umgebung $U_\infty =]u; \infty]$ von ∞ gefunden werden mit $r(U_\infty) \subseteq W$.

Ansatz: $u = \frac{1}{w'}$. Für $x \in \mathbb{R}$ mit $x > u$ folgt dann:

$$\begin{aligned} x > u &> 0 \\ 0 < \tfrac{1}{x} &< \tfrac{1}{u} \\ 0 < r(x) &< w' \\ r(x) &\in W. \end{aligned}$$

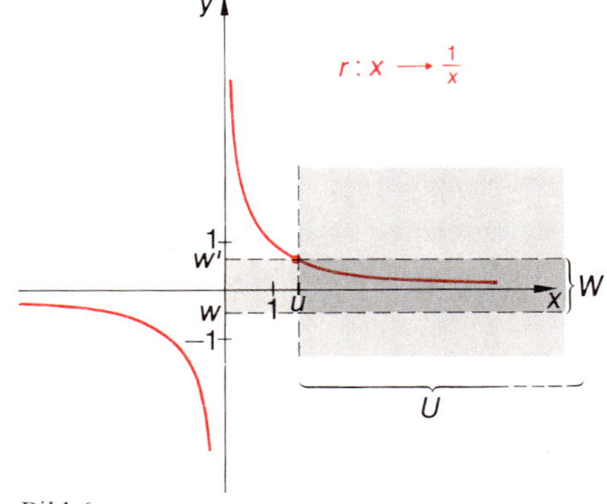

Bild 6

Da auch $r(\infty) = 0 \in W$ gilt, folgt insgesamt $r(U_\infty) \subseteq W$.
Also ist U_∞ eine zu W passende Umgebung von ∞, und r ist bei ∞ stetig.
Die Stetigkeit von r bei $-\infty$ wird analog gezeigt.

Beispiel 16: Setzt man die Quadratfunktion $q: x \longrightarrow x^2$ folgendermaßen auf $\bar{\mathbb{R}}$ fort

$$x \longrightarrow \begin{cases} x^2 & \text{für } x \in \mathbb{R} \\ 0 & \text{für } x = \infty \text{ oder } x = -\infty \end{cases},$$

so ist diese Funktion bei ∞ und $-\infty$ unstetig. Denn ist $W =]-1; 1[$ eine Umgebung von $q(\infty)=0$, so gibt es in jeder Umgebung $U_\infty =]u; \infty]$ von ∞ Elemente $x \in \mathbb{R}$ mit $x > 1$, also mit $q(x) = x^2 > 1$. Daher gilt $q(x) \notin W$ und $q(U_\infty) \nsubseteq W$.
Es gibt also eine Umgebung W von 0, für die es keine passende Umgebung U_∞ von ∞ gibt. Daher ist die so fortgesetzte Funktion bei ∞ unstetig.
Die Unstetigkeit bei $-\infty$ wird analog gezeigt (Aufgabe 13).

Die Aussage, daß Summe, Differenz, Verkettung, Produkt und Quotient stetiger Funktionen – falls definiert – wieder stetig sind (Satz 3 von Seite 9), gilt auch für die Stellen ∞ und $-\infty$.
Auch der Eindeutigkeitssatz gilt weiterhin, wenn eine Funktion stetig nach dem Häufungspunkt ∞ oder $-\infty$ fortgesetzt wird.

Grenzwerte: Der Grenzwertbegriff bleibt ebenfalls erhalten:
Der Grenzwert bei ∞ bzw. $-\infty$ ist die eindeutig bestimmte reelle Zahl, die man einer Funktion am Häufungspunkt ∞ bzw. $-\infty$ zuschreiben muß, damit sie dort stetig ist.

Es gilt z. B. $\lim\limits_{x \to \infty} \frac{1}{x} = \lim\limits_{x \to -\infty} \frac{1}{x} = 0$,

$$\lim_{x \to \infty} \frac{1}{x^2} = \lim_{x \to -\infty} \frac{1}{x^2} = 0,$$

$$\lim_{x \to \infty} 4 = \lim_{x \to -\infty} 4 = 4 \text{ (Beispiel 15 und Aufgabe 12).}$$

Dagegen existieren die Grenzwerte $\lim\limits_{x \to \infty} x^2$ und $\lim\limits_{x \to -\infty} x^2$ nicht (Beispiel 16 und Aufgabe 13).

Weil die Stetigkeitssätze ihre Gültigkeit behalten, gelten auch die Grenzwertsätze (Sätze 2, 3, 4, 5) für ∞ und $-\infty$ als Häufungspunkte.

Beispiel 17: Die rationale Funktion $f\colon x \longrightarrow \frac{-7x^4 + 3x}{2x^4 - 5x^2}$ ist an höchstens endlich vielen Stellen (genauer: an drei Stellen) nicht definiert, und daher sind ∞ und $-\infty$ Häufungspunkte der Definitionsmenge D_f.
In jeder Umgebung $U_\infty =]u; \infty]$ von ∞ mit $u > 0$ gilt die Umformung

$$\frac{-7x^4 + 3x}{2x^4 - 5x^2} = \frac{-7 + \frac{3}{x^3}}{2 - \frac{5}{x^2}} \qquad \text{(Kürzen durch } x^4 \neq 0\text{).}$$

Es folgt

$$\lim_{x \to \infty} \frac{-7x^4 + 3x}{2x^4 - 5x^2} = \lim_{x \to \infty} \frac{-7 + \frac{3}{x^3}}{2 - \frac{5}{x^2}} \qquad \text{(Umformung)}$$

$$= \frac{\lim\limits_{x \to \infty}\left(-7 + \frac{3}{x^3}\right)}{\lim\limits_{x \to \infty}\left(2 - \frac{5}{x^2}\right)} \qquad \text{(Grenzwertsatz der Division)}$$

$$= \frac{\lim\limits_{x \to \infty}(-7) + \lim\limits_{x \to \infty} \frac{3}{x^3}}{\lim\limits_{x \to \infty} 2 - \lim\limits_{x \to \infty} \frac{5}{x^2}} \qquad \text{(Grenzwertsatz der Addition/ Subtraktion)}$$

$$= \frac{\lim\limits_{x \to \infty}(-7) + \lim\limits_{x \to \infty} 3 \cdot \left(\lim\limits_{x \to \infty} \frac{1}{x}\right)^3}{\lim\limits_{x \to \infty} 2 - \lim\limits_{x \to \infty} 5 \cdot \left(\lim\limits_{x \to \infty} \frac{1}{x}\right)^2} \qquad \text{(Grenzwertsatz der Multiplikation)}$$

$$= \frac{-7 + 3 \cdot 0^3}{2 - 5 \cdot 0^2} \qquad \left(\begin{array}{l} \lim\limits_{x \to \infty} \frac{1}{x} = 0, \text{ Beispiel 15} \\ \lim\limits_{x \to \infty} c = c, \text{ Aufgabe 12} \end{array}\right)$$

$$= -\frac{7}{2}$$

Bild 7

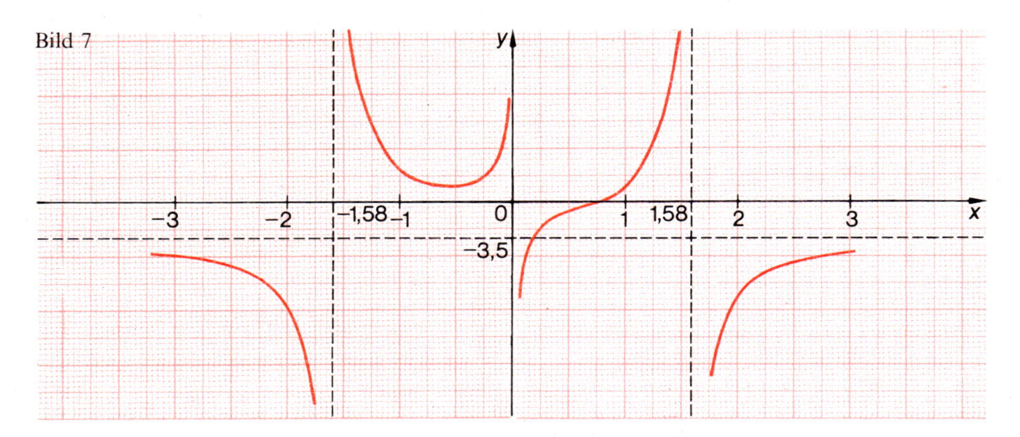

Die Funktion f konvergiert an der Stelle ∞ also gegen $-\frac{7}{2}$.
Ebenso zeigt man, daß f auch bei $-\infty$ gegen $-\frac{7}{2}$ konvergiert.

Beispiel 18: Wir untersuchen die rationale Funktion $f\colon x \to \dfrac{7x-6}{x^2+x-6}$ an der Stelle ∞ auf Konvergenz. Für von 0 verschiedenes x kann durch x^2 gekürzt werden:

$$\lim_{x\to\infty}\frac{7x-6}{x^2+x-6} = \lim_{x\to\infty}\frac{\frac{7}{x}-\frac{6}{x^2}}{1+\frac{1}{x}-\frac{6}{x^2}}$$

$$= \frac{\lim\limits_{x\to\infty}\left(\frac{7}{x}-\frac{6}{x^2}\right)}{\lim\limits_{x\to\infty}\left(1+\frac{1}{x}-\frac{6}{x^2}\right)}$$

$$= \frac{\lim\limits_{x\to\infty}\frac{7}{x} - \lim\limits_{x\to\infty}\frac{6}{x^2}}{\lim\limits_{x\to\infty}1 + \lim\limits_{x\to\infty}\frac{1}{x} - \lim\limits_{x\to\infty}\frac{6}{x^2}} = \frac{0-0}{1+0-0} = 0$$

Ebenso zeigt man, daß f auch bei $-\infty$ gegen 0 konvergiert.

Bild 8

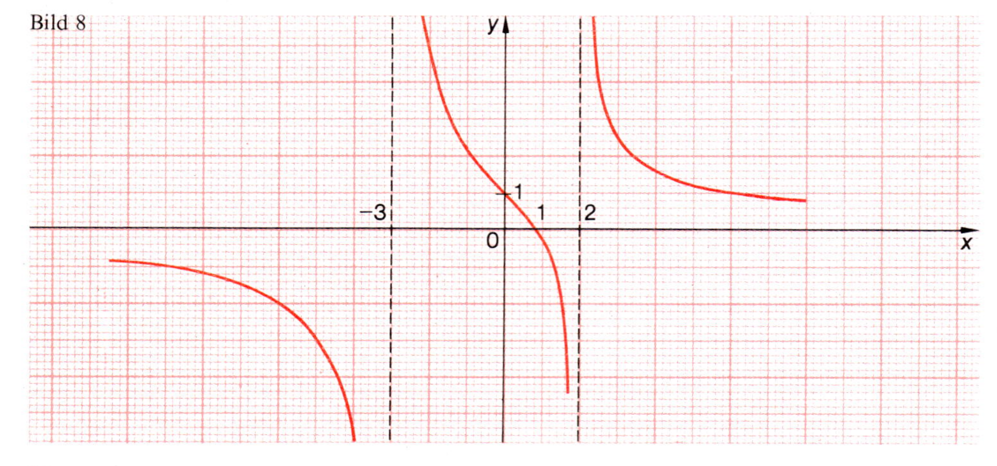

Beispiel 19: Das Verfahren in den Beispielen 17 und 18 war nur deswegen erfolgreich, weil alle notierten Grenzwerte sich schließlich als existent erwiesen und weil insbesondere der Nennergrenzwert jeweils ungleich 0 war.

Wir betrachten die Funktion $f\colon x \to \frac{x^3}{x-1}$. Kürzt man z.B. durch $x^3 \neq 0$, so erhält man

$$\frac{x^3}{x-1} = \frac{1}{\frac{1}{x^2} - \frac{1}{x^3}}$$

Grenzwert des Zählers: $\lim\limits_{x \to \infty} 1 = 1$

Grenzwert des Nenners: $\lim\limits_{x \to \infty} \left(\frac{1}{x^2} - \frac{1}{x^3}\right) = 0 - 0 = 0$

Beide Grenzwerte existieren also, jedoch ist der des Nenners gleich 0. Daher kann der Grenzwertsatz der Division nicht angewandt werden.

Um im Nenner einen von 0 verschiedenen Grenzwert zu erhalten, kann man versuchen, statt durch x^3 durch x zu kürzen: $\frac{x^3}{x-1} = \frac{x^2}{1-\frac{1}{x}}$.

Grenzwert des Nenners: $\lim\limits_{x \to \infty} (1 - \frac{1}{x}) = 1 - 0 = 1 \neq 0$ – wie erhofft.

Jedoch existiert der Grenzwert $\lim\limits_{x \to \infty} x^2$ des Zählers nicht (Beispiel 16 und Aufgabe 13).

Es wäre möglich, daß unser bisheriges Vorgehen zur Bestimmung des Grenzwertes $\lim\limits_{x \to \infty} \frac{x^3}{x-1}$ ungeschickt war. Die folgenden Überlegungen zeigen, daß dies nicht der Fall ist. Vielmehr existiert dieser Grenzwert wirklich nicht.

Wir zeigen zunächst, daß für jede ganzrationale Funktion

$$g\colon x \to a_n x^n + a_{n-1} x^{n-1} + \cdots + a_1 x + a_0 \quad \text{mit} \quad a_n \neq 0 \text{ und } n \in \mathbb{N}^*$$

der Grenzwert $\lim\limits_{x \to \infty} g(x)$ nicht existiert:

1. Schritt: Die Funktion $p_n\colon x \to x^n$ mit $n \in \mathbb{N}^*$ läßt sich durch keine reelle Zahl c stetig nach ∞ fortsetzen. Denn für jede reelle Zahl c liegt x^n für hinreichend großes x außerhalb der Umgebung $W =]c-1; c+1[$ von c. Also gibt es zu W keine passende Umgebung von ∞.

Dieses Ergebnis kann auch so formuliert werden: $\lim\limits_{x \to \infty} x^n$ existiert nicht.

2. Schritt: Für $x \neq 0$ gilt die Produktzerlegung

$$g(x) = x^n \cdot \left(a_n + \frac{a_{n-1}}{x} + \cdots + \frac{a_1}{x^{n-1}} + \frac{a_0}{x^n}\right) = x^n \cdot h(x).$$

Nach den Grenzwertsätzen der Addition und der Multiplikation gilt

$$\lim_{x \to \infty} h(x) = a_n + 0 + \cdots + 0 + 0 = a_n \neq 0.$$

3. Schritt: Würde der Grenzwert $\lim\limits_{x \to \infty} g(x)$ existieren, so folgte nach dem Grenzwertsatz der Division auch die Existenz von

$$\lim_{x \to \infty} x^n = \lim_{x \to \infty} \frac{g(x)}{h(x)} = \frac{\lim\limits_{x \to \infty} g(x)}{\lim\limits_{x \to \infty} h(x)} = \frac{\lim\limits_{x \to \infty} g(x)}{a_n},$$

im Widerspruch zu Schritt 1.

Analog zeigt man, daß auch $\lim\limits_{x \to -\infty} g(x)$ nicht existiert.

Beispiel 20: Die rationale Funktion $f\colon x \to \dfrac{x^3}{x^2+x-6}$ läßt sich auf genau eine Weise in eine Summe zerlegen, deren erster Summand eine ganzrationale Funktion g und deren zweiter Summand eine **echt gebrochenrationale Funktion** h ist, das ist eine rationale Funktion, deren Nennergrad größer als der Zählergrad ist. f selbst ist also nicht echt gebrochen.

Man führt die Zerlegung mit Rest aus:

$$\begin{array}{l} x^3 = (x^2+x-6)\cdot(x-1)+(7x-6) \\ \underline{-(x^3+x^2-6x)} \\ \quad -x^2+6x \\ \underline{-(-x^2-x+6)} \\ \quad 7x-6 \end{array}$$

Hieraus liest man die gesuchte Zerlegung ab:

$$f(x) = g(x) + h(x) = x - 1 + \frac{7x-6}{x^2+x-6}$$

Weil der Zähler von $h(x)$ einen kleineren Grad als der Nenner hat, wächst der Zähler für betragsmäßig große Werte von x langsamer als der Nenner, so daß $h(x)$ dann nur noch wenig von 0 abweicht:

$$h(100) = \frac{700-6}{10\,000+100-6} \approx 0{,}0688$$

$$h(-1000) = \frac{-7000-6}{1\,000\,000-1000-6} \approx -0{,}0070$$

In Beispiel 18 wurde gezeigt, daß

$$\lim_{x\to\infty} h(x) = \lim_{x\to-\infty} h(x) = 0$$

gilt.

Daher weicht $f(x)$ für betragsmäßig große x nur noch wenig von $x-1$ ab. Für solche x wird f also durch die lineare Funktion $x \to x-1$ gut angenähert. Letztere heißt die **Asymptote** von f (Bild 9).

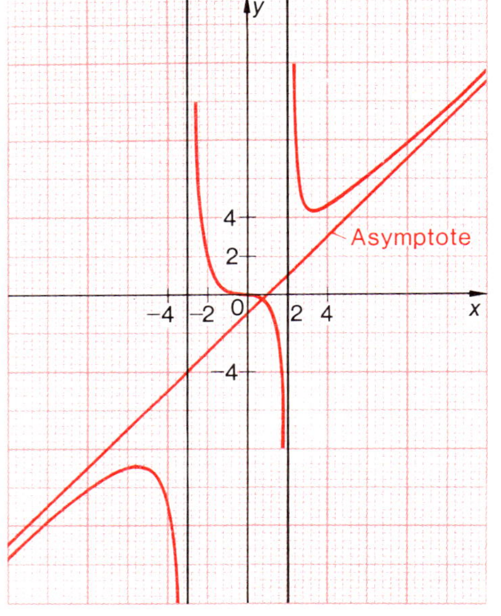

Bild 9

Satz 6 (Additive Zerlegung rationaler Funktionen): Jede rationale Funktion f läßt sich eindeutig als Summe einer ganzrationalen Funktion g und einer echt gebrochenrationalen Funktion h darstellen.

Im Beweis muß gezeigt werden, daß die in Beispiel 20 durchgeführte Zerlegung in jedem Fall möglich und eindeutig ist. Wir lassen den Beweis aus.

Falls f selbst eine echt gebrochenrationale Funktion ist, ist $h=f$ und g die Nullfunktion.

Falls f eine ganzrationale Funktion ist, ist $g=f$ und h die Nullfunktion.

Definition 2 (Asymptote): Die rationale Funktion f sei gemäß Satz 6 eindeutig als Summe einer ganzrationalen Funktion g und einer echt gebrochenrationalen Funktion h dargestellt: $f=g+h$.

Dann heißt g die **Asymptote** von f.

Beispiel 21: Jede echt gebrochenrationale Funktion hat die Nullfunktion als Asymptote: $f(x)=\frac{x}{x^2+1}=0+\frac{x}{x^2+1}$.

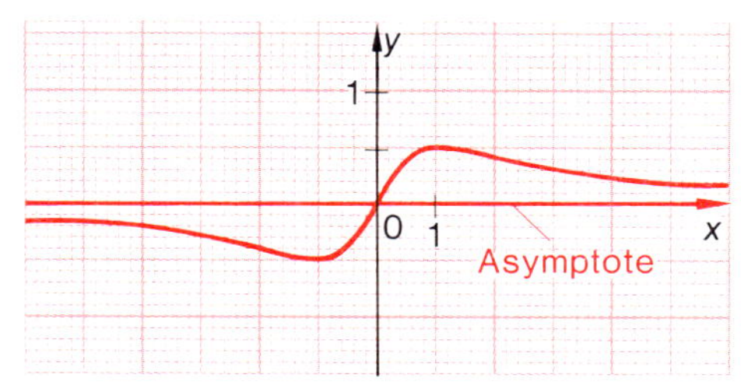

Bild 10

Sind Zähler- und Nennergrad gleich, so ist die Asymptote eine konstante, von 0 verschiedene Funktion:

$$f(x)=\frac{x^2-1}{x^2+1}=1+\frac{-2}{x^2+1}.$$

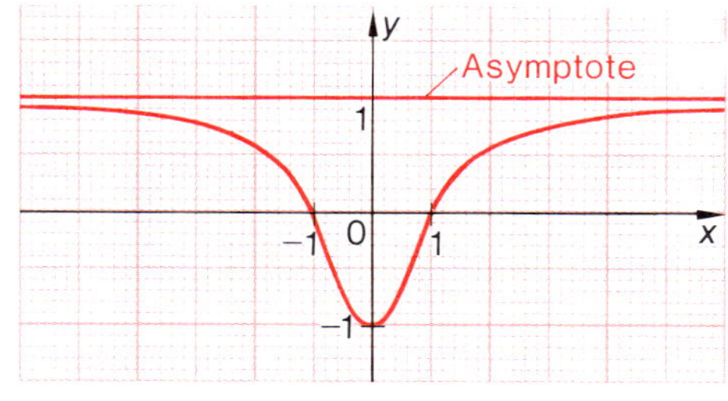

Bild 11

Ist der Zählergrad um 1 größer als der Nennergrad, so ist die Asymptote eine nicht-konstante lineare Funktion: vgl. Beispiel 20, Bild 9.
Ist der Zählergrad um 2 größer als der Nennergrad, so ist die Asymptote eine quadratische Funktion:

$$f(x)=\frac{x^3-x-2}{x}=x^2-1+\frac{-2}{x}.$$

Ist f eine ganzrationale Funktion, so ist f ihre eigene Asymptote.

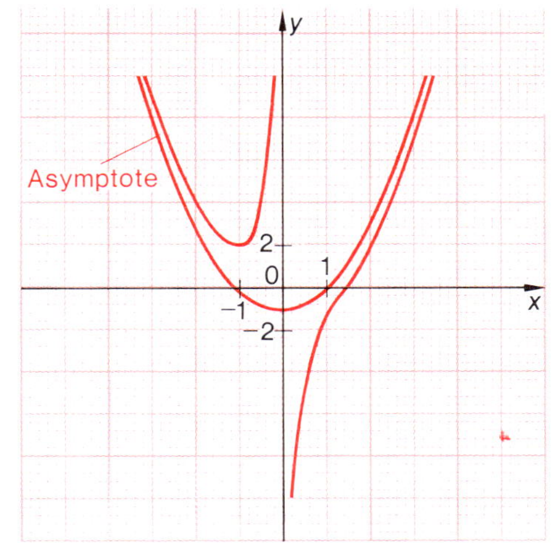

Bild 12

Satz 7 (Grenzwerte rationaler Funktionen bei ∞ und $-\infty$): Es sei

$$f\colon x \longrightarrow \frac{a_n x^n + a_{n-1}x^{n-1} + \cdots + a_1 x + a_0}{b_m x^m + b_{m-1}x^{m-1} + \cdots + b_1 x + b_0} \quad \text{mit } a_n \neq 0 \neq b_m \text{ und } n, m \in \mathbb{N}$$

eine rationale Funktion mit dem Zählergrad n und dem Nennergrad m.

a) Für $m>n$ gilt $\lim\limits_{x\to\infty} f(x)=\lim\limits_{x\to-\infty} f(x)=0$.

b) Für $m=n$ gilt $\lim\limits_{x\to\infty} f(x)=\lim\limits_{x\to-\infty} f(x)=\frac{a_n}{b_m}$.

c) Für $m<n$ existieren die Grenzwerte $\lim\limits_{x\to\infty} f(x)$ und $\lim\limits_{x\to-\infty} f(x)$ nicht.

Beweis: Wir beweisen nur Teil c); die Beweise der Teile a) und b) folgen als Aufgabe 14. Wir stellen f nach Satz 6 als Summe einer ganzrationalen Funktion g und einer echt gebrochenrationalen Funktion b dar. Wegen $n > m$ ist der Grad von g größer als 0, und daher existiert $\lim_{x \to \infty} g(x)$ nach Seite 29 nicht.

Nach Teil a) gilt $\lim_{x \to \infty} b(x) = 0$.

Würde $\lim_{x \to \infty} f(x)$ existieren, so folgte aus dem Grenzwertsatz der Subtraktion die Existenz von

$$\lim_{x \to \infty} f(x) - \lim_{x \to \infty} b(x) = \lim_{x \to \infty} (f(x) - b(x)) = \lim_{x \to \infty} g(x).$$

Widerspruch! – Für die Stelle $-\infty$ schließt man genau so.

Aus Teil c) folgt insbesondere, daß die Funktion aus Beispiel 19 an den Stellen ∞ und $-\infty$ nicht konvergiert.

Satz 7 enthält für $m = 0$ die frühere Aussage, daß ganzrationale Funktionen vom Grade $n > 0$ an den Stellen ∞ und $-\infty$ nicht konvergieren.

Beispiel 22: Bisher wurde der Begriff „Asymptote" nur für rationale Funktionen eingeführt.
Die Funktion $f: x \to \frac{x}{1+|x|}$ ist nicht rational. Ihr Graph legt es nahe, die Funktion $g_1: x \to 1$ als Asymptote von f bei ∞ und die Funktion $g_2: x \to -1$ als Asymptote von f bei $-\infty$ anzusprechen.

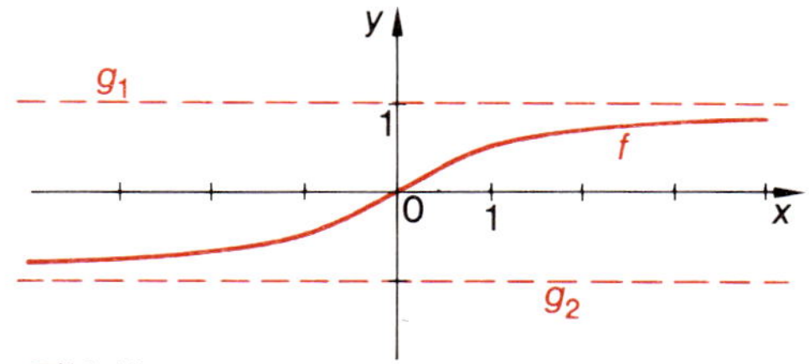

Bild 13

In der Tat: Für $x > 0$ stimmt f mit der rationalen Funktion $x \to \frac{x}{1+x}$ überein, deren Grenzwert bei ∞ nach Satz 7 gleich $\frac{1}{1} = 1$ ist. Daher gilt auch $\lim_{x \to \infty} f(x) = 1$.

Und für $x < 0$ stimmt f mit der rationalen Funktion $x \to \dfrac{x}{1-x}$ überein, deren Grenzwert bei $-\infty$ gleich $\frac{1}{-1} = -1$ ist. Daher gilt auch $\lim_{x \to -\infty} f(x) = -1$.

Nach dem Grenzwertsatz der Subtraktion folgt

$$\lim_{x \to \infty} \left(\frac{x}{1+|x|} - 1 \right) = \lim_{x \to \infty} \frac{x}{1+|x|} - \lim_{x \to \infty} 1 = 1 - 1 = 0.$$

Hierin kommt zum Ausdruck, daß die Funktion f sich für große Argumente x nicht wesentlich von der Asymptote $g_1: x \to 1$ unterscheidet.

Definition 3 (Verallgemeinerung des Asymptotenbegriffs): Die Definitionsmenge D_f einer Funktion f habe den Häufungspunkt ∞. Eine ganzrationale Funktion g heißt **Asymptote** von f an der Stelle ∞ genau dann, wenn der Grenzwert $\lim_{x \to \infty} (f(x) - g(x))$ existiert und gleich 0 ist.
Analog definiert man den Asymptotenbegriff für die Stelle $-\infty$.

Zerlegt man eine rationale Funktion f nach Satz 6 in eine ganzrationale Funktion g und eine echt gebrochenrationale Funktion b, so gilt nach Satz 7 a)

$$\lim_{x \to \infty} (f(x) - g(x)) = \lim_{x \to \infty} b(x) = 0 \quad \text{und} \quad \lim_{x \to -\infty} (f(x) - g(x)) = \lim_{x \to -\infty} b(x) = 0.$$

Also ist g nicht nur im Sinne der ursprünglichen, sondern auch im Sinne der verallgemeinerten Definition Asymptote von f bei ∞ und bei $-\infty$.
Zugleich erkennt man, daß für rationale Funktionen die Asymptoten bei ∞ und bei $-\infty$ übereinstimmen, was im allgemeinen nicht der Fall zu sein braucht, wie Beispiel 22 zeigt.

Aufgaben

12. Zeigen Sie wie in Beispiel 15 die Stetigkeit folgender Funktionen an den Stellen ∞ und $-\infty$

a) $x \longrightarrow \begin{cases} \frac{1}{x^2} & \text{für } x \in \mathbb{R}^* \\ 0 & \text{für } x = \infty \text{ oder } x = -\infty \end{cases}$

b) $x \longrightarrow \quad c\ ;\ x \in \bar{\mathbb{R}}$

c) $x \longrightarrow \begin{cases} \frac{2x^2}{1+x^2} & \text{für } x \in \mathbb{R} \\ 2 & \text{für } x = \infty \text{ oder } x = -\infty \end{cases}$

13. Zeigen Sie wie in Beispiel 16, daß die Funktionen

a) $x \longrightarrow \begin{cases} x^2 & \text{für } x \in \mathbb{R} \\ c & \text{für } x = \infty \\ d & \text{für } x = -\infty \end{cases}$ b) $x \longrightarrow \begin{cases} \sin x & \text{für } x \in \mathbb{R} \\ c & \text{für } x = \infty \\ d & \text{für } x = -\infty \end{cases}$

bei jeder Wahl der reellen Zahlen c und d an den Stellen ∞ und $-\infty$ unstetig sind. Die Quadratfunktion und die Sinusfunktion können also nicht stetig nach ∞ oder $-\infty$ fortgesetzt werden.

14. Beweisen Sie die Teile a) und b) von Satz 7. Sie brauchen sich nur an den Beispielen 18 und 17 zu orientieren.

15. Bestimmen Sie für die rationalen Funktionen f mit den folgenden Termen
1) die Zerlegung gemäß Satz 6,
2) die Asymptote und
3) im Falle der Existenz den Grenzwert $\lim\limits_{x\to\infty} f(x)$.

a) $\frac{x}{x\cdot(x+1)}$ b) $\frac{2x-5}{x-3}$ c) $\frac{x^2-1}{x}$ d) $\frac{x^2+1}{x}$ e) $\frac{1}{x^2+1}$ f) $\frac{-x^2}{x+1}$ g) $\frac{x^2+1}{x^2+2}$

h) $\frac{x^2+4}{-x^2+4}$ i) $\frac{1}{x^3-x}$ k) $\frac{1}{8}\cdot\frac{x^4}{x-1}$ l) $\frac{x^4}{x^2-x}$ m) $\frac{25+x^4}{5x^2}$ n) $\frac{x^3}{x^2+x-6}$

o) $\frac{x^2-x}{x^2-x-6}$ p) $\frac{2x^2-2x}{x^3-x^2-4x+4}$ q) $\frac{x^3-x^2-3x-1}{x^2+2x+1}$ r) $\frac{x^3+2x^2+x}{x^4+2x^3+2x^2+2x+1}$

s) $\frac{x^4}{x^5+x^3}$ t) $\frac{x^5-8x^2}{4x^3}$

16. Zeichnen Sie die Funktion.

a) $x \longrightarrow \frac{|x|}{1-x}$ b) $x \longrightarrow \frac{|x|-1}{|x|+1}$ c) $x \longrightarrow \frac{2x+4}{1+|x|}$

Bestimmen Sie wie in Beispiel 22 jeweils die Grenzwerte und die Asymptoten an den Stellen ∞ und $-\infty$.

3 Differenzierbarkeit

In der **Differentialrechnung** wird die Frage beantwortet, ob und wie man einer Funktion f an einer Stelle a eine **Tangente** zuordnen kann. Tangenten sind bisher nur für den Kreis definiert. Es wird also eine Verallgemeinerung des Tangentenbegriffs angestrebt (Abschnitte 3.1 und 3.2). Damit hat man zugleich ein Hilfsmittel für die Berechnung von sogenannten (inneren) **Hoch-** und **Tiefpunkten** einer Funktion (Bild 19 von Seite 53). Denn anschaulich ist klar, daß in solchen Punkten die Funktion eine horizontale Tangente, d. h. eine Tangente mit der Steigung 0 haben muß (Abschnitte 3.5 und 4.3). Diese Kenntnis nutzt man dann bei der Lösung praktisch wichtiger **Extremwertprobleme** (Abschnitt 5.5) aus.
Ein Beispiel (Aufgabe 57 von Seite 106): Wie muß in einem einfachen Stromkreis der äußere Widerstand R_a gewählt werden, damit die von einer Spannungsquelle nach außen abgegebene Leistung N_a maximal wird?
Die Leistung N_a wird als Funktion des Widerstandes R_a dargestellt. Am Hochpunkt hat diese Funktion eine horizontale Tangente; ihre Steigung ist 0. Aus dieser Bedingung errechnet man den Widerstand R_a, für den die Leistung N_a maximal wird.

3.1 Das Tangentenproblem

Eine Kreistangente t ist eine Gerade, die durch einen Punkt A des Kreises geht und senkrecht auf dem Berührradius r steht (Bild 1).
Was kann man sinnvollerweise unter einer Tangente t im Punkte $A=(a;\, f(a))$ einer Funktion f verstehen?
Anders als beim Kreis kann man beim Graphen einer Funktion weder von einem Mittelpunkt noch von einem Radius und daher auch nicht vom Senkrechtstehen der Tangente auf einem Radius sprechen. Auch wird man nicht verlangen können, daß die Tangente nur einen Punkt mit der Funktion gemeinsam hat: In Bild 2 tritt z. B. ein weiterer Schnittpunkt B auf.
Während der Kreis ganz auf einer Seite der Tangente liegt, zeigt Bild 3, daß eine Funktion – selbst wenn sie nur einen Punkt A mit der Tangente gemeinsam hat – auf beiden Seiten der Tangente liegen kann. Man sagt: Die Tangente durchsetzt die Funktion.
Ist die Funktion – wie in Bild 4 – eine Gerade, so wird man unter der Tangente in A die Funktion selbst verstehen, so daß eine Tangente einer Funktion mit ihr sogar unendlich viele (alle) Punkte gemeinsam haben kann.

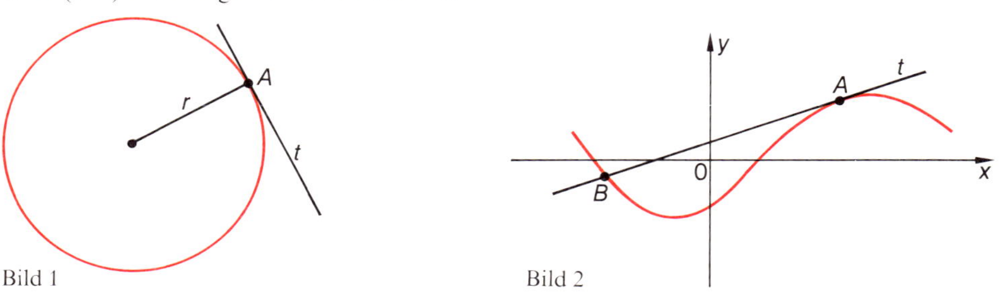

Bild 1

Bild 2

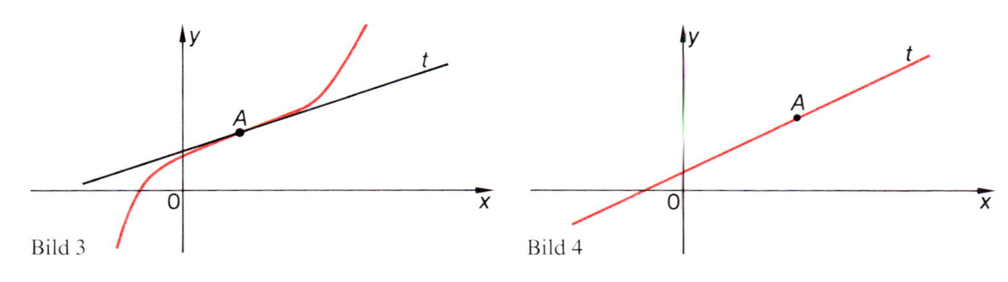

Bild 3 Bild 4

Das Gemeinsame der Bilder 1 bis 4 ist: Im Berührungspunkt A haben Tangente und Funktion (bzw. Kreis) die gleiche Richtung.

Wir entnehmen der Anschauung aber auch, daß es Funktionen mit Punkten A gibt, in denen man Tangenten nicht sinnvoll zeichnen kann.

Beispiel 1: Der Punkt $A = (-1;\,0)$ der Funktion

$$f\colon x \to \sqrt{(x+1)^2 \cdot x};\quad x \in D_f = \mathbb{R}_+ \cup \{-1\}$$

ist ein „Einsiedler“ (Bild 5). Die Stelle $a = -1$ ist eine sogenannte **isolierte Stelle** der Definitionsmenge D_f: Es gibt nämlich eine Umgebung U von -1, z.B. die Umgebung $U =]-1{,}5;\,-0{,}5[$, die außer -1 kein weiteres Element der Definitionsmenge enthält. -1 läßt sich durch die Umgebung U von allen anderen Stellen der Definitionsmenge isolieren. Da es offenbar nicht sinnvoll ist, Tangenten für isolierte Stellen der Definitionsmenge zu definieren, schließen wir bei allen künftigen Betrachtungen isolierte Stellen aus.

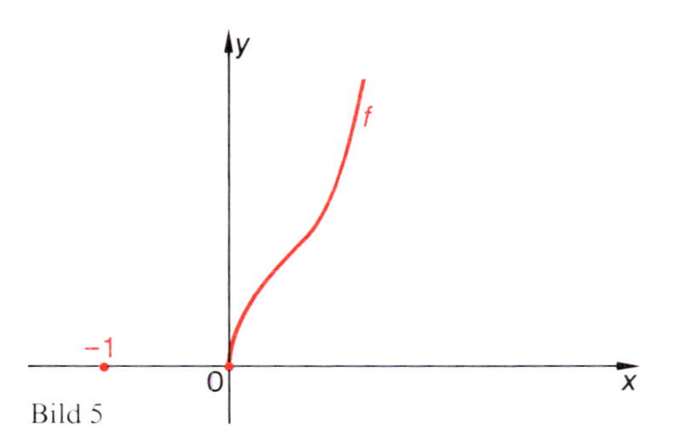

Bild 5

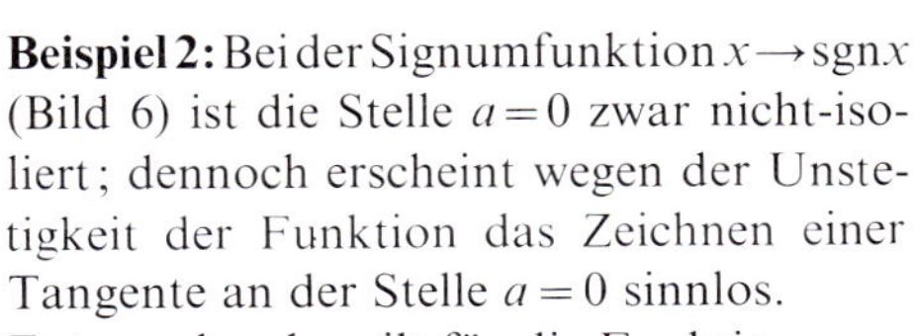

Beispiel 2: Bei der Signumfunktion $x \to \operatorname{sgn} x$ (Bild 6) ist die Stelle $a = 0$ zwar nicht-isoliert; dennoch erscheint wegen der Unstetigkeit der Funktion das Zeichnen einer Tangente an der Stelle $a = 0$ sinnlos.
Entsprechendes gilt für die Funktion

$$g\colon x \to \begin{cases} x^2 & \text{für } x < 1 \\ -x+3 & \text{für } x \geq 1 \end{cases}$$

an der Stelle $a = 1$ (Bild 7); denn hier könnte man zweifeln, ob die zu zeichnende Tangente positive oder negative Steigung haben soll.
Tangenten scheinen sich sinnvoll nur für Stetigkeitsstellen definieren zu lassen.

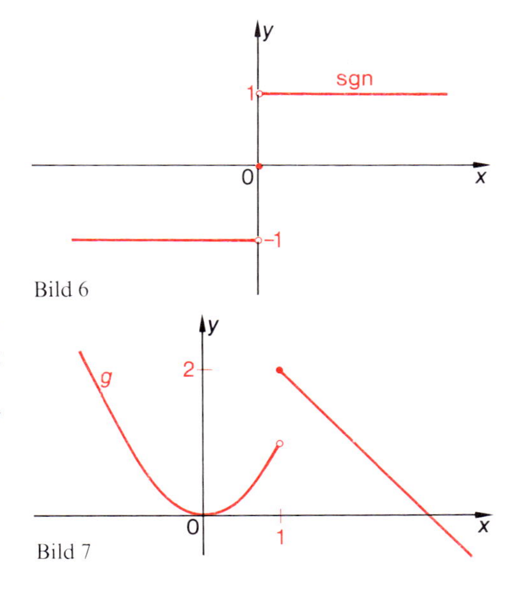

Bild 6

Bild 7

Beispiel 3: Wegen der Betrachtungen in Beispiel 1 und 2 setzen wir jetzt voraus:

1. a ist eine nicht-isolierte Stelle der Definitionsmenge D_f,
2. f ist an der Stelle a stetig.

Auch wenn diese beiden Bedingungen erfüllt sind, ist es aber noch nicht sicher, daß sich eine Tangente im Punkte $(a; f(a))$ zeichnen läßt:

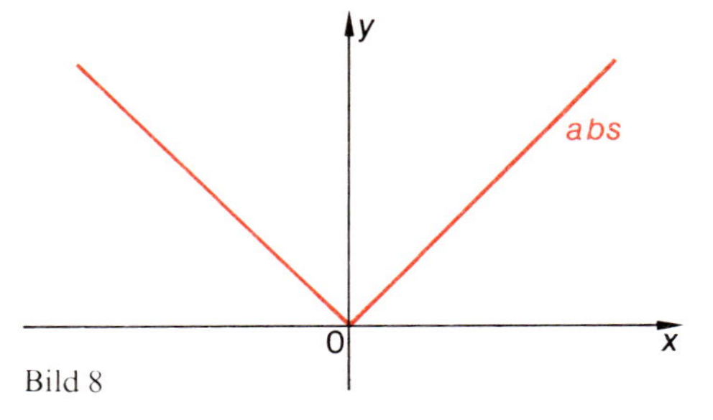

Bild 8

Soll man z.B. bei der Betragsfunktion abs: $x \rightarrow |x|$ an der Stelle $a=0$ die Gerade $y=x$ oder $y=0$ oder $y=-x$ als Tangente ansehen (Bild 8)? Soll man gar drei Tangenten zulassen? Die Schwierigkeit rührt daher, daß abs an der Stelle $a=0$ eine „Spitze" hat.

Beispiel 4: Im Punkte $A=(a; r(a))$ der Reziprokfunktion r: $x \rightarrow \frac{1}{x}$ soll die Tangente t gezeichnet werden. Sie ist eine durch diesen Punkt gehende Gerade und hat daher eine Gleichung der Form

$$t(x) - r(a) = m \cdot (x - a)$$

mit einer unbekannten Steigung m. Für die Stelle $a=2$ schätzt man aufgrund von Bild 9 die Steigung zu $m = -\frac{1}{4}$. Für die Stelle $a=1$ ist man wegen der Symmetrie von r zur Winkelhalbierenden sogar sicher, daß $m = -1$ ist. Daher ergeben sich die Tangentengleichungen:

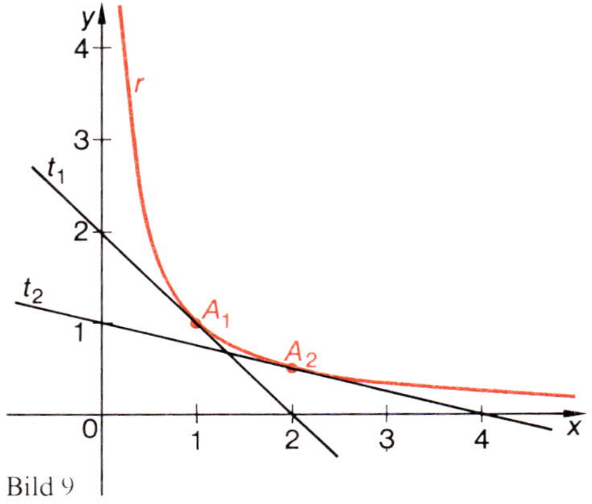

Bild 9

Für $a=2$:

$$t(x) - \frac{1}{2} = -\frac{1}{4} \cdot (x-2)$$
$$t(x) = -\frac{1}{4}x + 1$$

Für $a=1$:

$$t(x) - \frac{1}{1} = -1 \cdot (x-1)$$
$$t(x) = -x + 2$$

Bei gegebenem Berührungspunkt A ist die Tangentengleichung also bekannt, sobald die Steigung der Tangente bekannt ist. Letztere läßt sich aber natürlich im allgemeinen weder aus Symmetrieüberlegungen erschließen noch mit hinreichender Sicherheit aus einer Zeichnung schätzen.

Wir versuchen im folgenden, den anschaulichen Sachverhalt, daß Tangente und Funktion im Berührungspunkt gleiche Richtung haben, mathematisch zu beschreiben und ein brauchbares Verfahren zur Bestimmung von Tangentensteigungen zu entwickeln.

Aufgabe

1. Der in Beispiel 1 eingeführte Begriff „isolierte Stelle" wird formal so gefaßt:
Ein Element a einer Menge M heißt **isolierte Stelle** von M genau dann, wenn es eine Umgebung U von a gibt, die außer a kein weiteres Element von M enthält.
Begründen Sie:
a) Eine isolierte Stelle von M ist kein Häufungspunkt von M.
b) Eine nicht-isolierte Stelle von M ist ein Häufungspunkt von M.
c) Nicht jeder Häufungspunkt von M ist nicht-isolierte Stelle von M.
d) Ist a isolierte Stelle der Definitionsmenge D_f einer Funktion f, so ist f bei a stetig (vgl. Aufgabe 6, Seite 15).

3.2 Differenzierbarkeitsdefinition

Die Tangente t im Punkte $A=(a;f(a))$ der Funktion f hat eine Gleichung der Form $t(x)-f(a)=m\cdot(x-a)$ mit unbekannter Steigung m. Man wählt einen Punkt $X=(x;f(x))$ von f mit $x \neq a$, verbindet X mit A (Bild 10) und betrachtet zunächst statt der Tangente t die Sekante s durch X und A. Die Sekantensteigung m_s ist:

$$m_s=\tan\alpha=\frac{f(x)-f(a)}{x-a}.$$

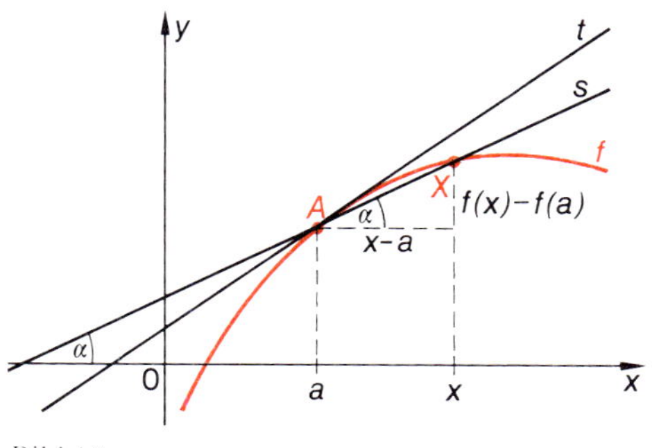

Bild 10

Bild 10 zeigt, daß m_s sicher von der gesuchten Steigung m verschieden ist; doch ist m_s ein um so besserer Näherungswert für m, je näher man den Punkt X bei A wählt.

Definition 1 (Differenzenquotient): Es sei D_f die Definitionsmenge einer Funktion f, und es sei $a \in D_f$. Dann ist der Term

$$d_{f,a}(x)=\frac{f(x)-f(a)}{x-a} \quad \text{für alle } x \in D_f \setminus \{a\}$$

definiert und heißt der **Differenzenquotient** von f an der Stelle a. Er stellt die Steigung der Sekante durch die Punkte $X=(x;f(x))$ und $A=(a;f(a))$ mit $x \neq a$ dar. Die Funktion $d_{f,a}\colon x \to d_{f,a}(x)$ heißt **Differenzenquotientenfunktion** von f bei a.

Beispiel 5: Wir versuchen, mit Hilfe des Differenzenquotienten zu einer sinnvollen Festlegung der Tangentensteigung zu gelangen:

Funktion:	$f\colon x \to x^2$	$f\colon x \to \lvert x\rvert$
Stelle:	$a=1$	$a=0$

Bild 11 a) b)

Differenzenquotient (Steigung der Sekante):

$$d_{f,a}(x)=\frac{f(x)-f(1)}{x-1}=\frac{x^2-1}{x-1}=(x+1)\cdot\frac{x-1}{x-1}$$

$$d_{f,a}(x)=\frac{f(x)-f(0)}{x-0}=\frac{|x|-0}{x-0}=\begin{cases}-1 & \text{für } x<0\\ 1 & \text{für } x>0\end{cases}$$

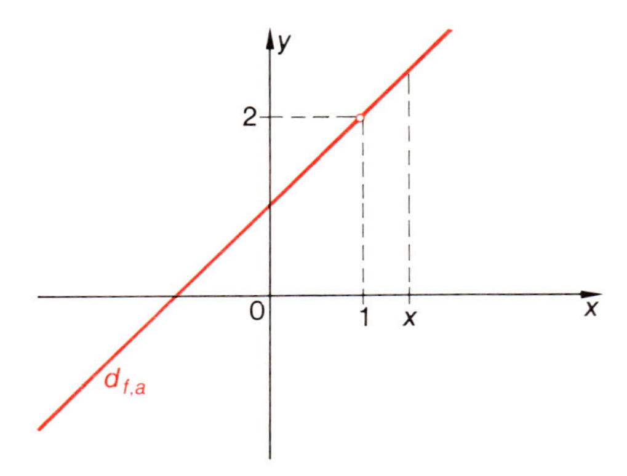

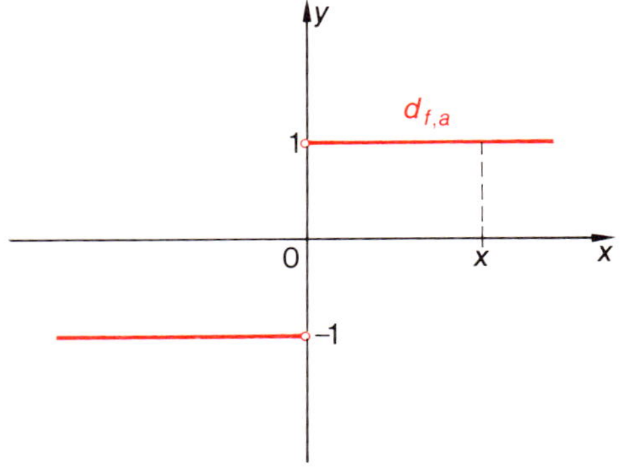

Bild 12a): $d_{f,a}(x)$ ist bei 1 nicht definiert.
f_a: $x \longrightarrow x+1$ ist stetige Fortsetzung von $d_{f,a}$ nach 1.
Es ist $f_a(1)=2$.
$\lim\limits_{x \to 1} d_{f,a}(x)=2$.

b): $d_{f,a}(x)$ ist bei 0 nicht definiert.
Gleichgültig welchen Wert m man der gesuchten Tangentensteigung zuschreibt, stets ist die Funktion

$$f_a\colon x \longrightarrow \begin{cases} -1 & \text{für } x<0 \\ m & \text{für } x=0 \\ 1 & \text{für } x>0 \end{cases}$$

an der Stelle 0 unstetig.
$d_{f,a}$ läßt sich nicht stetig nach 0 fortsetzen.
$\lim\limits_{x \to 0} d_{f,a}(x)$ existiert nicht.

Beispiel 1 von Seite 37 zeigt, daß Tangenten sinnvoll nur an nicht-isolierten Stellen a von D_f definiert werden können. Nach Aufgabe 1 ist a dann auch Häufungspunkt von D_f und daher auch von $D_f \setminus \{a\}$. Die Definitionsmenge der Differenzenquotientenfunktion $d_{f,a}$ ist gerade $D_f \setminus \{a\}$. Daher ist es sinnvoll, nach der Existenz des Grenzwertes $m=\lim\limits_{x \to a}\frac{f(x)-f(a)}{x-a}$ zu fragen. Er stellt – falls er existiert – die Tangentensteigung im Punkte $(a;\, f(a))$ dar, während $\frac{f(x)-f(a)}{x-a}$ die Sekantensteigung durch die Punkte $(a; f(a))$ und $(x; f(x))$ darstellt. Die Tangentengleichung lautet: $t(x)-f(a)=m\cdot(x-a)$. Unter der Steigung von f an der Stelle a versteht man die Steigung m der Tangente t an der Stelle a.

Definition 2 (Differenzierbarkeit, Differentialquotient): Es sei a eine nicht-isolierte Stelle der Definitionsmenge D_f einer Funktion f.

f heißt genau dann bei a **differenzierbar,** wenn der Grenzwert $\lim\limits_{x \to a}\frac{f(x)-f(a)}{x-a}$ existiert.
Er heißt der **Differentialquotient** der Funktion f an der Stelle a und wird mit $f'(a)$ bezeichnet.

Umformulierung 1:

> f heißt genau dann bei a differenzierbar, wenn die Differenzenquotientenfunktion
> $$d_{f,a}\colon x \longrightarrow \frac{f(x)-f(a)}{x-a}; \; x \in D_f \setminus \{a\}$$
> beim Häufungspunkt a eine stetige Fortsetzung
> $$f_a\colon x \longrightarrow \begin{cases} \dfrac{f(x)-f(a)}{x-a} & \text{für } x \in D_f \setminus \{a\} \\ m & \text{für } x = a \end{cases}$$
> hat. Der Funktionswert $f_a(a) = m$ ist der Differentialquotient $f'(a)$.

Umformulierung 2: Für die bei a stetige Fortsetzung f_a von $d_{f,a}$ gilt

$$(x-a) \cdot f_a(x) = f(x) - f(a) \quad \text{für alle } x \in D_f \setminus \{a\}.$$

Diese Gleichung gilt trivialerweise auch für $x = a$:

$$0 \cdot f_a(a) = 0.$$

Daher folgt:

> f heißt genau dann bei a differenzierbar, wenn es eine bei a stetige Funktion f_a gibt mit
> $$f(x) - f(a) = (x-a) \cdot f_a(x) \quad \text{für alle } x \in D_f.$$

Diese *nennerfreie* Fassung der Differenzierbarkeitsdefinition ist bei vielen Beweisen vorteilhaft.

Das Ergebnis von Beispiel 5 kann jetzt so formuliert werden:

a) Die Quadratfunktion $q\colon x \longrightarrow x^2$ ist an der Stelle 1 differenzierbar.
q hat dort die Steigung $q'(1) = 2$, und die Tangentengleichung lautet

$$\begin{aligned} t(x) - q(1) &= (x-1) \cdot q'(1) \\ t(x) - 1 &= (x-1) \cdot 2 \\ t(x) &= 2x - 1 \end{aligned}$$

b) Die Betragsfunktion abs: $x \longrightarrow |x|$ ist an der Stelle $a = 0$ nicht differenzierbar, abs hat dort weder eine Steigung noch eine Tangente.

Beispiel 6: Die Quadratfunktion q soll auf Differenzierbarkeit an einer beliebigen Stelle $a \in \mathbb{R}$ untersucht werden:

1. Schritt: Bildung des Differenzenquotienten:

$$d_{q,a}(x) = \frac{x^2 - a^2}{x-a} = (x+a) \cdot \frac{x-a}{x-a} = x + a; \quad x \in \mathbb{R} \setminus \{a\}.$$

2. Schritt: Grenzwert des Differenzenquotienten:

$$q'(a) = \lim_{x \to a} d_{q,a}(x) = \lim_{x \to a} (x+a) = a + a = 2a.$$

Folgerung: Speziell ergeben sich für

$$a = -1 \qquad\qquad a = 0$$

die Tangentensteigungen

$$q'(-1) = -2 \qquad\qquad q'(0) = 0$$

und die Tangentengleichungen

$$t(x) - q(-1) = (x+1) \cdot q'(-1) \qquad\qquad t(x) - q(0) = (x-0) \cdot q'(0)$$

$$t(x) - 1 = (x+1) \cdot (-2) \qquad\qquad t(x) - 0 = 0$$

$$t(x) = -2x - 1 \qquad\qquad t(x) = 0$$

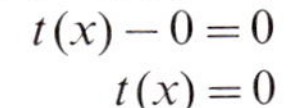

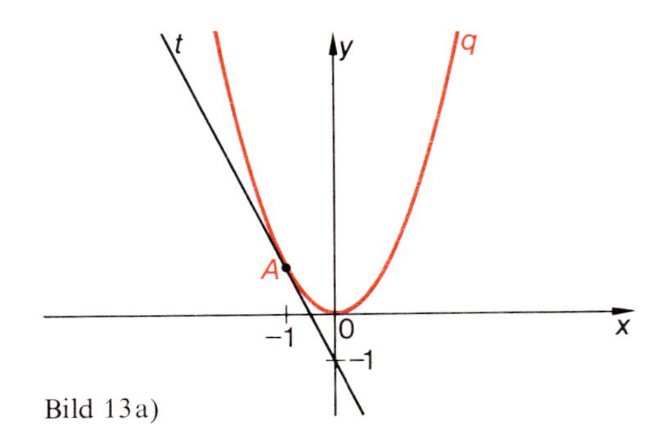

Bild 13a)

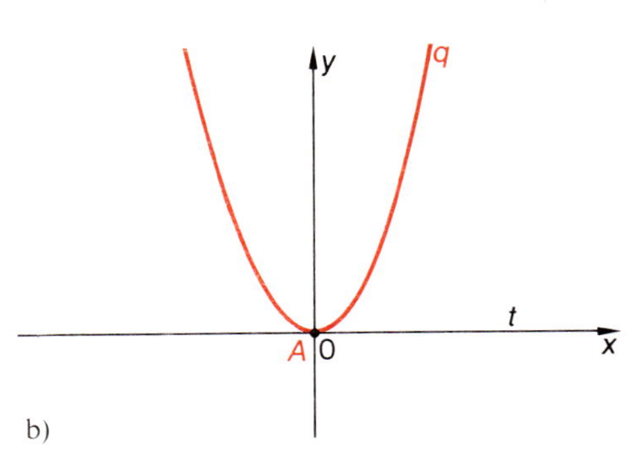

b)

Es ergeben sich für

$$a = 1 \qquad\qquad a = 2$$

die Tangentensteigungen

$$q'(1) = 2 \qquad\qquad q'(2) = 4$$

und die Tangentengleichungen

$$t(x) - q(1) = (x-1) \cdot q'(1) \qquad\qquad t(x) - q(2) = (x-2) \cdot q'(2)$$

$$t(x) - 1 = (x-1) \cdot 2 \qquad\qquad t(x) - 4 = (x-2) \cdot 4$$

$$t(x) = 2x - 1 \qquad\qquad t(x) = 4x - 4$$

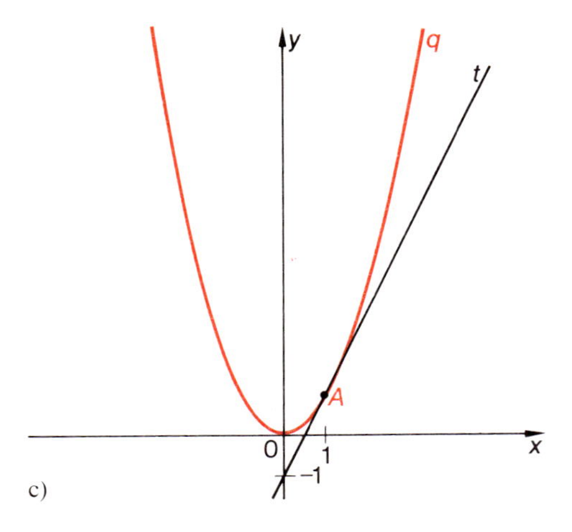

c)

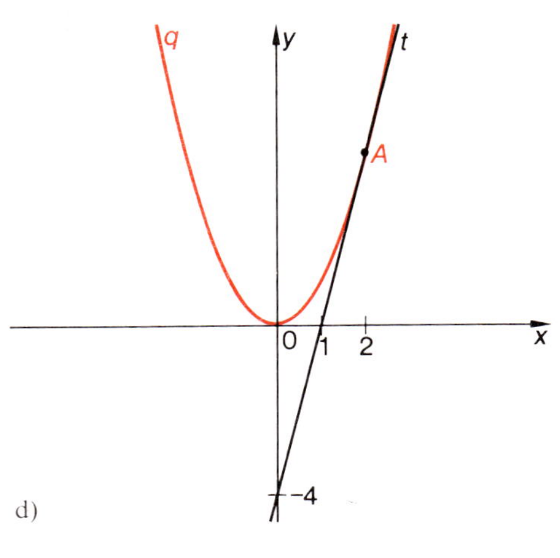

d)

Die Funktion q ist also an jeder Stelle $a \in \mathbb{R}$ differenzierbar. Jede Differenzenquotientenfunktion $d_{q,a}$ hat genau eine Lücke (Bild 14), die sich so schließen läßt, daß die dabei entstehende Funktion q_a stetig ist (Bild 15).

Es entsteht eine Funktion q' (rot), die jeder Stelle $a \in \mathbb{R}$ die Steigung $2a$ der Quadratfunktion zuordnet. Diese Funktion heißt Ableitungsfunktion oder kurz Ableitung von q.

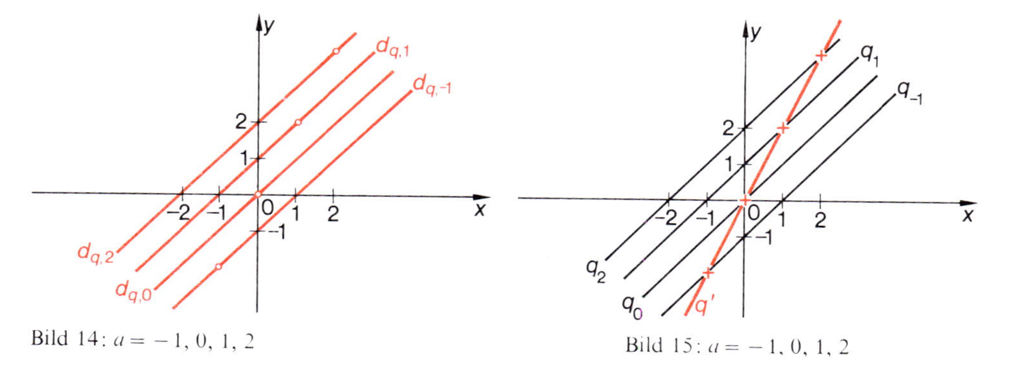

Bild 14: $a = -1, 0, 1, 2$

Bild 15: $a = -1, 0, 1, 2$

Definition 3 (globale Differenzierbarkeit): Eine Funktion f heißt genau dann in einer Menge M differenzierbar, wenn f an jeder Stelle $a \in M$ differenzierbar ist. f heißt genau dann differenzierbar, wenn f in D_f differenzierbar ist.

Definition 4 (Ableitung): Es sei $D_{f'}$ die Menge aller Stellen, an denen die Funktion $f\colon x \to f(x);\ x \in D_f$ differenzierbar ist. Dann heißt die Funktion
$f'\colon x \to f_x(x);\ \ x \in D_{f'}$ **Ableitungsfunktion** oder kurz **Ableitung** von f.
Es gilt $D_{f'} \subseteq D_f$.
Auch der Term $f'(x)$ wird häufig – wenn keine Mißverständnisse zu befürchten sind – als Ableitung des Terms $f(x)$ bezeichnet.

Die Quadratfunktion q ist also differenzierbar und hat die Ableitung $q'\colon x \to 2x;\ x \in \mathbb{R}$.

Beispiel 7: Die Reziprokfunktion $r\colon x \to \frac{1}{x}$ ist an jeder Stelle a der Definitionsmenge $\mathbb{R}^*$ differenzierbar; kurz: r ist differenzierbar.
1. Schritt: Bildung des Differenzenquotienten

$$d_{r,a}(x) = \frac{r(x) - r(a)}{x - a} = \frac{\frac{1}{x} - \frac{1}{a}}{x - a} = \frac{a - x}{xa \cdot (x - a)} = -\frac{1}{xa} \cdot \frac{x - a}{x - a} = -\frac{1}{xa}; \quad x \in \mathbb{R}^* \setminus \{a\}$$

2. Schritt: Grenzwert des Differenzenquotienten:

$$r'(a) = \lim_{x \to a} d_{r,a}(x) = \lim_{x \to a}\left(-\frac{1}{xa}\right) = -\frac{1}{a^2}$$

Die Ableitung von r ist also $r'\colon x \to -\frac{1}{x^2};\ x \in \mathbb{R}^*$

Speziell ergibt sich für $a = 2$: $r'(2) = -\frac{1}{4}$
und für $a = 1$: $r'(1) = -1$,
in Übereinstimmung mit den Vorüberlegungen aus Beispiel 4.

Beispiel 8: Jede Potenzfunktion $p_n\colon x \to x^n (n \in \mathbb{N}^*)$ ist differenzierbar, und es gilt $p_n'(a) = n \cdot a^{n-1}$.

1. Schritt: Bildung des Differenzenquotienten

$$\begin{aligned} d_{p_n,a}(x) &= \frac{x^n - a^n}{x-a} \\ &= \frac{x-a}{x-a} \cdot (x^{n-1} + x^{n-2} \cdot a + x^{n-3} \cdot a^2 + \cdots + x^2 \cdot a^{n-3} + x \cdot a^{n-2} + a^{n-1}) \\ &\quad \text{(Bestätigung durch Ausmultiplizieren)} \\ &= x^{n-1} + x^{n-2} \cdot a + x^{n-3} \cdot a^2 + \cdots + x^2 \cdot a^{n-3} + x \cdot a^{n-2} + a^{n-1}\,;\ x \in \mathbb{R} \setminus \{a\}. \end{aligned}$$

2. Schritt: Grenzwert des Differenzenquotienten

$$\begin{aligned} p_n'(a) = \lim_{x \to a} d_{p_n,a}(x) &= \lim_{x \to a} (x^{n-1} + x^{n-2} \cdot a + \cdots + x \cdot a^{n-2} + a^{n-1}) \\ &= a^{n-1} + a^{n-1} + \cdots + a^{n-1} + a^{n-1} = n \cdot a^{n-1}. \end{aligned}$$

Die Ableitung von p_n ist also $p_n'\colon x \to n \cdot x^{n-1}\,;\ x \in \mathbb{R}$.

Beispiel 9: Die Wurzelfunktion $w\colon x \to \sqrt{x}$ ist an jeder Stelle $a \in \mathbb{R}_+^*$ differenzierbar, und es gilt $w'(a) = \dfrac{1}{2 \cdot \sqrt{a}}$.

1. Schritt: Bildung des Differenzenquotienten

$$d_{w,a}(x) = \frac{\sqrt{x} - \sqrt{a}}{x-a} = \frac{1}{\sqrt{x} + \sqrt{a}} \cdot \frac{\sqrt{x} - \sqrt{a}}{\sqrt{x} - \sqrt{a}} = \frac{1}{\sqrt{x} + \sqrt{a}}\,;\ x \in \mathbb{R}_+ \setminus \{a\}$$

2. Schritt: Grenzwert des Differenzenquotienten für $a \neq 0$:

$$w'(a) = \lim_{x \to a} d_{w,a}(x) = \lim_{x \to a} \frac{1}{\sqrt{x} + \sqrt{a}} = \frac{1}{2\sqrt{a}}$$

Die Ableitung von w ist also $w'\colon x \to \dfrac{1}{2\sqrt{x}}\,;\ x \in \mathbb{R}_+^*$.

Die Funktion w ist an der Stelle $a = 0$ nicht differenzierbar.

In diesem Beispiel ist $D_{w'}$ also echte Teilmenge von D_w.

Wenn der Punkt $A = (a;\ w(a))$ sich dem Nullpunkt $(0;\ 0)$ nähert, wird $w'(a)$ unbeschränkt größer und größer; die Tangente an w wird also immer steiler. Dies entspricht der Anschauung: w läuft mit vertikaler Tangente in den Nullpunkt ein.

Beispiel 10: Die Funktion

$$f\colon x \to \begin{cases} -x & \text{für } x \leq 0 \\ x^2 & \text{für } x > 0 \end{cases}$$

ist an der Stelle $a = 0$ stetig (Bild 16a). Die Differenzenquotientenfunktion von f bei 0 lautet

$$d_{f,0}\colon x \to \begin{cases} \dfrac{-x-0}{x-0} = -1 & \text{für } x < 0 \\ \dfrac{x^2-0}{x-0} = x & \text{für } x > 0 \end{cases}$$

(Bild 16b).

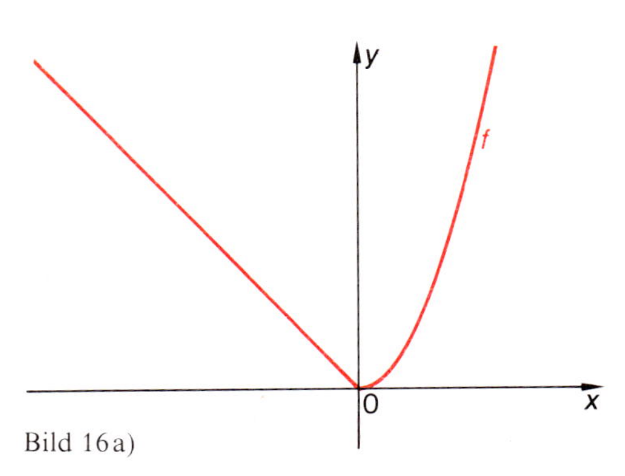

Bild 16a)

Es gibt keine an der Stelle 0 stetige Funktion f_0, die auf $\mathbb{R}^*$ mit $d_{f,0}$ übereinstimmt. Daher ist f an der Stelle 0 nicht differenzierbar. f hat dort keine Tangente, sondern eine Spitze.

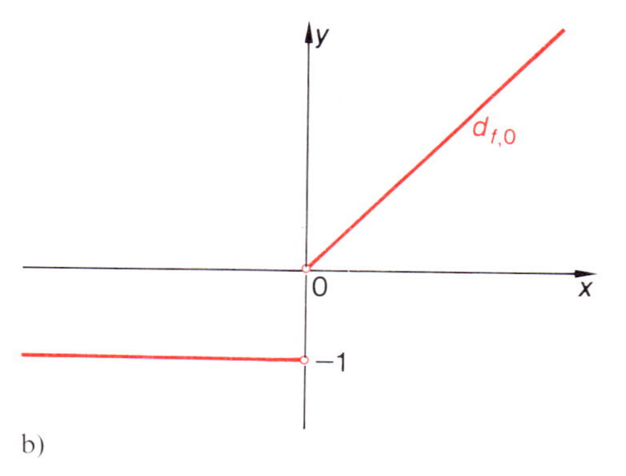

b)

Wir fassen einige Ergebnisse in einem Satz zusammen. Noch ausstehende Beweisteile folgen in den Aufgaben 3 und 10 (Seiten 45, 46).

Satz 1 (Differenzierbarkeit spezieller Funktionen): Die folgenden Funktionen f haben die angegebenen Ableitungsfunktionen.

Funktion f		Ableitungsfunktion f'	
1. $r\colon\ x \longrightarrow \frac{1}{x}$		$r'\colon\ x \longrightarrow -\frac{1}{x^2}$;	$x \in \mathbb{R}^*$
2. $l\colon\ x \longrightarrow mx+b$	$(m, b \in \mathbb{R})$	$l'\colon\ x \longrightarrow m$;	$x \in \mathbb{R}$
3. $p_n\colon\ x \longrightarrow x^n$	$(n \in \mathbb{N}^*)$	$p_n'\colon\ x \longrightarrow n \cdot x^{n-1}$;	$x \in \mathbb{R}$
4. $w_n\colon\ x \longrightarrow \sqrt[n]{x}$	$(n \in \mathbb{N}\setminus\{0, 1\})$	$w_n'\colon\ x \longrightarrow \frac{1}{n \cdot (\sqrt[n]{x})^{n-1}}$;	$x \in \mathbb{R}_+^*$

Die Beispiele 5 b) und 10 zeigen: Es gibt Funktionen, die an einer Stelle a stetig, aber nicht differenzierbar sind. Beispiel 2 legt die umgekehrte Vermutung nahe: Funktionen, die an einer Stelle a unstetig sind, können dort auch nicht differenzierbar sein.

Satz 2 (Differenzierbarkeit und Stetigkeit): Jede an einer Stelle a differenzierbare Funktion ist dort auch stetig (aber nicht notwendig umgekehrt).

Anmerkung: Die Stetigkeit ist also eine schwächere Eigenschaft als die Differenzierbarkeit.
Beweis: Weil f bei a differenzierbar ist, gibt es eine bei a stetige Funktion f_a mit $f(x) = f(a) + (x-a) \cdot f_a(x)$ für alle $x \in D_f$. Außer f_a sind auch die lineare Funktion $x \longrightarrow x-a$ und die konstante Funktion $x \longrightarrow f(a)$ bei a stetig. Daher ist f nach dem Produkt- und Summensatz (Satz 3 von Seite 9) an der Stelle a stetig.

Aufgaben

2. a) Wie groß ist die Steigung der Reziprokfunktion $r\colon x \longrightarrow \frac{1}{x}$ an den Stellen -4, -2, -1 und 3? Wie lauten die Tangentengleichungen für diese Stellen?
b) Bestimmen Sie alle Stellen a, an denen die Steigung $r'(a)$ gleich -4, 1, $-\frac{1}{9}$, 0 ist, und stellen Sie ebenfalls die Tangentengleichungen auf.

3. Zeigen Sie, daß jede lineare Funktion $l\colon x \longrightarrow mx + b$ $(m, b \in \mathbb{R})$ differenzierbar ist und daß $l'(x) = m$ für alle $x \in \mathbb{R}$ gilt.
Was ergibt sich speziell über den Differentialquotienten konstanter Funktionen?

4. a) Zeigen Sie, daß die Funktion $k: x \to x^3$ differenzierbar ist und daß $k'(x) = 3x^2$ für alle $x \in \mathbb{R}$ gilt.
b) Geben Sie die Tangentengleichungen für die Stellen 1 und -2 an.
Zeichnen Sie k zusammen mit diesen Tangenten.
c) An welchen Stellen hat k die Steigung $\frac{1}{3}$ bzw. 3?
Stellen Sie ebenfalls die Tangentengleichungen auf und zeichnen Sie.

5. a) Zeigen Sie, daß die Funktion $f: x \to x^2 - 7x + 12$ differenzierbar ist und daß $f'(x) = 2x - 7$ für alle $x \in \mathbb{R}$ gilt.
b) Stellen Sie die Tangentengleichungen für die Stellen 0, 1, 2, 3, $\frac{7}{2}$ und 4 auf und zeichnen Sie f zusammen mit den sechs Tangenten.

6. a) Welche Aussagen erhält man aus Satz 1 (3.) (S. 45) in den Spezialfällen $n = 1$ und $n = 2$? Diese Ergebnisse sind Ihnen bereits bekannt. Woher?
b) Welche Aussage erhalten Sie aus Satz 1 (3.) (S. 45) für die Stelle $a = 0$? Interpretieren Sie dieses Ergebnis geometrisch.

7. Zeigen Sie, daß die an der Stelle a stetige Funktion $f: x \to |x - a|$ dort nicht differenzierbar ist. Zeichnung!

8. Zeigen Sie, daß die Funktion $f: x \to \begin{cases} \frac{1}{x} \text{ für } x \leq -1 \\ x \text{ für } -1 < x < 1 \\ \frac{1}{x} \text{ für } x \geq 1 \end{cases}$

an jeder Stelle $a \in \mathbb{R} \setminus \{-1, 1\}$ differenzierbar ist. Geben Sie f' an.

9. a) Berechnen Sie für die Wurzelfunktion $w: x \to \sqrt{x}$ die Tangentengleichungen an den Stellen 1 und 4. Zeichnen Sie w zusammen mit den Tangenten.
b) An welchen Stellen hat w die Steigung 1 bzw. 2? Geben Sie ebenfalls die Tangentengleichungen an und zeichnen Sie.

10. Beweisen Sie Satz 1 (4.).
Anleitung: Verallgemeinern Sie den Beweis aus Beispiel 9. Notieren Sie den Differenzenquotienten in der Form

$$d_{w_n,a}(x) = \frac{\sqrt[n]{x} - \sqrt[n]{a}}{x - a} = \frac{\sqrt[n]{x} - \sqrt[n]{a}}{(\sqrt[n]{x})^n - (\sqrt[n]{a})^n}$$

und verfahren Sie analog zu dem Beweis aus Beispiel 8.
Beachten Sie: $u^n - v^n = (u - v) \cdot (u^{n-1} + u^{n-2} \cdot v + \cdots + u \cdot v^{n-2} + v^{n-1})$.

11. Alle Wurzelfunktionen $w_n: x \to \sqrt[n]{x}$ $(n \in \mathbb{N} \setminus \{0, 1\})$ laufen mit einer vertikalen Tangente in den Nullpunkt $(0; 0)$ ein. Wie äußert sich dieser geometrische Sachverhalt?

12. Zeigen Sie, daß die Funktionen f mit den folgenden Funktionstermen an den angegebenen Stellen a differenzierbar sind und bestimmen Sie $f'(a)$. Zeichnen Sie.

a) $\frac{1}{x^2}$ Stelle $a \neq 0$

b) $x \cdot |x|$ Stelle $a = 0$

c) $\frac{x}{1 + |x|}$ Stelle $a = 0$

d) $\frac{x}{1 - x}$ Stelle $a \neq 1$

e) $\frac{1 - x}{1 + x}$ Stelle $a \neq -1$

f) $\sqrt{x - 2}$ Stelle $a > 2$

3.3 Geschwindigkeit und Stromstärke als Differentialquotienten

Ein kleiner Wagen (Masse 216 g) kann sich auf einer horizontal liegenden, 75 cm langen Schiene bewegen. Er wird mit Hilfe eines Fadens und einer Umlenkrolle durch die Gewichtskraft eines Körpers der Masse 35 g angetrieben (Bild 17a).

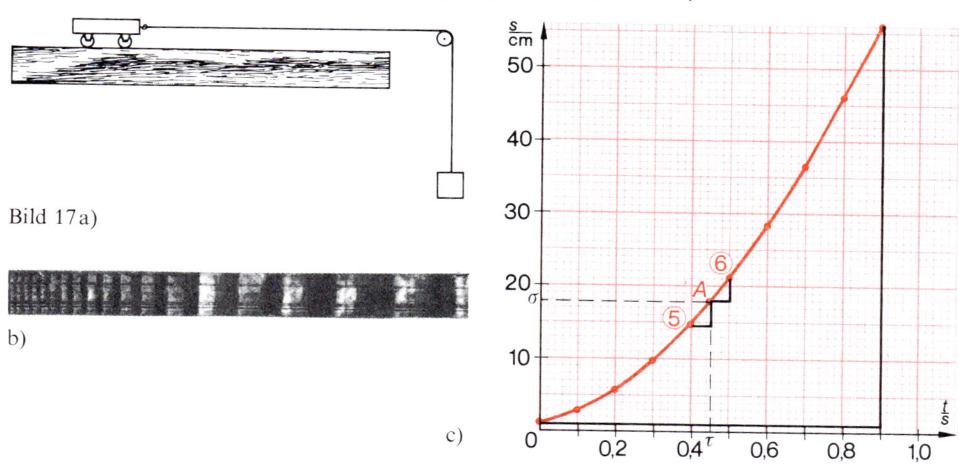

Bild 17a)

b)

c)

Der Wagen rollt mit zunehmender Geschwindigkeit über die Fahrbahn. Zwischen Schiene und Wagen liegt eine Wechselspannung von 50 Hz. Auf die Schiene wird gleichmäßig Schwefelpulver gestreut. Ein am Wagen angebrachter Zeitschreiber gleitet über die Schiene und formt aus dem Schwefel Zeitmarken, deren zeitlicher Abstand $\frac{1}{50}$ s beträgt und deren räumlicher Abstand infolge der zunehmenden Geschwindigkeit des Wagens immer größer wird (Bild 17b). Am Anfang des Bewegungsvorganges liegen die Zeitmarken so dicht, daß man sie nicht voneinander trennen kann. Erst danach beginnt unsere Zeitmessung: Zur Zeit $t=0$ s hat der Wagen bereits die Strecke von 1,1 cm zurückgelegt. Von hier ab messen wir die Lage jeder fünften Zeitmarke: Der zeitliche Abstand unserer Meßpunkte beträgt also $5 \cdot \frac{1}{50}\,\text{s} = 0{,}1$ s.

Meßwert-Nr.			1	2	3	4	5	6	7	8	9	10
t	s	gemessen	0,0	0,1	0,2	0,3	0,4	0,5	0,6	0,7	0,8	0,9
$s(t)$	cm	gemessen	1,1	2,9	5,8	9,7	14,8	21,0	28,3	36,7	46,1	56,6
$s(t)$	cm	berechnet	0,8	2,6	5,6	9,6	14,7	20,9	28,3	36,6	46,1	56,7

Die letzte Zeile der Tabelle wird später erläutert.

Die 10 Meßpunkte werden in ein Koordinatensystem eingetragen und freihändig miteinander verbunden: Bild 17c.

Man liest z.B. ab, daß der Wagen zur Zeit $\tau = 0{,}45$ s einen etwas kleineren Weg als 18,0 cm zurückgelegt hat; wir schätzen diesen Weg zu $\sigma = 17{,}8$ cm: Punkt A.

Aus dem Versuch, der Tabelle oder Bild 17b und c erkennt man, daß die Geschwindigkeit zunächst sehr klein ist und dann immer größer wird. Es ist nun kein Problem, die **mittlere Geschwindigkeit** des Wagens während der Beobachtungszeit anzugeben:

$$\frac{56{,}6\text{ cm} - 1{,}1\text{ cm}}{0{,}9\text{ s} - 0{,}0\text{ s}} = \frac{55{,}5}{0{,}9}\,\frac{\text{cm}}{\text{s}} \approx 61{,}7\,\frac{\text{cm}}{\text{s}}$$

Was aber kann man sinnvoller Weise unter der Geschwindigkeit des Wagens zu einem bestimmten **Zeitpunkt,** z.B. zur Zeit $\tau = 0{,}45$ s verstehen? Wir zweifeln gefühlsmäßig nicht daran, daß der Wagen in jedem Augenblick eine wohldefinierte Geschwindigkeit hat.

Dieser Begriff der **Momentangeschwindigkeit** (im Unterschied zur mittleren Geschwindigkeit innerhalb eines Zeit**intervalls**) ist deswegen schwer zu fassen, weil bisher (aus dem Mittelstufenunterricht) nur die Definition

$$\text{Geschwindigkeit } v = \frac{\text{zurückgelegter Weg}}{\text{Länge des benötigten Zeitintervalls}}$$

zur Verfügung steht und hierin der Nenner 0 wird, wenn man das Zeit**intervall** auf einen Zeit**punkt** zusammenzieht.
Wir werden aber um so eher geneigt sein, die mittlere Geschwindigkeit innerhalb eines Zeitintervalls als einen brauchbaren Näherungswert für die Momentangeschwindigkeit im Punkt A anzusehen, je kleiner das Zeitintervall ist. Daher berechnen wir aus den Meßwerten Nr.5 und Nr. 6 je eine Näherung für die Momentangeschwindigkeit in A:

$$v_5 = \frac{17{,}8\ \text{cm} - 14{,}8\ \text{cm}}{0{,}45\ \text{s} - 0{,}4\ \text{s}} = \frac{3{,}0}{0{,}05}\ \frac{\text{cm}}{\text{s}} = 60\ \frac{\text{cm}}{\text{s}}$$

$$v_6 = \frac{21{,}0\ \text{cm} - 17{,}8\ \text{cm}}{0{,}5\ \text{s} - 0{,}45\ \text{s}} = \frac{3{,}2}{0{,}05}\ \frac{\text{cm}}{\text{s}} = 64\ \frac{\text{cm}}{\text{s}}$$

Die Geschwindigkeiten v_5 bzw. v_6 stellen jeweils die Steigung der Sekante durch A und den Meßpunkt Nr. 5 bzw. Nr. 6 dar (Bild 17c). Unter der Momentangeschwindigkeit in A wird man die Steigung der Tangente in A verstehen wollen. Da die Sekantensteigung v_5 kleiner und die Sekantensteigung v_6 größer als die Tangentensteigung ist, ist der Mittelwert $\frac{1}{2} \cdot (v_5 + v_6) = 62\ \frac{\text{cm}}{\text{s}}$ wohl ein brauchbarer Näherungswert für die Momentangeschwindigkeit in A.

Definition 5 (Momentangeschwindigkeit): Einem Bewegungsvorgang möge die Weg-Zeit-Funktion $s\colon t \to s(t)$ zugrunde liegen, die an der Stelle τ differenzierbar sei. Dann versteht man unter der **Momentangeschwindigkeit** $v(\tau)$ zum Zeitpunkt τ den Differentialquotienten $\dot{s}(\tau) = \lim\limits_{t \to \tau} \frac{s(t) - s(\tau)}{t - \tau}$ *).
Er stellt die Steigung der Tangente von s an der Stelle τ dar.

Aus Bild 17c ergibt sich die Vermutung, daß dem Bewegungsvorgang eine Parabel als Weg-Zeit-Funktion zugrunde liegt, deren Scheitelpunkt wegen des verspäteten Einsatzes unserer Zeitmessung links vom Koordinatenursprung liegt. Das Weg-Zeit-Gesetz hat also vermutlich die Form

$$s(t) = a \cdot (t + t_0)^2$$

mit passenden Konstanten a und t_0. Man kann zeigen, daß $a = 54{,}5\ \frac{\text{cm}}{\text{s}^2}$ und $t_0 = 0{,}12$ s brauchbare Konstanten sind. Das Weg-Zeit-Gesetz lautet dann

$$s(t) = 54{,}5\ \frac{\text{cm}}{\text{s}^2} \cdot (t + 0{,}12\ \text{s})^2 = 54{,}5\ \frac{\text{cm}}{\text{s}^2} \cdot (t^2 + 0{,}24\ \text{s} \cdot t + 0{,}0144\ \text{s}^2).$$

Die hiernach *berechneten* Funktionswerte $s(t)$ sind in der letzten Zeile der Tabelle von Seite 47 verzeichnet und stimmen recht gut mit den *gemessenen* Werten überein.
Berechnet man nun aufgrund dieses Gesetzes und der Definition 5 die Momentangeschwindigkeit zur Zeit $\tau = 0{,}45$ s, so erhält man:

*) Ist f eine Funktion der Zeit t, so wird in der Physik die Ableitung von f üblicherweise mit $\dot{f}$ (statt mit f') bezeichnet.

$$v(\tau) = \dot{s}(\tau) = \lim_{t \to \tau} \frac{s(t) - s(\tau)}{t - \tau}$$

$$= \lim_{t \to \tau} \left[\frac{(t + 0{,}12\ \mathrm{s})^2 - (\tau + 0{,}12\ \mathrm{s})^2}{t - \tau} \cdot 54{,}5\ \frac{\mathrm{cm}}{\mathrm{s}^2} \right]$$

$$= 54{,}5\ \frac{\mathrm{cm}}{\mathrm{s}^2} \cdot \lim_{t \to \tau} \frac{t^2 - \tau^2 + 2 \cdot 0{,}12\ \mathrm{s}(t - \tau)}{t - \tau}$$

$$= 54{,}5\ \frac{\mathrm{cm}}{\mathrm{s}^2} \cdot \lim_{t \to \tau} (t + \tau + 0{,}24\ \mathrm{s})$$

$$= 54{,}5\ \frac{\mathrm{cm}}{\mathrm{s}^2} \cdot (2\tau + 0{,}24\ \mathrm{s}) = 54{,}5\ \frac{\mathrm{cm}}{\mathrm{s}^2} \cdot (0{,}9\ \mathrm{s} + 0{,}24\ \mathrm{s}) \approx 62\ \frac{\mathrm{cm}}{\mathrm{s}}$$

in guter Übereinstimmung mit unserem früheren Näherungswert.

An einen Kondensator der Kapazität C wird über einen Widerstand R eine Spannung U gelegt (Bild 18a). Dann fließt Ladung auf den Kondensator.
Während unmittelbar nach dem Einschalten die Ladung Q auf dem Kondensator rasch zunimmt, wächst sie später nur noch langsam an, und es dauert sogar unendlich lange, bis sie auf ihren höchsten Wert $Q_\infty = \frac{U}{C}$ angewachsen ist (Bild 18b).

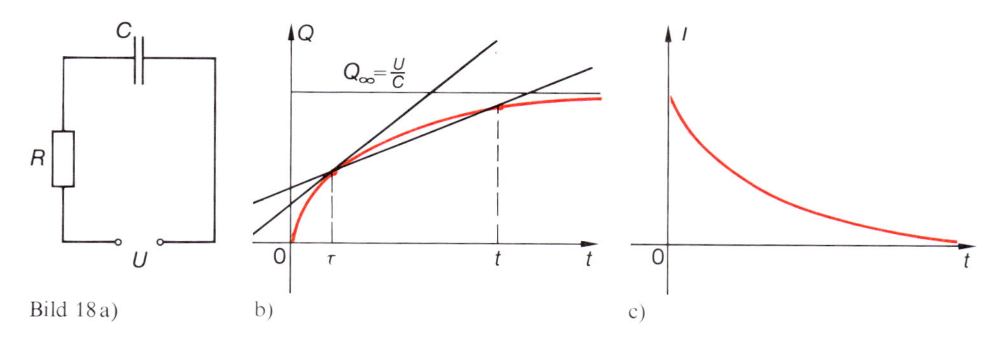

Bild 18a) b) c)

Unter der **mittleren Stromstärke** im Zeit**intervall** $[\tau; t]$ versteht man den Differenzenquotienten

$$\frac{Q(t) - Q(\tau)}{t - \tau} = \frac{\text{Ladungsänderung während des Zeitintervalls } [\tau; t]}{\text{Länge des Zeitintervalls } [\tau; t]}$$

Er stellt die Sekantensteigung im Intervall $[\tau; t]$ dar (Bild 18b).
Unter der **momentanen Stromstärke** I zum Zeit**punkt** τ versteht man den Differentialquotienten

$$I(\tau) = \dot{Q}(\tau) = \lim_{t \to \tau} \frac{Q(t) - Q(\tau)}{t - \tau},$$

wobei vorausgesetzt ist, daß die Ladungsfunktion $Q: t \to Q(t)$ (Bild 18b) an der Stelle τ differenzierbar ist.
$I(\tau)$ stellt die Steigung der Tangente der Funktion Q an der Stelle τ dar (Bild 18b).
Da kurz nach dem Einschalten die Ladung Q rasch anwächst, ist die Steigung von Q, also die Stromstärke I anfangs groß. Sie wird, da später nur noch wenig Ladung auf den Kondensator strömt, ständig kleiner und sinkt fast bis auf 0 ab. Ist der Kondensator voll geladen – das dauert jedoch unendlich lange –, so ist die Stromstärke I gleich 0 (Bild 18c).

Aufgabe 13. a) Für einen im luftleeren Raum frei fallenden Körper gilt das Weg-Zeit-Gesetz

$$s(t) = \frac{g}{2} \cdot t^2 \quad \text{mit } g \approx 9{,}81 \, \frac{\mathrm{m}}{\mathrm{s}^2}.$$

Zeichnen Sie die Funktion $s: t \rightarrow s(t)$.

Wieviel Meter hat der Körper nach 1 s, 5 s, 10 s Fallzeit zurückgelegt?

Wieviel Zeit benötigt der Körper für eine Fallstrecke von 10 m, 100 m?

b) Geben Sie die Geschwindigkeit-Zeit-Funktion $v: t \rightarrow v(t)$ an und zeichnen Sie sie.

Wie groß ist die Momentangeschwindigkeit nach 1 s, 2 s, 5 s, 10 s Fallzeit?

Zu welcher Zeit hat der Körper die Geschwindigkeit 50 $\frac{\mathrm{m}}{\mathrm{s}}$, 80 $\frac{\mathrm{m}}{\mathrm{s}}$, 100 $\frac{\mathrm{m}}{\mathrm{s}}$?

c) Unter der **momentanen Beschleunigung** eines Körpers zum Zeit**punkt** τ versteht man den Differentialquotienten $a(\tau) = \dot{v}(\tau)$, wobei vorausgesetzt ist, daß die Geschwindigkeit-Zeit-Funktion v an der Stelle τ differenzierbar ist.

Geben Sie die Beschleunigung-Zeit-Funktion $a: t \rightarrow a(t)$ für den freien Fall an und zeichnen Sie sie.

Wie groß ist die momentane Beschleunigung des Körpers zu den Zeiten $t = 0$ s, 2 s, 10 s? Welche Bedeutung hat also g?

3.4 Ableitungsregeln I

Beispiel 11:

Die Ableitung von $q(x)=x^2$ ist $q'(x)=2x$ (Satz 1).
Die Ableitung von $l(x) = -7x+12$ ist $l'(x) = -7$ (Satz 1).
Die Ableitung von $f(x)=x^2-7x+12$ ist $f'(x)=2x-7$ (Aufgabe 5.a).
In diesem Beispiel ist $f(x)=q(x)+l(x)$ und $f'(x)=q'(x)+l'(x)$.

Satz 3 (Ableitung einer Summe): Die Funktionen f und g seien an der Stelle a differenzierbar.
Dann ist auch die Summenfunktion $f+g$ an der Stelle a differenzierbar, und es gilt
$$(f+g)'(a)=f'(a)+g'(a).$$
Kurz: Die Ableitung einer Summe ist gleich der Summe der Ableitungen.

Vorbemerkung zum Beweis: Wenn man – wie in Satz 3 – die Differenzierbarkeit von f und g an der Stelle a voraussetzt, ist damit insbesondere vorausgesetzt, daß a nicht-isolierte Stelle von D_f und D_g ist. Daraus folgt aber nicht, daß a auch nicht-isolierte Stelle von D_{f+g} ist.

Es sei z.B. $f\colon x \to \sqrt{x\cdot(x-1)}$; $D_f=\{x \mid x\leq 0 \text{ oder } x\geq 1\}$
$g\colon x\to\sqrt{x}$; $D_g=\{x \mid x\geq 0\}$.
Dann ist $f+g\colon x\to\sqrt{x\cdot(x-1)}+\sqrt{x}$; $D_{f+g}=\{x \mid x=0 \text{ oder } x\geq 1\}$.

Obwohl $a=0$ nicht-isolierte Stelle von D_f und D_g ist, ist a doch isolierte Stelle von D_{f+g}. Daher muß in Satz 3 eigentlich zusätzlich vorausgesetzt werden, daß a auch nicht-isolierte Stelle von D_{f+g} ist. Weil wir aber Funktionen ohnehin nur an nicht-isolierten Stellen untersuchen, verzichten wir auf das Notieren dieser an sich notwendigen Voraussetzung. (Vgl. auch Beispiel 11 von Seite 23.)

Bei der Formulierung weiterer Sätze verfahren wir entsprechend.

Erster Beweis: Nach Voraussetzung existieren die Grenzwerte $\lim\limits_{x\to a}\dfrac{f(x)-f(a)}{x-a}$ und $\lim\limits_{x\to a}\dfrac{g(x)-g(a)}{x-a}$. Nach dem Grenzwertsatz der Addition (Satz 3, Seite 23) folgt daher
$$\lim_{x\to a}\frac{(f+g)(x)-(f+g)(a)}{x-a}=\lim_{x\to a}\left(\frac{f(x)-f(a)}{x-a}+\frac{g(x)-g(a)}{x-a}\right)$$
$$=\lim_{x\to a}\frac{f(x)-f(a)}{x-a}+\lim_{x\to a}\frac{g(x)-g(a)}{x-a},$$
also $(f+g)'(a)=f'(a)+g'(a)$.

Zweiter Beweis: Nach Definition 2 gibt es zwei bei a stetige Funktionen f_a und g_a mit
$$f(x)=f(a)+(x-a)\cdot f_a(x) \quad \text{für alle } x\in D_f \quad \text{und } f_a(a)=f'(a)$$
$$g(x)=g(a)+(x-a)\cdot g_a(x) \quad \text{für alle } x\in D_g \quad \text{und } g_a(a)=g'(a).$$
Die Summe von Funktionswerten ist gleich dem Funktionswert der Summe, also:
$$(f+g)(x)=(f+g)(a)+(x-a)\cdot(f_a+g_a)(x) \quad \text{für alle } x\in D_{f+g}=D_f\cap D_g.$$

Da f_a+g_a nach dem Summensatz (Satz 3 von Seite 9) wieder bei a stetig ist, ist $f+g$ nach Definition 2 bei a differenzierbar mit dem Differentialquotienten
$$(f+g)'(a)=(f_a+g_a)(a)=f_a(a)+g_a(a)=f'(a)+g'(a).$$

Beispiel 12: Die Funktion $f: x \to 3x^2$ soll an jeder Stelle $a \in \mathbb{R}$ auf Differenzierbarkeit untersucht werden:

1. Schritt: Bildung des Differenzenquotienten:

$$d_{f,a}(x) = \frac{3x^2 - 3a^2}{x-a} = 3 \cdot (x+a) \cdot \frac{x-a}{x-a} = 3 \cdot (x+a)\,; \quad x \in \mathbb{R} \setminus \{a\}.$$

2. Schritt: Grenzwert des Differenzenquotienten:

$$\lim_{x \to a} 3 \cdot (x+a) = 3 \cdot (a+a) = 6a.$$

Ergebnis: Die Funktion $f: x \to 3x^2$ hat die Ableitung $f': x \to 6x$.
Wir wissen: Die Funktion $q: x \to x^2$ hat die Ableitung $q': x \to 2x$.
In diesem Beispiel gilt also $f = 3q$ und $f' = 3q'$.

Satz 4 (konstanter Faktor): Die Funktion f sei an der Stelle a differenzierbar. Dann ist für jede Zahl $k \in \mathbb{R}$ auch die Funktion $k \cdot f$ an der Stelle a differenzierbar, und es gilt

$$(kf)'(a) = k \cdot f'(a).$$

Kurz: Ein konstanter Faktor bleibt beim Differenzieren erhalten.

Der Beweis wird als Aufgabe 14 gestellt.

Aufgaben

14. Beweisen Sie Satz 4. Es gibt zwei Möglichkeiten. Orientieren Sie sich an den beiden Beweisen von Satz 3.

15. Übertragen Sie Satz 3 auf mehr als zwei Summanden und beweisen Sie diese Verallgemeinerung.

16. Übertragen Sie Satz 3 auf die Differenz zweier Funktionen. Beweisen Sie die neue Aussage mit Hilfe der Sätze 3 und 4.

17. Beweisen Sie: Ein konstanter Summand wird beim Differenzieren zu 0. Wenden Sie die Sätze 1 und 3 an.

18. a) Beweisen Sie mit Hilfe der Sätze 1, 3 und 4, daß der Term

$$f(x) = 5x^{10} + 4x^7 - 3x^4 - 6x^2 + 2$$

die Ableitung $f'(x) = 50x^9 + 28x^6 - 12x^3 - 12x$ hat.

b) Beweisen Sie analog: Jede ganzrationale Funktion

$$f: x \to a_n x^n + a_{n-1} x^{n-1} + \cdots + a_2 x^2 + a_1 x + a_0$$

ist an jeder Stelle $x \in \mathbb{R}$ differenzierbar. Die Ableitungsfunktion lautet

$$f': x \to n a_n x^{n-1} + (n-1) a_{n-1} x^{n-2} + \cdots + 2a_2 x + a_1.$$

c) Differenzieren Sie die Terme

$-x^3 + 2x^2 - 9x - 1$	$\frac{1}{5}x^5 - \frac{1}{4}x^2$	$2x^3 + 12x^2$	$x^6 - 6$
$4x^8 + 8x^6 + 4x^5 - 11x$	$x^5 - 2x^3 + 8x$	$-0{,}3x^4 + 0{,}1x$	$2{,}5x^8 - 16$
$-\frac{1}{100}x^{100} + 50x - 2000$	$\frac{\sqrt{2}}{3}x^3 + \frac{\pi}{2}x^2$	$-x^5 + \frac{2}{3}x^4$	$-5x^{20}$
$-x^4 + x^3 - x^2 + x - 1$	$7x^4 - 4x^2 + 8$	$\frac{7}{2}x^6 - \frac{3}{2}x$	$-3x^9 + 9x$
$4 + \frac{5}{6}x^3 - \frac{1}{4}x^4 + 5x^5$	$0{,}4x^2 - 3x^5 + 2$	$1{,}8x + 0{,}9x^2$	$0{,}7x^{10}$
$2a - 3ax + 4ax^2$	$x^5 - 3bx^3 + 9b$	$x^2 + cx + d$	(mit $a, b, c, d \in \mathbb{R}$)

3.5 Extrema

Eine Funktion kann mit Hilfe einer Wertetabelle gezeichnet werden. Doch ist dies ein mühsames Verfahren, und man verfehlt dabei möglicherweise diejenigen Punkte, die für die Funktion charakteristisch sind.

Beispiel 13: Die Funktion $f\colon x \to x^3 - 4x$ hat die Nullstellen 0, 2 und -2 (Bild 19). Es ist $f(-1) = 3$ und $f(1) = -3$. Die Punkte H bzw. T liegen zwar nahe bei $(-1; 3)$ bzw. $(1; -3)$, fallen aber nicht mit ihnen zusammen. Die Funktion f hat höhere Punkte als H und tiefere als T, doch ist H bzw. T unter allen Nachbarpunkten der höchste bzw. der tiefste. H und T sind wesentliche Charakteristika von f. Sie heißen **lokaler Hoch-** bzw. **Tiefpunkt.** Wir wollen Methoden entwickeln, mit denen sich die Koordinaten solcher Punkte bestimmen lassen. Man findet dann
$H = (-\frac{2}{3}\sqrt{3}; \frac{16}{9}\sqrt{3}) \approx (-1{,}155; 3{,}079)$
und $T = (\frac{2}{3}\sqrt{3}; -\frac{16}{9}\sqrt{3})$.

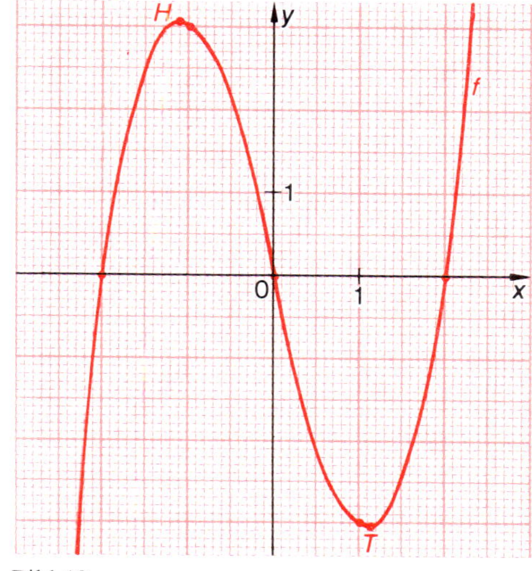

Bild 19

Beispiel 14: Bei der Quadratfunktion $q\colon x \to x^2$ ist der Punkt $T = (0; 0)$ nicht nur unter allen benachbarten Punkten der tiefste: Es gibt überhaupt keinen tieferen Punkt. Daher ist T nicht nur lokaler, sondern auch **globaler Tiefpunkt** von q.
Analog ist die Situation bei der Wurzelfunktion $w\colon x \to \sqrt{x}$. Der Punkt $(0; 0)$ ist zugleich lokaler und globaler Tiefpunkt und liegt am Rande von D_w.

Beispiel 15: Bei der Kosinusfunktion cos sind alle Punkte $H_z = (2\pi z; 1)$ mit $z \in \mathbb{Z}$ lokale und zugleich globale Hochpunkte.

Beispiel 16: Bei der konstanten Funktion $x \to 3$ ist jeder Punkt $(x; 3)$ zugleich lokaler und globaler Hoch- und Tiefpunkt.

Beispiel 17: Die Reziprokfunktion $r\colon x \to \frac{1}{x}$ hat weder einen lokalen noch einen globalen Hoch- oder Tiefpunkt. Zu jedem Punkt gibt es in der Nachbarschaft höhere und tiefere Punkte.

Definition 6 (lokaler Hochpunkt): Es sei a eine Stelle der Definitionsmenge D_f einer Funktion f. Der Punkt $(a; f(a))$ heißt genau dann **lokaler Hochpunkt** von f, wenn es eine Umgebung U von a gibt mit

$$f(x) \leq f(a) \qquad \text{für alle } x \in U \cap D_f$$

kurz: $f(U \cap D_f) \leq f(a)$

noch kürzer: $f(U) \leq f(a)$.

$f(a)$ heißt ein **lokales Maximum** von f.
Analog werden **„lokaler Tiefpunkt“** und **„lokales Minimum“** definiert.
Oberbegriff von „Hoch- und Tiefpunkt“ ist **„Extrempunkt“,** Oberbegriff von „Maximum und Minimum“ ist **„Extremum“.**

Definition 7 (globaler Hochpunkt): Es sei a eine Stelle der Definitionsmenge D_f einer Funktion f. Der Punkt $(a; f(a))$ heißt genau dann **globaler Hochpunkt** von f, wenn gilt

$$f(x) \leq f(a) \qquad \text{für alle } x \in D_f$$

kurz: $\quad f(D_f) \leq f(a)$.

Die Begriffe **„globales Maximum"**, **„globaler Tiefpunkt"**, **„globales Minimum"**, **„globaler Extrempunkt"**, **„globales Extremum"** werden analog zu Definition 6 festgelegt.

Wenn die stärkere Forderung $f(D_f) \leq f(a)$ aus Definition 7 erfüllt ist, ist für jede Umgebung U von a auch die schwächere Forderung $f(U \cap D_f) \leq f(a)$ aus Definition 6 erfüllt. Daher ist jeder globale Hochpunkt zugleich auch ein lokaler Hochpunkt, aber nicht umgekehrt. Entsprechendes gilt für Tiefpunkte.

Beispiel 18: Während eine Funktion mehrere globale Hochpunkte haben kann, hat sie höchstens ein globales Maximum. Dies ist z. B. bei der Sinusfunktion die Zahl 1.
Dagegen kann eine Funktion mehrere lokale Maxima haben: $f\colon x \to x^5 - 8x^3 + 16x$ hat die lokalen Hochpunkte $(-2; 0)$ und näherungsweise $(0{,}89; 9{,}16)$ und also die lokalen Maxima 0 und 9,16 (Bild 20).
Die Integerfunktion hat sogar jede ganze Zahl als lokales Maximum (und Minimum).

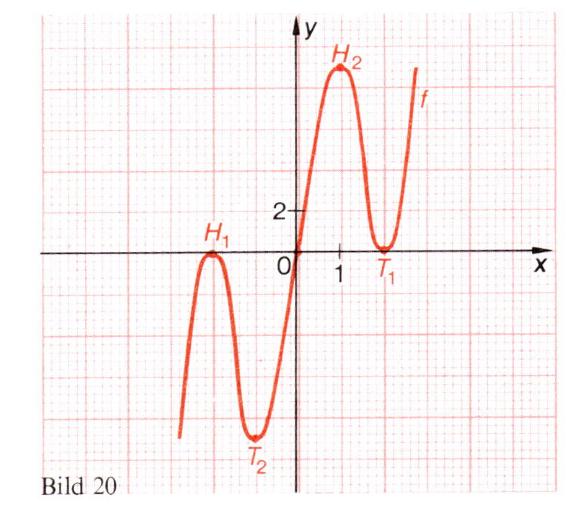

Bild 20

Beispiel 19: $f\colon x \to x^2 - 1;\ x \in [-1; 2]$

	Maximum	Minimum
lokal	$f(-1) = 0$ $f(2) = 3$	$f(0) = -1$
global	$f(2) = 3$	$f(0) = -1$

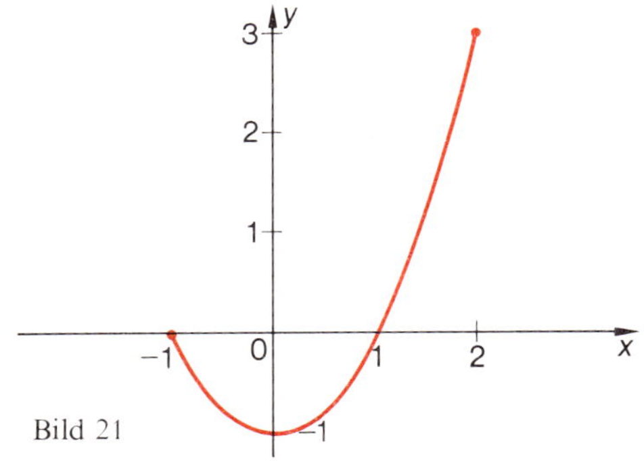

Bild 21

Beispiel 20: $f\colon x \to \begin{cases} x & \text{für } -1 < x \leq 0 \\ -x+1 & \text{für } 0 < x \leq 1 \end{cases}$

	Maximum	Minimum
lokal	—	$f(1) = 0$
global	—	—

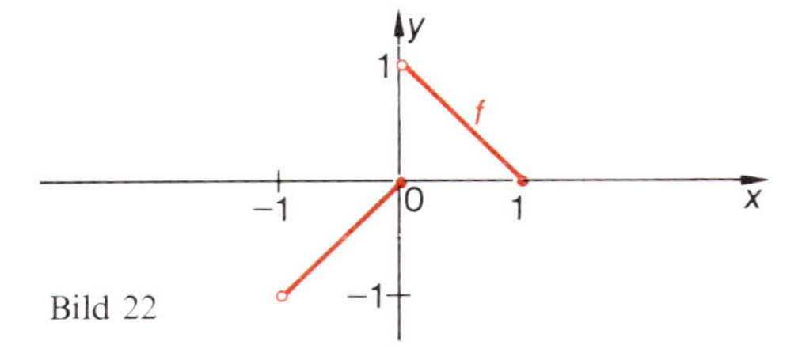

Bild 22

Bei den Extrempunkten $(a; f(a))$ der Funktion f von Bild 19 und 20 hat f eine horizontale Tangente. Dort scheint also $f'(a)=0$ zu gelten. Dies trifft auch auf den globalen Tiefpunkt $(0; -1)$ aus Bild 21, nicht jedoch auf die Hochpunkte $(-1; 0)$ und $(2; 3)$ aus Bild 21 und den Tiefpunkt $(1; 0)$ aus Bild 22 zu. Obwohl wir die Sinusfunktion noch nicht differenzieren können, scheinen bei allen ihren Extrempunkten horizontale Tangenten vorzuliegen.

Die Beispiele lassen vermuten:
Wenn die Extrempunkte – seien sie lokal oder global – im Innern, nicht am Rande von D_f liegen, hat f dort eine horizontale Tangente.
Diese Aussage kann so aber noch nicht aufrechterhalten werden. Denn der Tiefpunkt $(0; 0)$ der Betragsfunktion abs liegt im Innern von $D_{abs}=\mathbb{R}$, und dennoch hat abs dort keine horizontale Tangente, weil abs dort nicht differenzierbar ist. Die Vermutung kann also höchstens dann zutreffen, wenn wir Differenzierbarkeit voraussetzen.

Definition 8 (innere Extrema): Es sei $(a; f(a))$ ein (lokaler oder globaler) Extrempunkt einer Funktion f.
Er heißt ein **innerer Extrempunkt** von f genau dann, wenn es eine Umgebung U von a gibt mit $U \subseteq D_f$.
$f(a)$ heißt ein **inneres Extremum** von f.

Satz 5: Ist eine Funktion f an einer Stelle a differenzierbar und ist $(a; f(a))$ ein innerer Extrempunkt von f, so ist $f'(a)=0$.

Beweis: Wir nehmen zunächst an, daß $f(a)$ ein (lokales oder globales) Maximum ist.
Dann gibt es also eine Umgebung U_1 von a mit
$f(U_1) \leq f(a)$ (Definition 6 oder 7).
Da $f(a)$ inneres Maximum ist, gibt es eine Umgebung U_2 von a mit
$U_2 \subseteq D_f$ (Definition 8).
Die Schnittmenge $U = U_1 \cap U_2 =]u; u'[$ ist eine Umgebung von a mit
$U \subseteq D_f$ und $f(U) \leq f(a)$.
Da f bei a differenzierbar ist, gibt es eine bei a stetige Funktion f_a mit
(1) $f(x)-f(a)=(x-a)\cdot f_a(x)$ für alle $x \in D_f$ (Definition 2).
Wegen $f(U) \leq f(a)$ ist für alle $x \in U$ die linke und daher auch die rechte Seite von (1) kleiner oder gleich 0.
(2) Für alle x mit $a<x<u'$ ist $x-a>0$ und daher $f_a(x) \leq 0$.
Wäre nun $f_a(a)>0$, so gäbe es nach dem Umgebungssatz (Satz 1 von Seite 8) eine Umgebung V von a mit $f_a(V)>0$, im Widerspruch zu (2). Also ist $f_a(a) \leq 0$.
(3) Für alle x mit $u<x<a$ ist $x-a<0$ und daher $f_a(x) \geq 0$.
Hieraus und aus dem Umgebungssatz folgert man wie eben $f_a(a) \geq 0$.
Insgesamt ist also $f_a(a)=f'(a)=0$.
Wenn $f(a)$ ein Minimum ist, schließt man analog.

Aufgaben

19. Zeichnen Sie die Funktionen $x \to x^2$, $x \to -x^2$ und $x \to x^3$. Wo liegen innere Extrempunkte? Dieses Beispiel zeigt:
An einem inneren Extrempunkt $(a; f(a))$ gilt zwar $f'(a)=0$ (Satz 5); doch wenn $f'(a)=0$ gilt, braucht $(a; f(a))$ kein innerer Extrempunkt zu sein.

20. a) Zeichnen Sie die Funktion f: $x \to x^5 - x^3$ (Nullstellen, Punktsymmetrie bzgl. des Koordinatenursprunges, kleine Wertetabelle).
Zeigen Sie, daß f' die Nullstellen $a_1 = -\sqrt{\frac{3}{5}}$, $a_2 = 0$ und $a_3 = \sqrt{\frac{3}{5}}$ hat. Höchstens hier liegen also innere Extrema von f. Was sagt Ihre Zeichnung hierzu?
b) An welchen Stellen höchstens haben die Funktionen der Beispiele 13 und 18 innere Extrema?

21. Setzen Sie bei den folgenden Funktionstermen $f(x)$ für c nacheinander jeweils -1, 0 und 1 ein:

$$x^2+cx \qquad x^3+cx \qquad x^3+cx^2 \qquad x^4+cx^2 \qquad x^4+cx^3 \qquad x^7+cx^5 \qquad x^4-2x^3+cx^2$$

Sie erhalten so 21 Funktionen f: $x \to f(x)$. An welchen Stellen höchstens können diese Funktionen innere Extrema haben?

22. Geben Sie eine differenzierbare Funktion f mit $f'(0) = f'(1) = 0$ an. Zeichnen Sie sie und äußern Sie aufgrund der Zeichnung eine Vermutung darüber, ob Ihre Funktion an den Stellen 0 und 1 wirklich innere Extrema hat.

23. Gibt es eine Funktion, die zwar ein
a) lokales, aber kein globales
b) lokales, aber kein inneres
c) globales, aber kein lokales
d) globales, aber kein inneres
e) inneres, aber kein lokales
f) inneres, aber kein globales
Maximum hat? Wenn Sie mit „ja“ antworten, geben Sie ein Beispiel, sonst eine Begründung.

24. Die Funktion f habe an der Stelle a ein lokales Maximum. Was können Sie über die Funktion g an der Stelle a aussagen?
a) $g = f + c$ mit $c \in \mathbb{R}$ b) $g = -f$
c) $g = c \cdot f$ mit $c \in \mathbb{R}$ d) $g = f^2$ e) $g = |f|$
Orientieren Sie sich an Skizzen und beachten Sie Fallunterscheidungen.

4 Globale Eigenschaften stetiger und differenzierbarer Funktionen

Satz 5 von Seite 55 und Aufgabe 19 von Seite 56 zeigen: An einem inneren Extrempunkt $(a; f(a))$ einer bei a differenzierbaren Funktion f gilt zwar $f'(a)=0$; doch wenn umgekehrt $f'(a)=0$ gilt, braucht $(a; f(a))$ kein Extrempunkt zu sein. Uns fehlt eine einfache Bedingung, aus der die Existenz eines inneren Extrempunktes an einer Stelle a folgt.
Fassen wir nicht eine bestimmte Stelle a ins Auge, so stellt sich die weitergehende Frage: Unter welcher Bedingung hat eine Funktion f in einer Menge A überhaupt (lokale oder globale, innere oder am Rande liegende) Extrema? Im Unterschied zu bisherigen Fragestellungen liegt hier kein lokales Problem (Extremum an einer bestimmten Stelle a), sondern ein globales Problem (Extrema in einer Menge A) vor.
Da ferner nach Satz 5 (Seite 55) eine differenzierbare Funktion f innere Extrema höchstens an den Nullstellen von f' haben kann, ist die Frage nach Nullstellen einer Funktion auch im Hinblick auf Extremwertfragen wichtig: Unter welchen Bedingungen hat eine Funktion f in einer Menge A Nullstellen?

4.1 Der Intervallsatz

Beispiel 1: Die Funktion $f\colon x \to x^2-2;\ x \in [0; 3]$ ist streng monoton wachsend. Es ist $f(0) = -2$ und $f(3)=7$. Daher ist anschaulich klar, daß die Bildmenge $f([0; 3])$ das Intervall $[-2; 7]$ ist. Der folgende ausführliche Beweis macht deutlich, welche Beweishilfsmittel benutzt werden:

1. Wir zeigen $f([0; 3]) \subseteq [-2; 7]$.
   Aus $x \in [0; 3]$ folgt: $0 \le x \le 3$
   $$0 \le x^2 \le 9$$
   $$-2 \le x^2-2 \le 7$$
   $$-2 \le f(x) \le 7.$$
   Aus $x \in [0; 3]$ folgt also $f(x) \in [-2; 7]$; d.h. $f([0; 3]) \subseteq [-2; 7]$.
2. Wir zeigen $[-2; 7] \subseteq f([0; 3])$.
   Aus $y \in [-2; 7]$ folgt: $-2 \le y \le 7$
   $$0 \le y+2 \le 9$$
   $$0 \le \sqrt{y+2} \le 3.$$
   Setzt man $x=\sqrt{y+2}$, so gilt also erstens $x \in [0; 3]$ und zweitens $f(x) = (\sqrt{y+2})^2-2 = y+2-2 = y$. Jedes Element $y \in [-2; 7]$ hat also ein Urbild $x \in [0; 3]$; d.h. $[-2; 7] \subseteq f([0; 3])$.
3. Aus 1. und 2. folgt $f([0; 3]) = [-2; 7]$.

Insbesondere ergibt sich, daß die Funktion f eine Nullstelle hat:
Das Urbild zu $y=0 \in [-2; 7]$ ist $x=\sqrt{0+2}=\sqrt{2} \in [0; 3]$.

Als wesentliche Beweishilfsmittel haben wir die Monotonie der Quadrat- und der Wurzelfunktion und vor allem die Existenz von Wurzeln benutzt. Letztere haben wir hier und an anderen Stellen des Lehrgangs naiv vorausgesetzt. Wir werden in diesem Abschnitt die Grundlage schaffen (Intervallsatz), auf der dann unter anderem die Existenz von Wurzeln bewiesen werden kann (Seite 60/61). Insofern hat unsere Argumentation in diesem Beispiel nur vorläufigen Charakter.

Aufgaben

Lösen Sie zur weiteren vorläufigen Orientierung die folgenden Aufgaben, ohne auf Probleme wie die Existenz von Wurzeln einzugehen. Diese setzen wir naiv voraus.

1. Skizzieren Sie die folgenden stetigen Funktionen f in den angegebenen Definitionsmengen D_f und lesen Sie hieraus die Bildmengen $f(D_f)$ ab. Man nennt $f(D_f)$ kurz das stetige Bild von D_f.

a) $x \to 2x-1$ in $[-1;1]$, $[-1;1[$, $]-1;1]$, $]-1;1[$, $\mathbb{R}$
b) $x \to x^3$ in $]-1;1[$, $[-1;1]$, $]-\infty;2[$, $[0;\infty[$, $\mathbb{R}$
c) $x \to -|x|$ in $[-3;-2]$, $[-2;2[$, $]-1;1[$, $]-\infty;0[$, $\mathbb{R}\setminus\{0\}$
d) $x \to \frac{1}{x}$ in $[1;2]$, $]0;1[$, $]0;1]$, $[1;\infty[$, $\mathbb{R}\setminus\{0\}$
e) $x \to 3$ in $[0;2]$, $]0;2[$, $]3;\infty[$, $\mathbb{R}$, $\mathbb{R}\setminus\{3\}$
f) $x \to \sin x$ in $[0;2\pi]$, $]0;2\pi[$, $]0;\frac{\pi}{2}[$, $[0;\frac{\pi}{2}]$, $\mathbb{R}$
g) $x \to \tan x$ in $]0;\frac{\pi}{2}[$, $[0;\frac{\pi}{2}[$, $]-\frac{\pi}{2};\frac{\pi}{2}[$, $[0;\frac{\pi}{4}]$, $]0;\frac{\pi}{4}[$

2. Suchen Sie in Aufgabe 1 je ein Beispiel, das zeigt:
Das stetige Bild $f(]a;b[)$ eines offenen Intervalls $]a;b[$ kann

a) ein offenes Intervall $]c;d[$,
b) ein halboffenes Intervall $[c;d[$ $(]c;d])$.
c) ein abgeschlossenes Intervall $[c;d]$,
d) eine Menge der Form $]c;\infty[$,
e) eine einelementige Menge $\{c\}$,
f) die Menge $\mathbb{R}$ sein.

3. Bestätigen Sie, daß in allen Beispielen von Aufgabe 1 das stetige Bild $f([a;b])$ eines abgeschlossenen Intervalls $[a;b]$ wieder ein abgeschlossenes Intervall oder eine einelementige Menge $\{c\}$ ist. – Wir wollen in diesem Kapitel einelementige Mengen auch als abgeschlossene Intervalle ansehen und setzen fest: $[c;c] = \{x | c \leq x \leq c\} = \{c\}$.

4. a) Bestimmen Sie die Bildmenge $f([-2;2])$ für folgende Funktionen:

$x \to -x+1$, $\quad x \to x^3$, $\quad x \to |x|$, $\quad x \to 3$, $\quad x \to \operatorname{sgn} x$,

$x \to \begin{cases} -x & \text{für } x \leq 0 \\ 1 & \text{für } x > 0 \end{cases}$, $\quad x \to \begin{cases} x & \text{für } x \leq 0 \\ 1 & \text{für } x > 0 \end{cases}$, $\quad x \to \begin{cases} -x & \text{für } x \leq 0 \\ 3 & \text{für } x > 0 \end{cases}$,

$x \to \begin{cases} x & \text{für } x \leq 0 \\ x+1 & \text{für } x > 0 \end{cases}$, $\quad x \to \begin{cases} -x & \text{für } x < 0 \\ 2x-2 & \text{für } x \geq 0 \end{cases}$, $\quad x \to \begin{cases} x+2 & \text{für } x \leq 0 \\ x-1 & \text{für } x > 0 \end{cases}$.

b) Ist in den Beispielen die Bildmenge $f([-2;2])$
stets ein abgeschlossenes Intervall, falls f stetig ist,
stets ein abgeschlossenes Intervall, falls f unstetig ist,
nie ein abgeschlossenes Intervall, falls f unstetig ist?

Die Vielzahl der Beispiele in den Aufgaben 1 bis 4 führt zu der Vermutung:

> **Satz 1 (Intervallsatz):** Für jede auf einem abgeschlossenen Intervall $[a;b]$ stetige Funktion f ist die Bildmenge $f([a;b])$ ein abgeschlossenes Intervall.
> Kurz: Das stetige Bild eines abgeschlossenen Intervalls ist stets wieder ein abgeschlossenes Intervall.

Nach den Vorüberlegungen in den Aufgaben 2 und 4 gilt eine entsprechende Aussage nicht, wenn die Funktion nicht stetig oder das Intervall nicht abgeschlossen ist.

Der Intervallsatz stellt eine der vielen möglichen Formulierungen des sogenannten Vollständigkeitsgesetzes der Menge $\mathbb{R}$ der reellen Zahlen dar. Man kann zeigen (Aufgabe 8), daß er in der Menge $\mathbb{Q}$ der rationalen Zahlen nicht gilt. Die Menge $\mathbb{R}$ ist gerade dadurch charakterisiert, daß in ihr alle Gesetze von $\mathbb{Q}$ und außerdem noch der Intervallsatz gelten.

Wir beweisen den Intervallsatz nicht. Statt dessen fordern wir, daß in $\mathbb{R}$ über die bereits bekannten Eigenschaften reeller Zahlen hinaus auch noch der Intervallsatz gelten möge. Für unsere weiteren Untersuchungen haben wir damit eine feste Grundlage geschaffen, die ihrerseits aber Verabredungscharakter trägt: Wir kommen überein, den Intervall in der Menge $\mathbb{R}$ der reellen Zahlen als gültig zu akzeptieren. Obwohl der Intervall„satz" also kein von uns bewiesener Satz ist, sondern vielmehr als Axiom fungiert, wollen wir dennoch seinen Namen beibehalten.

Aufgaben

5. Die Definitionsmenge der stetigen Funktionen f mit folgenden Termen sei jeweils das abgeschlossene Intervall $[-1; 1]$. Skizzieren Sie jeweils f und geben Sie die Bildmenge an, die nach dem Intervallsatz wieder ein abgeschlossenes Intervall sein muß.

$x-1,\quad -2x+1,\quad x^3,\quad \frac{1}{x+2},\quad \sqrt{x+5},\quad |x-1|,\quad |4x^2-1|,\quad \sin(x+1),\quad \cos x,\quad \sin|x|$

6. Zeigen Sie durch ein Gegenbeispiel, daß unter den Voraussetzungen des Intervallsatzes im allgemeinen nicht $f([a; b]) = [f(a); f(b)]$ gilt.
Geben Sie eine stetige Funktion an, für die doch $f([a; b]) = [f(a); f(b)]$ gilt.
Beispiel und Gegenbeispiel finden Sie schon in Aufgabe 1.

7. a) Ordnen Sie die sechs Funktionen den sechs Zeilen der Tabelle zu:

$\alpha)\ x \to \begin{cases} 2 \text{ für } x=0 \\ x \text{ für } 0<x\leq 1 \end{cases},\qquad \beta)\ x \to \begin{cases} 0 \text{ für } x=0 \\ \frac{1}{x} \text{ für } 0<x<1 \end{cases},\qquad \gamma)\ x \to x+1,$

$\delta)\ x \to \begin{cases} 1 \text{ für } x=0 \\ x \text{ für } 0<x<1 \\ 0 \text{ für } x=1 \end{cases},\qquad \varepsilon)\ x \to \sin x,\qquad \zeta)\ x \to \begin{cases} 1 \text{ für } x=0 \\ 0 \text{ für } x=1 \\ \frac{1}{x} \text{ für } x>1 \end{cases}$

Zeile	f ist stetig	D_f ist ein abgeschlossenes Intervall	$f(D_f)$ ist ein abgeschlossenes Intervall	Funktion
1	+	–	+	
2	+	–	–	
3	–	+	+	
4	–	+	–	
5	–	–	+	
6	–	–	–	

Warum haben wir keine Tabelle mit acht Zeilen angelegt?

b) Wenn die Voraussetzungen des Intervallsatzes erfüllt sind, ist $f([a; b])$ ein abgeschlossenes Intervall. Welche Zeilen der Tabelle zeigen, daß $f([a; b])$ ein abgeschlossenes Intervall sein kann, ohne daß die Voraussetzungen des Intervallsatzes erfüllt sind?

8. Zeigen Sie, daß der Intervallsatz in $\mathbb{Q}$ nicht gilt.
Anleitung: Betrachten Sie z.B. die stetige Funktion f: $x \to x^2-2$; $x \in D_f$, die auf dem rationalen Intervall $D_f = [0; 3] \cap \mathbb{Q}$ definiert ist. Warum ist die Bildmenge $f(D_f)$ kein abgeschlossenes rationales Intervall? Woran scheitert man, wenn man versucht, die Argumentation aus Beispiel 1 zu übertragen? Hat f eine Nullstelle?

4.2 Globale Eigenschaften stetiger Funktionen

Aus dem Intervallsatz folgt sofort, daß es unter seinen Voraussetzungen in der Bildmenge $f([a;b])$, die ja ein abgeschlossenes Intervall $[c;d]$ ist, ein kleinstes Element c und ein größtes Element d gibt. Zu c bzw. d gibt es in $[a;b]$ mindestens je ein Urbild x_m bzw. x_M. Für alle $x \in [a;b]$ gilt dann

$$c = f(x_m) \leq f(x) \leq f(x_M) = d.$$

Satz 2 (Satz vom globalen Extremum): Jede auf einem abgeschlossenen Intervall $[a;b]$ stetige Funktion f besitzt ein globales Maximum und Minimum.
Es gibt (mindestens) je ein Element x_m und x_M aus $[a;b]$ mit

$$f(x_m) \leq f([a;b]) \leq f(x_M).$$

Wir ziehen eine weitere Folgerung aus dem Intervallsatz. Unter seinen Voraussetzungen ist die Bildmenge $f([a;b])$ ein abgeschlossenes Intervall $[c;d]$. Mit Hilfe der beiden Funktionswerte $f(a)$ und $f(b)$ bilden wir im Falle $f(a) < f(b)$ das Intervall $[f(a);f(b)]$, andernfalls das Intervall $[f(b);f(a)]$. In jedem Fall ist dieses Intervall Teilmenge von $[c;d]$, so daß jedes seiner Elemente w Funktionswert ist, also mindestens ein Urbild $\alpha \in [a;b]$ hat.

Satz 3 (Zwischenwertsatz): Die Funktion f sei im abgeschlossenen Intervall $[a;b]$ stetig, und es sei $f(a) < f(b)$. Dann gibt es zu jedem Element w mit $f(a) < w < f(b)$ (mindestens) ein Element α mit $a < \alpha < b$ und $f(\alpha) = w$.

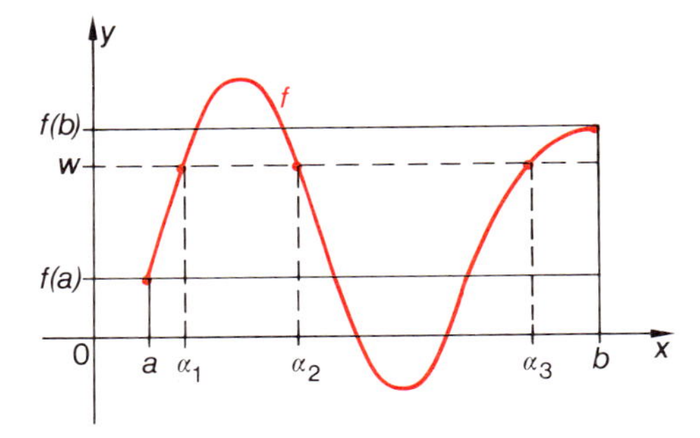

Bild 1

Man sagt: Die Funktion f nimmt jeden **Zwischenwert** w zwischen $f(a)$ und $f(b)$ an, und zwar natürlich im Intervallinnern (Bild 1).
Der Satz gilt analog auch im Falle „$f(a) > f(b)$".

Wir ziehen aus dem Zwischenwertsatz Folgerungen:
1. Die Funktion $f\colon x \to x^n$ ($n \in \mathbb{N} \setminus \{0, 1\}$) ist auf dem abgeschlossenen Intervall $[0;1]$ stetig. Wegen $f(0) = 0 < 1 = f(1)$ gibt es nach Satz 3 zu jeder Zahl w mit $0 < w < 1$ eine Zahl α mit $0 < \alpha < 1$ und $f(\alpha) = \alpha^n = w$.
Aus der strengen Monotonie von f in $[0;1]$ folgt, daß es keine zweite solche Zahl α geben kann.
Bekanntlich wird diese eindeutig bestimmte Zahl α mit $\sqrt[n]{w}$ bezeichnet.

2. Ist $w > 1$, so ist $0 < \frac{1}{w} < 1$, und nach 1. gibt es genau eine Zahl β mit $0 < \beta < 1$ und $\beta^n = \frac{1}{w}$, also genau eine Zahl $\alpha = \frac{1}{\beta}$ mit $\alpha > 1$ und $\alpha^n = \dfrac{1}{\beta^n} = w$.
Damit ist auch im Falle $w > 1$ die Existenz und Eindeutigkeit von $\sqrt[n]{w}$ gezeigt.
Zusammen mit den trivialen Sonderfällen $w = 0$ und $w = 1$ haben wir also:

Für alle $n \in \mathbb{N} \setminus \{0, 1\}$ und alle $w \in \mathbb{R}_+$ gibt es genau eine nicht negative Zahl $\sqrt[n]{w}$ mit $(\sqrt[n]{w})^n = w$. Es gilt:

$\sqrt[n]{0} = 0 \qquad 0 < \sqrt[n]{w} < 1$ für $0 < w < 1$

$\sqrt[n]{1} = 1 \qquad \sqrt[n]{w} > 1$ für $w > 1$

Die Existenz der n-ten Wurzeln ist mit Hilfe des Zwischenwertsatzes, also letztlich mit Hilfe des Intervallsatzes bewiesen worden.

Wenn für eine im abgeschlossenen Intervall $[a; b]$ stetige Funktion f $f(a) < 0$ und $f(b) > 0$ gilt, dann ist $w = 0$ ein Zwischenwert. Es gibt dann also eine Zahl α mit $a < \alpha < b$ und $f(\alpha) = 0$, also eine Nullstelle von f.

Satz 4 (Nullstellensatz): Die Funktion f sei im abgeschlossenen Intervall $[a; b]$ stetig, und es sei $f(a) < 0$ und $f(b) > 0$.
Dann gibt es (mindestens) eine Zahl $\alpha \in]a; b[$ mit $f(\alpha) = 0$, also eine Nullstelle von f im Intervallinnern.

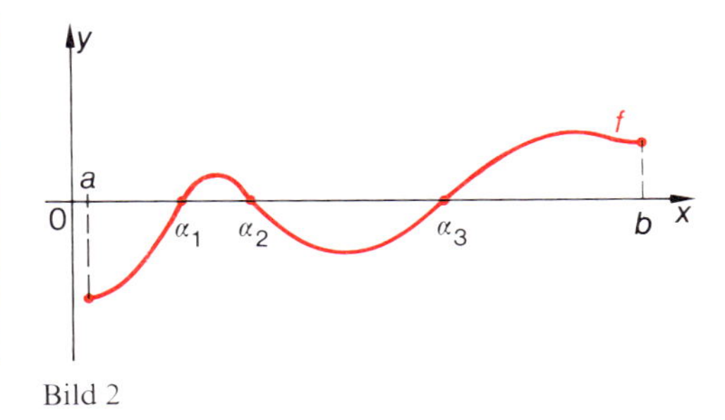

Bild 2

Der Satz gilt analog auch im Fall „$f(a) > 0$ und $f(b) < 0$“.

Beispiel 2: Die Funktion f: $x \to x^3 + x - 3$ ist stetig. Es ist $f(1) = -1 < 0$ und $f(2) = 7 > 0$. Also hat f nach Satz 4 zwischen 1 und 2 eine Nullstelle α. Der Nullstellensatz ist ein typischer **Existenzsatz:** Er sichert – wenn seine Voraussetzungen erfüllt sind – zwar die Existenz einer Nullstelle, liefert aber keine direkte Methode für ihre Berechnung. Allerdings kann folgendes Näherungsverfahren zur Nullstellenberechnung auf Satz 4 gegründet werden:

Wir nehmen an, daß die Funktion f im Intervall $[a; b]$ stetig ist und daß $f(a) \cdot f(b) \leq 0$ gilt. Die letztere Voraussetzung bedeutet: An den Intervallenden a, b hat f mindestens eine Nullstelle ($f(a) \cdot f(b) = 0$) oder aber entgegengesetztes Vorzeichen ($f(a) \cdot f(b) < 0$). Die Voraussetzungen sind also etwas schwächer als im Nullstellensatz. Dementsprechend kann auch nicht auf eine Nullstelle n im Intervallinnern geschlossen werden; vielmehr folgt nur: Es gibt eine Nullstelle n von f mit $a \leq n \leq b$.

Durch den folgenden mit Worten beschriebenen Algorithmus läßt sich eine Nullstelle n (eventuell näherungsweise) ermitteln:

Ist $f(a) = 0$ oder $f(b) = 0$, so ist man fertig; a oder b ist Nullstelle.

Andernfalls bestimmt man den Mittelpunkt $n = \frac{a+b}{2}$ des Intervalls $[a; b]$. Wenn er Nullstelle ist ($f(n) = 0$), ist man ebenfalls fertig: n ist Nullstelle.

Andernfalls hat f entweder an den Enden des Intervalls $[a; n]$ oder an denen des Intervalls $[n; b]$ entgegengesetztes Vorzeichen. Mindestens in einem dieser beiden Teilintervalle liegt daher nach dem Nullstellensatz eine Nullstelle. Statt mit dem ursprünglichen Intervall $[a; b]$ arbeitet man nun mit dem Teilintervall halber Länge weiter, in dem sicher eine Nullstelle liegt. Es wird umbenannt und wieder mit $[a; b]$ bezeichnet. Nach einer erneuten Intervallhalbierung wird untersucht, ob eine Nullstelle genau in der Mitte, im linken oder im rechten Teilintervall liegt. Falls zufällig einer der dabei auftretenden Teilungspunkte Nullstelle ist, hat man diese sogar exakt ermittelt. Andernfalls wird schließlich die Länge des Intervalls $[a; b]$ durch die fortgesetzte Halbierung so klein, daß die in ihm gelegene Nullstelle durch einen Intervallendpunkt a oder b näherungsweise ersetzt werden kann. Man bricht das Verfahren also ab, sobald die Intervallänge kleiner als eine vorher angegebene Genauigkeit ε ist. Zur Kontrolle berechnet man noch $f(n)$. Es muß $f(n) \approx 0$ gelten.

Übersichtlicher als durch diesen Text wird der Algorithmus durch ein Fluß- oder Ablaufdiagramm beschrieben.
Mit Hilfe der leicht verständlichen Programmiersprache PASCAL kann die Beschreibung des Algorithmus weiter formalisiert werden. Der wesentliche Teil eines solchen Programms kann so lauten:

```
read (a, b, ε);
if f(a) = 0 then n: = a else
if f(b) = 0 then n: = b else
repeat n: = (a + b)/2 ;
      if f(a) · f(b) ≤ 0 then b: = n else a: = n
until (f(n) = 0) or (abs(b − a) < ε);
write (n, f(n))
```

Durch kleine Ergänzungen und Abänderungen wird hieraus ein lauffähiges Programm, wenn ein Rechner zur Verfügung steht, der diese oder eine ähnliche Programmiersprache beherrscht. Er berechnet dann eine Nullstelle von f in $[a; b]$ mit der vorgeschriebenen Genauigkeit ε und mit großer Geschwindigkeit.

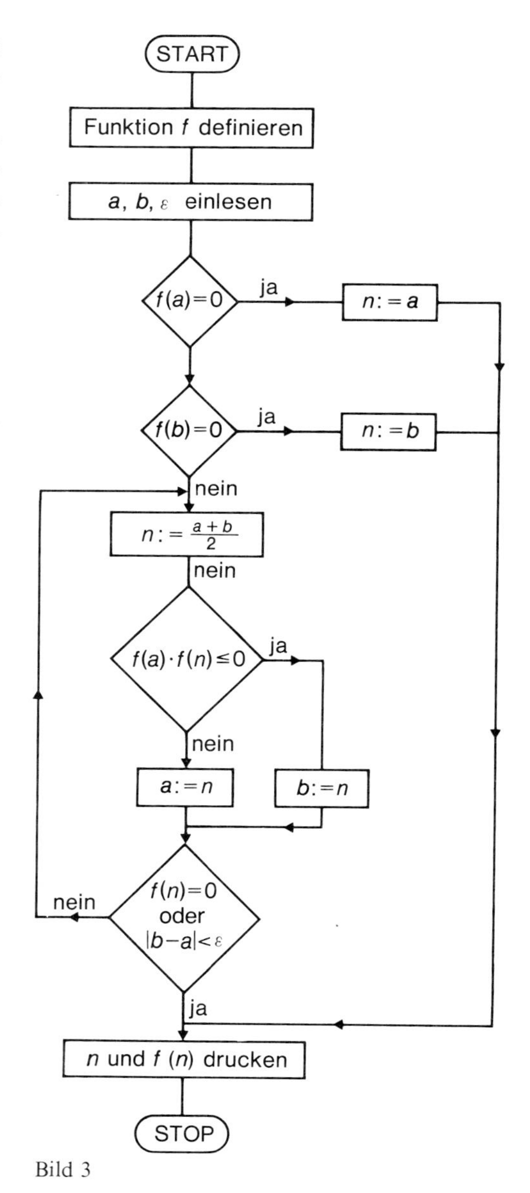

Bild 3

Beispiel 3: Bild 4 zeigt die Funktionen $f: x \to x^2$ und $g: x \to \cos x$. Es gilt $f(0) = 0 < g(0) = 1$ und $f(1) = f(-1) = 1 > g(1) = g(-1) \approx 0{,}5403$. Ferner sind f und g stetig. Man erwartet daher zwischen 0 und 1 und auch zwischen -1 und 0 je eine Schnittstelle der Graphen von f und g.

Aus Bild 4 liest man ab: $s_1 \approx 0{,}8$ und $s_2 \approx -0{,}8$. s_1 und s_2 sind Lösungen der Gleichung $x^2 = \cos x$. Mit einem Taschenrechner bestätigt man leicht, daß $s_1 \approx 0{,}8241323123$ die Gleichung löst. An dieser Stelle schneiden die Funktionen einander. Statt nach den Schnittstellen von f und g zu fragen ($x^2 = \cos x$), kann man auch die Frage nach den Nullstellen der Funktion $f - g$ stellen ($x^2 - \cos x = 0$). Dieses Beispiel legt die Vermutung nahe, daß der folgende Satz gilt.

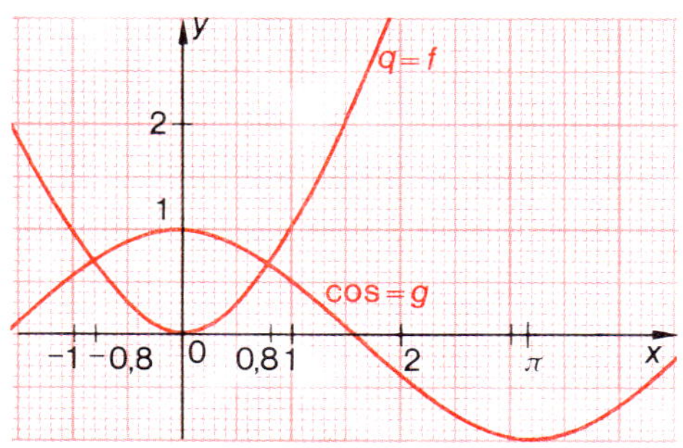

Bild 4

Satz 5 (Schnittpunktsatz): Die Funktionen f und g seien im abgeschlossenen Intervall $[a; b]$ stetig.
Es sei $f(a) < g(a)$ und $f(b) > g(b)$ oder $f(a) > g(a)$ und $f(b) < g(b)$.
Dann schneiden die Funktionen einander im offenen Intervall $]a; b[$, d. h. es gibt (mindestens) eine Zahl α mit $a < \alpha < b$ und $f(\alpha) = g(\alpha)$.

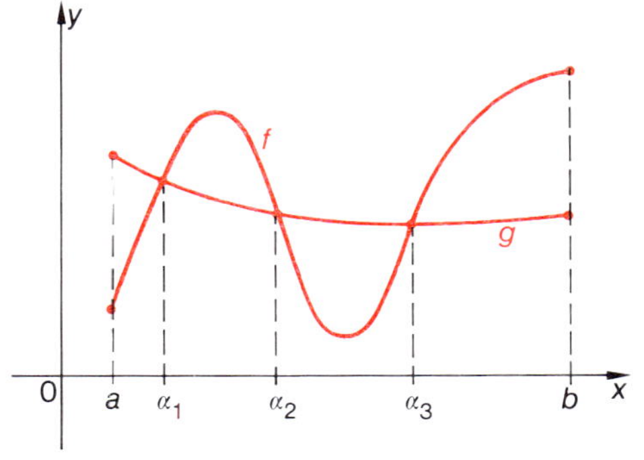

Bild 5

Der Beweis wird als Aufgabe 23 gestellt.

Aufgaben

9. Geben Sie für die Funktionen aus Aufgabe 1 (Seite 58) alle globalen Hoch- und Tiefpunkte an.

10. Zeichnen Sie folgende Funktionen in den angegebenen Definitionsmengen und geben Sie alle globalen Hoch- und Tiefpunkte an:

a) $x \to \frac{1}{x+2}$ in $[-1; 1]$, $[-5; -3]$, $\mathbb{R}$

b) $x \to -x^2+2$ in $[-3; 3]$, $]-3; 3[$

c) $x \to \frac{1}{x^2+1}$ in $[-1; 1]$, $[0; 1]$, $\mathbb{R}$

d) $x \to \sqrt{x}$ in $[0; 4]$, $]0; 4[$

e) $x \to \frac{x}{x^2+1}$ in $[-1; 1]$, $[0; 1]$, $\mathbb{R}$

f) $x \to \operatorname{sgn} x$ in $[0; 4]$, $]0; 4[$

g) $x \to |\sin x|$ in $\mathbb{R}$, $\mathbb{Q}$
(gleichgerichteter Wechselstrom)

11. Geben Sie eine unstetige Funktion an, deren Definitionsmenge kein abgeschlossenes Intervall ist und die dennoch sowohl ein globales Maximum als auch ein globales Minimum besitzt.

12. Wenn nicht beide Voraussetzungen „f stetig" und „D_f abgeschlossenes Intervall" von Satz 2 erfüllt sind, braucht es weder ein globales Maximum noch ein globales Minimum zu geben. Geben Sie zwei Funktionen an, die dies belegen.

13. a) Begründen Sie, daß die Funktion f: $x \to \frac{x}{1+|x|}$ jede reelle Zahl w mit $-0{,}9 < w < 0{,}9$ als Funktionswert annimmt.
b) Geben Sie mindestens eine reelle Zahl w an, die außerhalb des Intervalls $]-0{,}9; 0{,}9[$ liegt und dennoch von f als Funktionswert angenommen wird.

14. Für die stetige Funktion f: $x \to \frac{1}{x}$; $x \in [-1; 1] \setminus \{0\}$ gilt $f(-1) < f(1)$. Dennoch nimmt f keinen einzigen Wert zwischen $f(-1)$ und $f(1)$ an (Zeichnung). Warum liegt kein Widerspruch zum Zwischenwertsatz vor?

15. Überprüfen Sie, ob die Funktion f: $x \to \begin{cases} x \text{ für } x \neq 1 \text{ und } x \neq 2 \\ 2 \text{ für } x = 1 \\ 1 \text{ für } x = 2 \end{cases}$

im Intervall $[0; 3]$ die Voraussetzungen des Zwischenwertsatzes erfüllt.
Inwiefern zeigt f, daß der Zwischenwertsatz nicht umkehrbar ist, und wie würde diese Umkehrung lauten?
Geben Sie eine andere Funktion g an, die in demselben Sinne wie die Funktion f ein Gegenbeispiel gegen die Umkehrbarkeit des Zwischenwertsatzes ist.

16. a) Die Sinusfunktion ist im Intervall $[-\frac{\pi}{2}; \frac{\pi}{2}]$ streng monoton wachsend und stetig. Daher (führen Sie das aus!) gibt es zu jeder Zahl w mit $-1 < w < 1$ genau eine Zahl α mit $-\frac{\pi}{2} < \alpha < \frac{\pi}{2}$ und $\sin\alpha = w$. Diese Zahl wird mit $\arcsin w$ bezeichnet. Wegen $\sin(-\frac{\pi}{2}) = -1$ und $\sin\frac{\pi}{2} = 1$ definiert man zusätzlich $\arcsin(-1) = -\frac{\pi}{2}$ und $\arcsin 1 = \frac{\pi}{2}$.
Insgesamt haben wir damit auf dem Intervall $[-1; 1]$ die Umkehrfunktion arc sin der Sinusfunktion definiert.
b) Definieren Sie auf passenden Mengen die Umkehrfunktionen arc cos und arc tan der Kosinus- und Tangensfunktion.
c) Zeichnen Sie die Funktionen arc sin, arc cos und arc tan.

17. a) Zeigen Sie, daß die Funktionen $f\colon x \to x^3 - 3x + 1$ und $g\colon x \to x^3 + 3x^2 - 1$ je mindestens drei Nullstellen haben. Zwischen welchen ganzen Zahlen liegen sie jeweils? Geben Sie für f bzw. g je ein Intervall von höchstens der Länge 0,01 bzw. 0,1 an, in dem die größte bzw. kleinste der drei Nullstellen liegt.
Warum können f und g nicht mehr als drei Nullstellen haben?
b) Die Funktion $x \to x^4 - 4x^2 - x + 1$ hat genau vier Nullstellen (Beweis!).
c) Die Funktion $x \to \dfrac{x^6 + 2x^4 - 2x^2 - 4}{x^4 - 2x^2 - 3}$ hat mindestens zwei Nullstellen und mindestens zwei Stellen, an denen sie nicht definiert ist (Beweis!).
Zwischen welchen ganzen Zahlen liegen die Stellen jeweils?

18. Begründen Sie (ein formal strenger Beweis ist nicht erforderlich), daß jede ganzrationale Funktion ungeraden Grades mindestens eine Nullstelle hat. (Anleitung: Unterscheiden Sie die Fälle, daß der höchste Koeffizient positiv bzw. negativ ist.)
Zeigen Sie an einem Beispiel, daß eine ganzrationale Funktion geraden Grades keine Nullstelle zu haben braucht.

19. a) Begründen Sie: Zwischen zwei benachbarten Nullstellen a und b einer stetigen Funktion f gilt

$f(x) > 0$ für alle x mit $a < x < b$ oder
$f(x) < 0$ für alle x mit $a < x < b$,

sofern das Intervall $[a; b]$ zur Definitionsmenge D_f gehört.
b) Geben Sie eine Funktion an, die zeigt, daß der Nebensatz „sofern ...“ nicht fehlen darf.

20. Zeigen Sie durch je ein Gegenbeispiel, daß die Existenz einer Nullstelle im Intervallinnern nicht mehr gesichert ist, wenn im Nullstellensatz
a) die Voraussetzung der Stetigkeit von f fallengelassen wird,
b) die Voraussetzung „$f(a) < 0$ und $f(b) > 0$“ fallengelassen wird,
c) die Voraussetzung „$f(a) < 0$ und $f(b) > 0$“ durch „$f(a) \leq 0$ und $f(b) \geq 0$“ ersetzt wird.
(Die übrigen Voraussetzungen sollen jeweils erhalten bleiben.)

21. Wir notieren die Voraussetzungen des Nullstellensatzes so:
1. Die Definitionsmenge von f ist ein abgeschlossenes Intervall $[a; b]$.
2. f ist stetig.
3. „$f(a) < 0$ und $f(b) > 0$“ oder „$f(a) > 0$ und $f(b) < 0$“.
Geben Sie je eine Funktion f mit Nullstelle an, für die folgendes gilt:
a) 1. ist nicht erfüllt, 2. ist erfüllt (3. entfällt)
b) 2. ist nicht erfüllt, 1. und 3. sind erfüllt
c) 3. ist nicht erfüllt, 1. und 2. sind erfüllt
d) 1. und 2. sind nicht erfüllt (3. entfällt)
e) 2. und 3. sind nicht erfüllt, 1. ist erfüllt.
Das Ergebnis Ihrer Untersuchungen ist: Aus den Voraussetzungen des Nullstellensatzes folgt zwar die Existenz einer Nullstelle, doch kann es auch Nullstellen geben, ohne daß diese Voraussetzungen erfüllt sind.

22. Beweisen Sie: Die Gerade zur Funktion $x \to mx$ mit $m > 0$ schneidet den Viertelkreis zur Funktion $x \to \sqrt{1 - x^2}$; $x \in [0; 1]$ in genau einem Punkt P. Geben Sie die Koordinaten von P an (Zeichnung!).

23. Beweisen Sie den Schnittpunktsatz.
Anleitung: Betrachten Sie die Hilfsfunktion $F=f-g$ und wenden Sie auf sie den Nullstellensatz an.
In vielen anderen Situationen empfiehlt sich ebenfalls die Einführung einer Hilfsfunktion, die auch komplizierter gebildet sein kann als die hier betrachtete Funktion (vgl. z. B. Aufgaben 27 und 31).

24. a) Zeigen Sie, daß sich die Funktionen $f\colon x \to \tan x$ und $g\colon x \to 1-x$ im Intervall $[0; \frac{\pi}{4}]$ schneiden. Entscheiden Sie, ob die Schnittpunktsabszisse in der linken oder rechten Hälfte dieses Intervalls liegt.
b) wie a), jedoch mit den Funktionen $f\colon x \to \tan x$ und $g\colon x \to \cos x$.
Geben Sie den Schnittpunkt näherungsweise an.

25. a) Zeigen Sie, daß sich die Funktionen $f\colon x \to x^2$ und $g\colon x \to \sin x$ außer im Punkt $(0; 0)$ noch in (mindestens) einem anderen Punkt $(\alpha; f(\alpha))$ mit $f(\alpha)=g(\alpha)$ schneiden. Skizzieren Sie beide Funktionen. Geben Sie ein Intervall von höchstens der Länge 0,5 an, in dem α liegt. Zur Vereinfachung von Rechnung und Zeichnung darf $\pi \approx 3$ gesetzt werden.
b) Führen Sie die entsprechende Untersuchung (wieder mit der Näherung $\pi \approx 3$) für die Funktionen $x \to \frac{x}{2}$ und $x \to \cos x$ durch. Die Intervallänge soll jetzt 1 betragen. In diesem Beispiel können Sie (mit der Näherung $\pi \approx 3$) die Schnittstelle α sogar „exakt" berechnen.

26. Satz 5 folgte aus Satz 4. Umgekehrt kann dieser durch Spezialisierung wieder aus Satz 5 hergeleitet werden. Führen Sie das aus.

27. Wir haben Satz 4 aus Satz 3 hergeleitet. Umgekehrt kann dieser auch wieder aus Satz 4 hergeleitet werden. Führen Sie zu diesem Zweck die Hilfsfunktion
$F\colon x \to f(x)-w;\ x \in [a; b]$ ein und wenden Sie auf sie Satz 4 an.
Zwischenwertsatz, Nullstellensatz und Schnittpunktsatz sind also gleichwertig.

28. Ein Raumschiff der Masse m bewegt sich auf der Verbindungsgeraden zwischen Erde und Mond. Es befindet sich in einem kräftefreien Punkt, wenn die Anziehungskräfte $\vec{F_1}$ und $\vec{F_2}$ von Erde und Mond betragsmäßig gleich groß sind: $F_1 = F_2$.

Masse von Erde bzw. Mond:	M_1 bzw. M_2
Entfernung von Erd- und Mondmittelpunkt:	R
Entfernung des Raumschiffes vom Erd- bzw. Mondmittelpunkt:	x bzw. $R-x$
Gravitationskonstante:	G

Auf das Raumschiff wirken dann die Gravitationskräfte

$$F_1(x) = G \cdot \frac{m \cdot M_1}{x^2} \text{ (von der Erde)} \qquad F_2(x) = G \cdot \frac{m \cdot M_2}{(R-x)^2} \text{ (vom Mond).}$$

Skizzieren Sie die Funktionen $F_1\colon x \to F_1(x)$ und $F_2\colon x \to F_2(x)$ in *einem* Koordinatensystem.
Näherungsweise gilt $M_1 = 81\,M_2$ und $R = 384\,000$ km. Bestätigen Sie, daß sich der kräftefreie Punkt zwischen Erde und Mond (vom Einfluß anderer Himmelskörper, etwa der Sonne, wird abgesehen) in rund 346000 km Entfernung vom Erdmittelpunkt befindet.

29. Entwickeln Sie einen Algorithmus, mit dessen Hilfe unter den Voraussetzungen des Schnittpunktsatzes eine Schnittstelle zweier Funktionen gefunden werden kann. Zeichnen Sie analog zu Bild 3 ein zugehöriges Ablaufdiagramm.

4.3 Globale Eigenschaften differenzierbarer Funktionen

Mittelwertsatz der Differentialrechnung
Die Funktionen aus Bild 6 haben am Intervallende jeweils gleiche Funktionswerte $f(a)=f(b)$. Wenn sie einige weitere „brauchbare“ Eigenschaften haben, so gibt es im Innern des Intervalls $[a; b]$ mindestens eine Stelle α mit $f'(\alpha)=0$, also mit horizontaler Tangente (rot). Welches sind solche brauchbaren Eigenschaften?

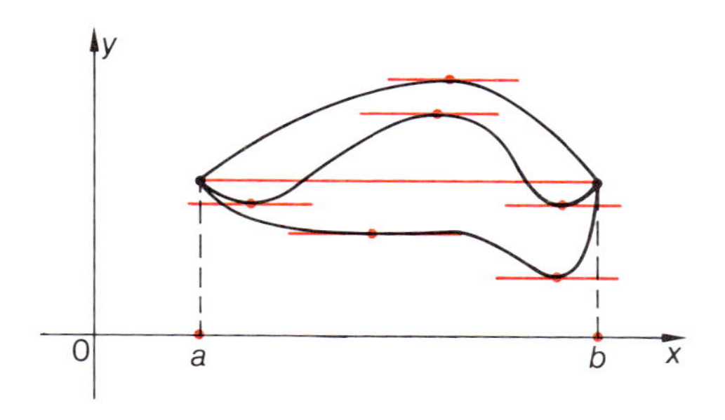

Bild 6

Beispiel 4: Diese Funktion ist nicht an allen Stellen des Intervalls $[-2; 2]$ definiert. Es gibt keine horizontale Tangente, obwohl $f(-2)=f(2)=\frac{1}{4}$ gilt.

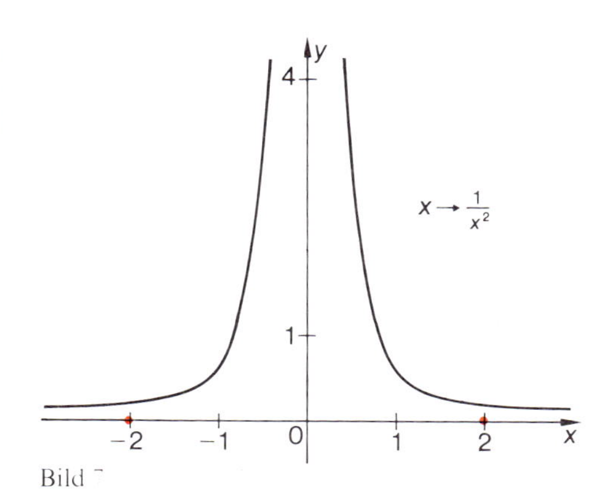

Bild 7

Beispiel 5: Diese Funktion ist an einer Stelle (rot) des Intervallinnern nicht differenzierbar. Es gibt keine horizontale Tangente, obwohl $f(-1)=f(1)=0$ gilt.

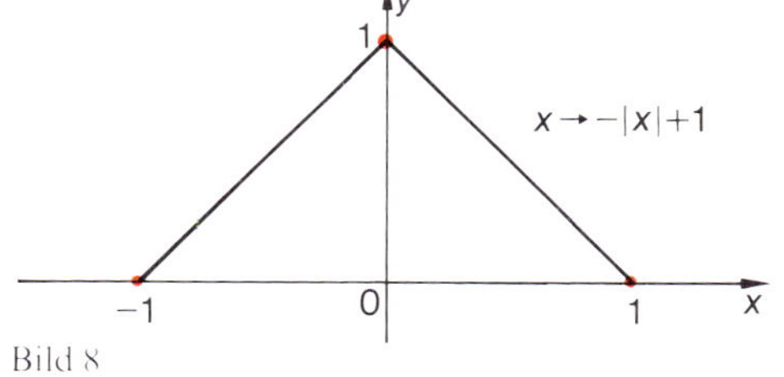

Bild 8

Beispiel 6: Diese Funktion ist im Innern von $[1; 5]$ differenzierbar, aber bei 1 nicht stetig. Es gibt keine horizontale Tangente, obwohl $f(1)=f(5)=1$ gilt.

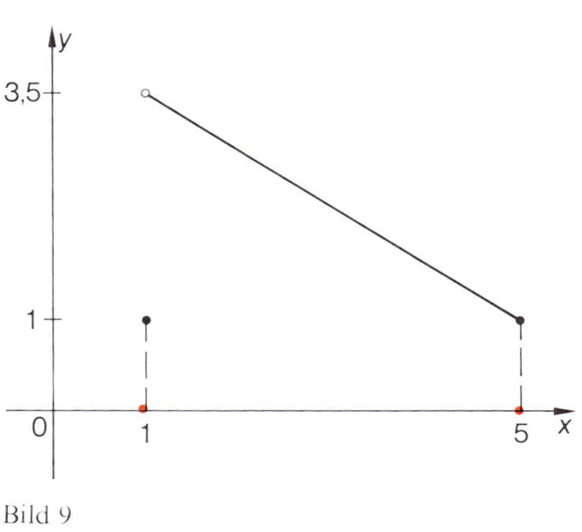

Bild 9

Durch die Voraussetzungen des folgenden Satzes werden Funktionen wie in den Beispielen 4, 5 und 6 ausgeschlossen. Es gibt dann stets eine horizontale Tangente.

Satz 6 (Satz von Rolle): Die Funktion f sei im Intervall $[a;\, b]$ stetig und im Intervall $]a;\, b[$ differenzierbar. Ist $f(a)=f(b)$, so gibt es (mindestens) eine Stelle α mit $a<\alpha<b$ und $f'(\alpha)=0$.

Beweis: Ist f auf $[a;\, b]$ konstant, dann gilt sogar $f'(\alpha)=0$ für alle $\alpha\in[a;\, b]$.
Andernfalls gibt es ein Element $x\in[a;\, b]$ mit $f(x)\neq f(a)=f(b)$; dann muß im Falle $f(x)>f(a)$ das nach Satz 2 vorhandene globale Maximum von f an einer Stelle α im Innern von $[a;\, b]$ liegen. Nach Satz 5 von Seite 55 gilt daher $f'(\alpha)=0$.
Im Falle $f(x)<f(a)$ wird mit dem globalen Minimum analog geschlossen.

Wenn man in Satz 6 die Voraussetzung $f(a)=f(b)$ fallenläßt, ergibt sich eine Situation wie in Bild 10. Natürlich kann man dann keine horizontale Tangente mehr erwarten; aber doch eine Tangente (rot), die die gleiche Steigung $m=\dfrac{f(b)-f(a)}{b-a}$ hat wie die Sekante durch die Intervallendpunkte. m bedeutet die „mittlere" Steigung von f in $[a;\, b]$. Bei der Funktion von Bild 10 gibt es sogar zwei solche Tangenten. Diese Verallgemeinerung von Satz 6 ist der Inhalt des Mittelwertsatzes der Differentialrechnung.

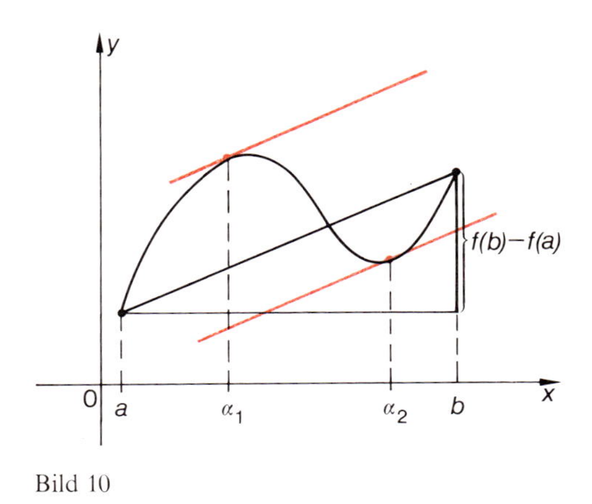

Bild 10

Satz 7 (Mittelwertsatz der Differentialrechnung): Die Funktion f sei im Intervall $[a;\, b]$ stetig und im Intervall $]a;\, b[$ differenzierbar. Dann gibt es (mindestens) eine Stelle α mit $a<\alpha<b$ und

$$f'(\alpha)=\frac{f(b)-f(a)}{b-a}$$

Der Beweis wird als Aufgabe 31 gestellt.

Der Satz von Rolle und der Mittelwertsatz sind Existenzsätze. Eine Methode zur Berechnung solcher Zahlen α liefern sie nicht. Dennoch kann man α häufig berechnen.

Beispiel 7: Die kubische Funktion $k\colon x\to x^3$ hat im Intervall $[-2;\, 2]$ die mittlere Steigung $m=\dfrac{k(2)-k(-2)}{2-(-2)}=4$. Die Ableitung lautet $k'\colon x\to 3x^2$. Es sind diejenigen Stellen $\alpha\in\,]-2;\, 2[$ zu bestimmen, für die $k'(\alpha)=3\alpha^2=4$ gilt. Die beiden Lösungen $\alpha_1=\frac{2}{3}\sqrt{3}$ und $\alpha_2=-\frac{2}{3}\sqrt{3}$ liegen tatsächlich in $]-2;\, 2[$. Die Tangenten an den Stellen α_1 und α_2 haben also die Steigung 4 und sind damit parallel zur Sekante. Zeichnen Sie die Funktion k, die Sekante und die beiden Tangenten.

Aufgaben

30. a) Zwischen je zwei Nullstellen a und b einer differenzierbaren Funktion f liegt mindestens eine Nullstelle der Ableitung f', sofern $[a; b] \subseteq D_f$ gilt.
b) Zwischen zwei benachbarten Nullstellen c und d der Ableitung f' einer differenzierbaren Funktion f liegt höchstens eine Nullstelle von f, sofern $[c; d] \subseteq D_f$ gilt.
Beweisen Sie die Aussagen a) und b).
c) Geben Sie je eine Funktion an, die zeigt, daß der Nebensatz „sofern ..." aus a) bzw. b) nicht fehlen darf.

31. a) Beweisen Sie Satz 7.
Anleitung: Die Sekante durch die Punkte $(a; f(a))$ und $(b; f(b))$ aus Bild 10 hat die Gleichung $s(x) = f(a) + \frac{f(b)-f(a)}{b-a} \cdot (x-a)$. Wenn man daher die Hilfsfunktion $F\colon x \to f(x) - s(x)$ einführt, liegen die Punkte $(a; F(a))$ und $(b; F(b))$ auf der x-Achse. Die Funktion F erfüllt die Voraussetzungen des Satzes von Rolle mit $F(a) = F(b) = 0$. Seine Anwendung auf F liefert den Beweis. Führen Sie das aus.
b) Sie können den Beweis variieren, indem Sie andere Hilfsfunktionen benutzen:

$$F\colon x \to f(x) - \frac{f(b)-f(a)}{b-a} \cdot x$$

$$F\colon x \to (b-a) \cdot f(x) - (b-x) \cdot f(a) - (x-a) \cdot f(b)$$

$$F\colon x \to \frac{f(x)-f(a)}{f(b)-f(a)} - \frac{x-a}{b-a}$$

Im letzten Fall muß allerdings noch $f(a) \neq f(b)$ vorausgesetzt werden. Das stört jedoch nicht, weil im Fall $f(a) = f(b)$ der Mittelwertsatz bereits bewiesen ist (Grund?).
Insgesamt haben Sie jetzt erkannt: Der Satz von Rolle und der Mittelwertsatz sind gleichwertig.

32. Bestimmen Sie für die folgenden Funktionen f im Intervall $[a; b]$ alle Zahlen $\alpha \in]a; b[$ mit $f'(\alpha) = \frac{f(b)-f(a)}{b-a}$. Zeichnen Sie jeweils die Funktion, die Sekante mit der mittleren Steigung und die zu ihr parallele(n) Tangente(n).
a) $f\colon x \to x^4$ in $[0; 2]$ b) $f\colon x \to \frac{1}{x}$ in $[\frac{1}{2}; 2]$
c) $f\colon x \to x^5 - x^3$ in $[-1; 1]$ d) $f\colon x \to \sqrt{x}$ in $[0; 4]$
Auch im Fall d) ist Satz 7 anwendbar, obwohl f bei 0 nicht differenzierbar ist.

33. a) Zeigen Sie: Für jede ganzrationale Funktion f zweiten Grades und jedes Intervall $[a; b]$ gilt $f'\left(\frac{a+b}{2}\right) = \frac{f(b)-f(a)}{b-a}$; d.h. die Tangentensteigung im Mittelpunkt des Intervalls $[a; b]$ ist gleich der Steigung der Sekante durch die Intervallendpunkte.
b) Wenden Sie den Mittelwertsatz auf lineare Funktionen an.

34. Bestimmen Sie für jede Potenzfunktion $p_n\colon x \to x^n$ im Intervall $[0; 1]$ eine Zahl α_n, deren Existenz im Mittelwertsatz behauptet wird.

35. Warum erfüllt die Funktion $f\colon x \to \begin{cases} x^2 & \text{für } 0 \leq x \leq 1 \\ -x+4 & \text{für } 1 < x \leq 2 \end{cases}$ nicht die Voraussetzungen des Mittelwertsatzes? Dennoch gibt es eine Zahl $\alpha \in]0; 2[$ mit $f'(\alpha) = \frac{f(2)-f(0)}{2-0}$. Welche?

36. a) Beweisen Sie: Die Funktion f: $x \longrightarrow x^n + ax + b$ ($n \in \mathbb{N}$; $n > 2$; $a, b \in \mathbb{R}$) hat unabhängig von b im Falle „n ungerade und $a > 0$" höchstens eine Nullstelle. Anleitung: Beachten Sie Aufgabe 30.
b) In allen anderen Fällen „n ungerade und $a \leq 0$", „n gerade und $a > 0$", „n gerade und $a \leq 0$" kann f bei passender Wahl von a und b mehr als eine Nullstelle haben. Geben Sie hierfür je ein Beispiel.
c) Was ergibt sich aus a), wenn Sie zusätzlich Aufgabe 18 beachten?

Monotoniesatz

Definition 1 (Monotonie): Eine Funktion f heißt in einer Teilmenge A ihrer Definitionsmenge D_f genau dann **streng monoton wachsend,** wenn gilt:
Aus $x < z$ folgt $f(x) < f(z)$ für alle x, $z \in A$.
Sie heißt genau dann **monoton wachsend,** wenn gilt:
Aus $x < z$ folgt $f(x) \leq f(z)$ für alle x, $z \in A$.
Analog werden die Begriffe „in A **streng monoton fallend**" und „in A **monoton fallend**" definiert.
Eine Funktion heißt genau dann in A **streng monoton,** wenn sie in A streng monoton wachsend oder streng monoton fallend ist.
Analog wird der Begriff „in A **monoton**" definiert.

Beispiel 8: Die Quadratfunktion q: $x \longrightarrow x^2$ ist in $\mathbb{R}_-$ streng monoton fallend, in $\mathbb{R}_+$ streng monoton wachsend und in $\mathbb{R}$ nicht monoton.
Die Reziprokfunktion r: $x \longrightarrow \frac{1}{x}$ ist in $\mathbb{R}^*_-$ und in $\mathbb{R}^*_+$ streng monoton fallend, in $\mathbb{R}^*$ ist sie nicht monoton.
Jede konstante Funktion ist in $\mathbb{R}$ sowohl monoton wachsend als auch monoton fallend.

Beispiel 9: Da die Ableitung f' einer Funktion f die Steigung von f angibt, vermutet man, daß f in einer Menge A streng monoton wächst, wenn $f'(A) > 0$ gilt. Folgendes Gegenbeispiel zeigt, daß dies falsch ist:
Die Funktion f: $x \longrightarrow -\frac{1}{x}$ ist in $A = \mathbb{R}^*$ nicht monoton. Dennoch ist die Ableitung f': $x \longrightarrow \dfrac{1}{x^2}$ in A positiv.
Daß die Vermutung hier nicht zutrifft, liegt an der Menge A: Die nicht zu A gehörende Zahl 0 zerlegt A in die elementfremden Mengen $\mathbb{R}^*_-$ und $\mathbb{R}^*_+$.
Man nennt die Menge A **nicht-zusammenhängend.**

Eine Menge A heißt nämlich **zusammenhängend,** wenn mit je zwei Elementen x und y auch alle Elemente z zu A gehören, die zwischen x und y liegen.
In Beispiel 9 gilt $-1 \in A$ und $1 \in A$, aber $0 \notin A$, obwohl 0 zwischen -1 und 1 liegt.

Außer den einelementigen Mengen $\{a\}$ und der leeren Menge $\emptyset$, die jedoch uninteressant sind, sind die folgenden Mengen zusammenhängend:

Intervalle	$[a; b]$,	$]a; b]$,	$[a; b[$,	$]a; b[$,
Halbgeraden	$\{x \mid x > a\}$,	$\{x \mid x \geq a\}$,	$\{x \mid x < a\}$,	$\{x \mid x < a\}$,

die Zahlengerade $\mathbb{R}$.
Man kann zeigen, daß es keine weiteren zusammenhängenden Teilmengen von $\mathbb{R}$ gibt.

Satz 8 (Monotoniesatz): A sei eine zusammenhängende Teilmenge der Definitionsmenge D_f einer Funktion f, und f sei in A differenzierbar.

Aus $f'(A) > 0$ folgt: f ist in A streng monoton wachsend.
Aus $f'(A) < 0$ folgt: f ist in A streng monoton fallend.
Aus $f'(A) \geq 0$ folgt: f ist in A monoton wachsend.
Aus $f'(A) \leq 0$ folgt: f ist in A monoton fallend.
Aus $f'(A) = 0$ folgt: f ist in A konstant.

Beweis: Es seien $x, z \in A$ und $x < z$. Da A zusammenhängend ist, gilt $[x; z] \subseteq A$.
Da f in $[x; z]$ differenzierbar (also auch stetig) ist, sind die Voraussetzungen des Mittelwertsatzes erfüllt. Es gibt also eine Zahl $\alpha \in]x; z[$ mit $f(x) - f(z) = (x - z) \cdot f'(\alpha)$.
Aus $f'(A) > 0$ und $\alpha \in A$ folgt $f'(\alpha) > 0$.
Daher folgt aus $x < z$ nun $f(x) < f(z)$; f ist also streng monoton wachsend.
Analog schließt man in den anderen vier Fällen.

Bemerkung: Wir wissen schon lange: Wenn f auf A konstant ist und jede Stelle von A nicht-isoliert ist, dann ist f auf A differenzierbar und $f'(A) = 0$.
Kürzer und ungenauer: Die Ableitung einer Konstanten ist gleich 0.
Jetzt ist folgende Umkehrung bewiesen: Ist f auf A differenzierbar, gilt $f'(A) = 0$ *und ist A zusammenhängend,* so ist f auf A konstant.
Für diese Umkehrung darf die zusätzliche Voraussetzung des Zusammenhangs von A nicht fehlen: Z. B. ist die Funktion $x \to \begin{cases} -1 & \text{für } x < 0 \\ 1 & \text{für } x > 0 \end{cases}$ in der nicht-zusammenhängenden Menge $A = \mathbb{R}^*$ differenzierbar. Obwohl $f'(A) = 0$ gilt, ist f in A nicht konstant.

Während die Aussage, daß die Ableitung einer Konstanten gleich 0 ist, eine triviale Folgerung aus der Differenzierbarkeitsdefinition ist, benötigt man zum Beweis der Umkehrung den Mittelwertsatz, der seinerseits nur wegen der Vollständigkeitseigenschaft von $\mathbb{R}$ gilt.

Beispiel 10: Die Funktion f: $x \to -\frac{4}{5}x^5 + 3x^3$ kann nach Satz 5 von Seite 55 höchstens an den Nullstellen von f' innere Extrema haben. Es ist $f'(x) = -4x^4 + 9x^2 = x^2 \cdot (3 - 2x) \cdot (3 + 2x)$. Also hat f höchstens bei $-\frac{3}{2}$, 0 und $\frac{3}{2}$ innere Extrema. Ob an diesen Stellen wirklich innere Extrema liegen, ist bisher offen, kann aber durch den folgenden Satz entschieden werden.

Satz 9: Für die Funktion f und die Stelle a möge es eine Umgebung $U =]u; u'[$ von a geben, so daß f in U differenzierbar ist, also $a \in U \subseteq D_{f'} \subseteq D_f$.

(1) Gilt $f'(]u; a]) \geq 0$ und $f'([a; u'[) \leq 0$, so hat f bei a ein inneres Maximum.
(2) Gilt $f'(]u; a]) \leq 0$ und $f'([a; u'[) \geq 0$, so hat f bei a ein inneres Minimum.

Beweis: Nach Satz 8 ist f in $]u; a]$ monoton wachsend und in $[a; u'[$ monoton fallend. Also gilt $f(a) \geq f(x)$ für alle $x \in U$, und $f(a)$ ist inneres Maximum von f. – Analog beweist man (2).

Fortsetzung von Beispiel 10: Um zu entscheiden, ob die Funktion $f\colon x \to -\frac{4}{5}x^5 + 3x^3$ an den Stellen $-\frac{3}{2}$, 0 und $\frac{3}{2}$ wirklich innere Extrema hat, zerlegt man die Definitionsmenge $\mathbb{R}$ von f in zusammenhängende Monotoniebereiche.

$$A_1 = \{x \mid x \leq -\tfrac{3}{2}\} \quad A_2 = [-\tfrac{3}{2}; 0] \quad A_3 = [0; \tfrac{3}{2}] \quad A_4 = \{x \mid x \geq \tfrac{3}{2}\}$$

Aus $f'(x) = x^2 \cdot (3 - 2x) \cdot (3 + 2x)$ und den Sätzen 8 und 9 folgt:

$f'(A_1) \leq 0 \Rightarrow f$ ist in A_1 monoton fallend
$f'(A_2) \geq 0 \Rightarrow f$ ist in A_2 monoton wachsend
$\}\Rightarrow$ Minimum bei $-\frac{3}{2}$

$f'(A_2) \geq 0$, $f'(A_3) \geq 0$ $\Rightarrow$ kein Extremum bei 0

$f'(A_3) \geq 0 \Rightarrow f$ ist in A_3 monoton wachsend
$f'(A_4) \leq 0 \Rightarrow f$ ist in A_4 monoton fallend
$\}\Rightarrow$ Maximum bei $\frac{3}{2}$

f hat also bei $-\frac{3}{2}$ ein inneres Minimum $f(-\frac{3}{2}) = -\frac{81}{20}$ und bei $\frac{3}{2}$ ein inneres Maximum $f(\frac{3}{2}) = \frac{81}{20}$. Bei 0 hat f zwar eine horizontale Tangente ($f'(0) = 0$), doch kein Extremum (Skizzieren Sie f). Der Punkt (0; 0) heißt **Sattelpunkt.**

Während mit Hilfe von Satz 5 (Seite 55) die Stellen a bestimmt werden, an denen innere Extrema liegen können, gestatten die Sätze 8 und 9 eine Entscheidung darüber, ob an den so bestimmten Stellen a wirklich innere Extrema liegen.

Wir wollen eine noch übersichtlichere Methode zur Bestimmung innerer Extrema differenzierbarer Funktionen entwickeln. Dazu definieren wir:

Definition 2 (höhere Ableitungen): Die Ableitung der Ableitung f' einer Funktion f heißt die zweite Ableitung von f und wird mit f'' bezeichnet:

$$f''\colon x \to f''(x) = (f')'(x); \; x \in D_{f''} \subseteq D_{f'} \subseteq D_f.$$

Statt f'' bzw. f' schreibt man auch $f^{(2)}$ bzw. $f^{(1)}$.
f selbst bezeichnet man als nullte Ableitung von f: $f^{(0)} = f$.
Für alle $n \in \mathbb{N}$ versteht man unter der $(n+1)$-ten Ableitung $f^{(n+1)}$ von f die Ableitung $(f^{(n)})'$ der n-ten Ableitung $f^{(n)}$ von f.

Satz 10: Für die Funktion f und die Stelle a möge es eine Umgebung U von a geben, so daß f in U differenzierbar ist, also $a \in U \subseteq D_{f'} \subseteq D_f$.
Ferner sei f an der Stelle a zweimal differenzierbar.
Aus $f'(a) = 0$ und $f''(a) < 0$ folgt: f hat bei a ein inneres Maximum.
Aus $f'(a) = 0$ und $f''(a) > 0$ folgt: f hat bei a ein inneres Minimum.

Beweis: Da f' an der Stelle a differenzierbar ist, gibt es eine bei a stetige Funktion f'_a mit (Definition 2 von Seite 40/41).

(1) $f'(x) - f'(a) = (x - a) \cdot f'_a(x)$ für alle $x \in D_{f'}$ und $f'_a(a) = f''(a)$.

Wir nehmen zunächst an, daß $f''(a) < 0$ gilt. Weil dann $f'_a(a) < 0$ und f'_a bei a stetig ist, gibt es nach dem Umgebungssatz (Satz 1 von Seite 8) eine Umgebung V von a mit $f'_a(V) < 0$.

Die Schnittmenge $U \cap V = W =]w; w'[$ ist Teilmenge von U und erfüllt daher wie U die Voraussetzungen von Satz 9. Sie ist auch Teilmenge von V, und daher gilt $f'_a(W) < 0$.

Also haben nach (1) die Differenzen $f'(x) - f'(a)$ und $x - a$ für alle $x \in W$ entgegengesetztes Vorzeichen oder sind gleich 0:

Aus $w < x \leq a$ folgt $x - a \leq 0$ und daher $f'(x) - f'(a) = f'(x) \geq 0$.
Aus $a \leq x < w'$ folgt $x - a \geq 0$ und daher $f'(x) - f'(a) = f'(x) \leq 0$.

Aus $f'(]w; a]) \geq 0$ und $f'([a; w'[) \leq 0$ folgt nach Satz 9 die Existenz eines inneren Maximums von f bei a.

Analog schließt man im Falle $f''(a) > 0$ auf ein inneres Minimum von f bei a.

Beispiel 11: Wir betrachten nochmals die Funktion f aus Beispiel 10.

$$f(x) = -\tfrac{4}{5}x^5 + 3x^3, \qquad f'(x) = -4x^4 + 9x^2, \qquad f''(x) = -16x^3 + 18x$$

Nach Satz 5 von Seite 55 liegen innere Extrema höchstens an den Nullstellen $-\frac{3}{2}$, 0 und $\frac{3}{2}$ von f'. Nun gilt $\quad f''(-\frac{3}{2}) = 27 > 0, \quad f''(0) = 0, \quad f''(\frac{3}{2}) = -27 < 0.$
Nach Satz 10 hat f also an der Stelle $-\frac{3}{2}$ ein inneres Minimum und an der Stelle $\frac{3}{2}$ ein inneres Maximum, in Übereinstimmung mit dem Ergebnis von Beispiel 10. Wegen $f''(0) = 0$ sagt Satz 10 nichts darüber aus, ob an der Stelle 0 ein Extremum liegt oder nicht.
Aus Beispiel 10 wissen wir jedoch: Bei 0 liegt kein Extremum.

Aufgaben

37. Wenn f in der zusammenhängenden Menge A differenzierbar und streng monoton wachsend (fallend) ist, braucht nicht $f'(A) < 0$ ($f'(A) > 0$) zu gelten. Geben Sie je ein Gegenbeispiel an.

38. a) Teilen Sie wie in Beispiel 10 die Definitionsmenge $\mathbb{R}$ der 21 Funktionen aus Aufgabe 21 von Seite 56 in zusammenhängende Monotoniebereiche ein. Bestimmen Sie so die inneren Extrema und skizzieren Sie jeweils die Funktion.
b) Verfahren Sie ebenso mit den folgenden Funktionen:

$$x \to x + \tfrac{1}{x}, \quad x \to x - \tfrac{1}{x}, \quad x \to \tfrac{1}{2}x^2 + \tfrac{1}{x}, \quad x \to \tfrac{1}{2}x^2 - \tfrac{1}{x}, \quad x \to -x + 2\sqrt{x}, \quad x \to x^3 - 6x^2 + 5.$$

39. a) Bestimmen Sie die ersten 6 Ableitungen der Funktion $x \to x^4 - 2x^3 + x^2 - 1$.
b) Zeigen Sie: Die n-te Ableitung einer ganzrationalen Funktion vom Grade n ist konstant und ungleich 0. Alle höheren Ableitungen sind gleich 0.

40. Geben Sie je eine auf $\mathbb{R}$ zweimal differenzierbare Funktion f an, die
a) an der Stelle a kein inneres Extremum hat, obwohl die Bedingung $f'(a) = 0$ aus Satz 5 (Seite 55) erfüllt ist.
b) an der Stelle a ein inneres Extremum hat, obwohl die Bedingung „$f'(a) = 0$ und $f''(a) \neq 0$" aus Satz 10 nicht erfüllt ist.

41. Bestimmen Sie wie in Beispiel 11 alle inneren Hoch- und Tiefpunkte von f mit $f(x) =$

a) $x^3 - 9x$ b) $x^3 + 3x^2$ c) $x^3 - 3x^2 - 9x - 5$
d) $x^4 - 2x^2 + 1$ e) $x^4 - 6x^2 + 8$ f) $x^4 - 2x^2 - 8$
g) $\frac{1}{8}x^4 - \frac{3}{4}x^3 + \frac{3}{2}x^2$ h) $\frac{1}{12}x^4 - \frac{1}{6}x^3 - x^2$ i) $x^4 + 2x^3 - 2x - 1$
k) $\frac{1}{4} \cdot (x^4 + 4x^3 + 27)$ l) $\frac{1}{27} \cdot (x^5 - 15x^3)$ m) $\frac{1}{5}x^5 - \frac{2}{3}x^3 + x$
n) $\frac{125}{512} \cdot (x^5 - 8x^3 + 16x)$ o) $\frac{125}{512} \cdot (\frac{1}{6}x^6 - 2x^4 + 8x^2)$ p) $2x^5 - 3x^4 + 112$

Geben Sie an, in welchen Fällen Satz 10 keine Aussage über innere Extrema liefert. In diesen Fällen führen Sie die Entscheidung nach dem Verfahren von Beispiel 10 herbei.

42. Die Funktion f sei an allen Stellen $x \in \mathbb{R}$ definiert und differenzierbar. Sie habe die beiden folgenden Eigenschaften:
(1) $f(0) = 0$ (2) $f'(x) = x + f(x)$ für alle $x \in \mathbb{R}$
a) Begründen Sie, daß f an allen Stellen $x \in \mathbb{R}$ sogar zweimal differenzierbar ist, und berechnen Sie $f''(x)$, ausgedrückt mit Hilfe von $f(x)$.
b) Begründen Sie analog, daß f an allen Stellen $x \in \mathbb{R}$ sogar beliebig oft differenzierbar ist, und geben Sie $f'''(x)$, $f^{(4)}(x)$, ... an. Was fällt Ihnen auf?
c) Begründen Sie, daß f an der Stelle 0 ein Minimum hat.

43. Die Funktion f sei an allen Stellen $x \in \mathbb{R}$ definiert und differenzierbar, und es gelte
(1) $f(0) = 1$ (2) $f'(x) = f(x)$ für alle $x \in \mathbb{R}$.
Begründen Sie, daß f an der Stelle 0 kein Extremum hat.

5 Funktionsuntersuchungen

5.1 Wende- und Sattelpunkte

Nullstellen, Hoch- und Tiefpunkte geben einen wesentlich besseren Einblick in den Verlauf einer Funktion, als dies durch wahllos herausgegriffene Punkte (Wertetabelle) möglich ist. Es gibt weitere Punkte, die eine Funktion besonders gut charakterisieren: die sogenannten **Wendepunkte.**

Eine anschauliche Vorstellung des Begriffs „Wendepunkt" vermittelt Bild 1, das wir von links nach rechts lesen: Die Steigung $f'(x)$ ist zunächst positiv und wächst an, bis sie im Punkte W_1, einem Wendepunkt, ihren höchsten Wert erreicht hat. Danach fällt sie und hat beim Hochpunkt H den Wert 0. Sie fällt weiter, indem sie negative Werte annimmt und erreicht ihren kleinsten Wert im zweiten Wendepunkt W_2. Danach ist sie zwar immer noch negativ, wächst aber wieder an. Im Tiefpunkt T ist sie 0 und danach wieder positiv.

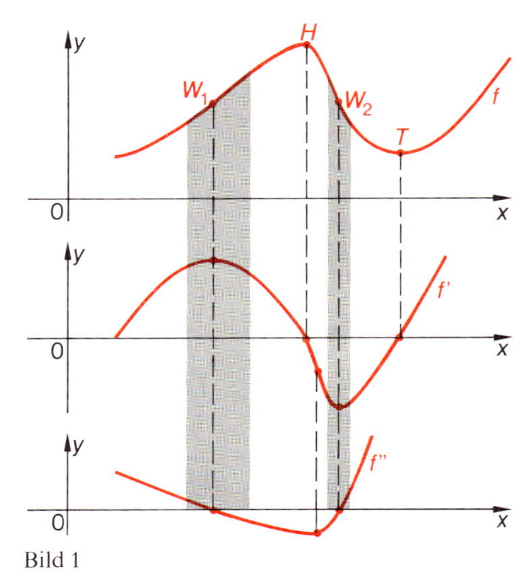

Bild 1

Während wir Extremstellen auch am Rande von Definitionsmengen zugelassen haben, wollen wir von Wendestellen nur dann reden, wenn sie im Innern einer Umgebung U liegen, in der die Funktion differenzierbar ist. Denn nur dann ist es anschaulich gerechtfertigt, von einem „Wenden" der Funktion zu sprechen: Sie geht von einer Linkskrümmung in eine Rechtskrümmung über oder umgekehrt.

Definition 1 (Wendepunkt): Die Funktion f sei in einer Umgebung U der Stelle a differenzierbar.
Genau dann, wenn f' an der Stelle a ein inneres Extremum hat, heißen $(a; f(a))$ **Wendepunkt** und a **Wendestelle** von f.
Die Tangente im Wendepunkt heißt **Wendetangente.**

Satz 1: Wenn a eine Wendestelle der Funktion f ist und f bei a zweimal differenzierbar ist, dann ist $f''(a) = 0$.

Beweis: Weil a Wendestelle von f ist, hat f' bei a ein inneres Extremum. Da f' bei a differenzierbar ist, folgt aus Satz 5 von Seite 55 (angewandt auf f'): $f''(a) = 0$ (Bild 1).

Satz 2: Die Funktion f sei in einer Umgebung U der Stelle a zweimal differenzierbar. Ferner sei f an der Stelle a sogar dreimal differenzierbar.
Aus $f''(a)=0$ und $f'''(a)\neq 0$ folgt dann: f hat bei a einen Wendepunkt.

Beweis: Nach Satz 10 von Seite 72 (angewandt auf f') hat f' bei a ein inneres Extremum. Nach Definition 1 ist a also Wendestelle von f.

Beispiel 1: Wir betrachten nochmals die Funktion $f\colon x \to -\frac{4}{5}x^5+3x^3$ aus Beispiel 10 und 11 von Seite 71 und 73. Es gilt

$$f'(x)=-4x^4+9x^2, \qquad f''(x)=-16x^3+18x, \qquad f'''(x)=-48x^2+18.$$

Nach Satz 1 muß jede Wendestelle a die Gleichung $f''(a)=-16a^3+18a=0$ erfüllen. Die Lösungen sind 0, $\frac{3}{4}\sqrt{2}\approx 1{,}06$ und $-\frac{3}{4}\sqrt{2}\approx -1{,}06$. Höchstens diese drei Stellen sind also Wendestellen.
Da $f'''(0)=18\neq 0$ und $f'''(\frac{3}{4}\sqrt{2})=f'''(-\frac{3}{4}\sqrt{2})=-36\neq 0$ gilt, sind die drei genannten Stellen nach Satz 2 tatsächlich Wendestellen.
Die Ordinaten ergeben sich zu $f(0)=0$, $f(\frac{3}{4}\sqrt{2})=\frac{567}{320}\sqrt{2}\approx 2{,}5$ und $f(-\frac{3}{4}\sqrt{2})\approx -2{,}5$.
Damit sind alle Wendepunkte der Funktion gefunden:

$$W_1=(0;0), \qquad W_2\approx(1{,}06;\,2{,}5), \qquad W_3\approx(-1{,}06;\,-2{,}5).$$

Zeichnen Sie f unter Verwendung der Ergebnisse von Beispiel 10 und 11 (Seite 72 und 73).

Beispiel 2: Für die Funktion $f\colon x \to x^4$ gilt $f'(x)=4x^3$. Wir setzen $A_1=\{x \mid x\le 0\}$ und $A_2=\{x \mid x\ge 0\}$.
Aus $f'(A_1)\le 0$ und $f'(A_2)\ge 0$ folgt, daß f' bei 0 kein inneres Extremum und daher f bei 0 keinen Wendepunkt hat. Vielmehr hat f nach Satz 9 (Seite 71) bei 0 ein inneres Minimum.
Andererseits ist aber $f''(x)=12x^2$, also $f''(0)=0$.
Obwohl die Bedingung $f''(a)=0$ aus Satz 1 erfüllt ist, braucht bei a also kein Wendepunkt zu liegen (Bild 2).

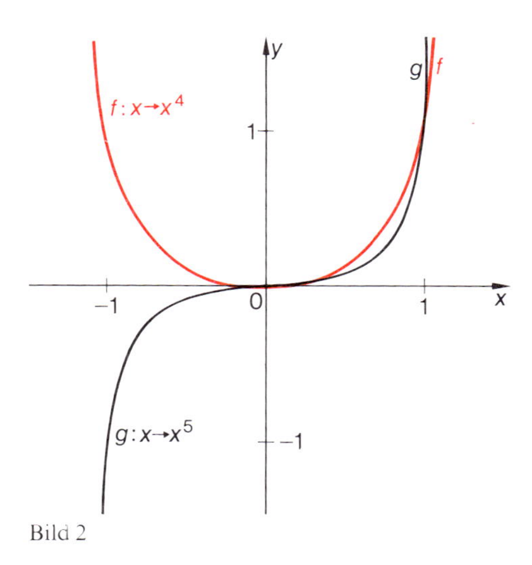

Bild 2

Beispiel 3: Für die Funktion $g\colon x \to x^5$ gilt $g'(x)=5x^4$. Die Funktion g' hat (ebenso wie die Funktion f aus Beispiel 2) an der Stelle 0 ein inneres Minimum. Daher hat g bei 0 eine Wendestelle. Andererseits gilt $g''(x)=20x^3$ und $g'''(x)=60x^2$, also $g''(0)=g'''(0)=0$. Obwohl die Bedingung „$g''(a)=0$ und $g'''(a)\neq 0$" aus Satz 2 nicht erfüllt ist, kann g doch an der Stelle a einen Wendepunkt haben (Bild 2).

Definition 2 (Sattelpunkt): Genau dann, wenn für einen Wendepunkt $(a; f(a))$ einer Funktion f die Bedingung $f'(a)=0$ gilt, heißt er ein **Sattelpunkt** von f.
Kurz: Ein Wendepunkt mit horizontaler Tangente heißt Sattelpunkt.

Aufgaben

1. Bestimmen Sie alle Wendepunkte, speziell alle Sattelpunkte aller Funktionen aus Aufgabe 41 (Seite 73).

2. Zeigen Sie:
a) Für jede konstante Funktion ist jede Stelle $a \in \mathbb{R}$ innere Extremalstelle, Wendestelle und Sattelstelle zugleich.
b) Jede lineare Funktion hat jede reelle Zahl als Wendestelle.
c) Keine quadratische Funktion $x \to a_2 x^2 + a_1 x + a_0$ $(a_2 \neq 0)$ hat eine Wendestelle.
d) Jede kubische Funktion $x \to a_3 x^3 + a_2 x^2 + a_1 x + a_0$ $(a_3 \neq 0)$ hat genau einen Wendepunkt.
e) Jede ganzrationale Funktion 4. Grades hat 0, 1 oder 2 Wendepunkte.

3. Für welche natürlichen Zahlen n ist der Punkt $(0; 0)$ ein Tiefpunkt bzw. ein Sattelpunkt der Potenzfunktion $p_n: x \to x^n$?

4. Zeigen Sie: Die Funktion $f: x \to x^6 - 6x^4$ hat an der Stelle 0 keinen Wendepunkt, obwohl die Bedingung $f''(0) = 0$ erfüllt ist. Sie hat dort vielmehr ein lokales Maximum, obwohl die Bedingung $f'(0) = 0 \wedge f''(0) < 0$ nicht erfüllt ist. Wo liegen Wendepunkte und weitere lokale Extrema von f?

5. Zeigen Sie: Die Funktion $f: x \to x^6 + x^5$ hat an der Stelle 0 einen Sattelpunkt, obwohl die Bedingung

$$f'(0) = 0 \wedge f''(0) = 0 \wedge f'''(0) \neq 0$$

nicht erfüllt ist. Wo liegen lokale Extrema und weitere Wendepunkte von f?

6. Zeigen Sie, daß die Funktion $f: x \to -\frac{1}{45}x^5 + \frac{1}{9}x^4 - \frac{4}{27}x^3 + x$
an der Stelle -1 ein lokales Minimum,
an den Stellen 0, 1 und 2 je einen Wendepunkt und
an der Stelle 3 ein lokales Maximum hat.
Geben Sie die Gleichungen der drei Wendetangenten an. Zeichnen Sie f.

7. Eine Funktion f sei an jeder Stelle $x \in \mathbb{R}$ definiert und differenzierbar und habe die Eigenschaft

(1) $f'(x) = x - f(x)$ für alle $x \in \mathbb{R}$.

Zeigen Sie: a) f ist an jeder Stelle $x \in \mathbb{R}$ sogar beliebig oft differenzierbar. Stellen Sie $f''(x), f'''(x)$ und $f^{(4)}(x)$ durch $f(x)$ dar. Was fällt Ihnen auf?
b) Ist p ein **Fixpunkt** von f, d.h. gilt $f(p) = p$, so hat f bei p ein lokales Minimum. Außer an Fixpunkten kann f keine lokalen Extrema haben; insbesondere hat f kein lokales Maximum.
c) f kann höchstens dann an der Stelle 1 einen Wendepunkt haben, wenn $f(1) = 0$ gilt. Die Wendetangente hat dann die Steigung 1 und die Gleichung $y = x - 1$. Die Funktion $x \to x - 1$ erfüllt die Bedingung (1).
d) f besitzt keine Sattelpunkte.

5.2. Ganzrationale Funktionen

Das Verfahren der Funktionsuntersuchung wird am Beispiel der Funktion $f\colon x \rightarrow \frac{1}{4} \cdot (x^4 + 4x^3 + 27)$ erläutert (vgl. Aufgabe 41 von Seite 73).

(1) Wo schneidet die Funktion die y-Achse? Antwort: Im Punkt $(0; \frac{27}{4})$; denn $f(0) = \frac{27}{4}$.

(2) Wo schneidet die Funktion die x-Achse?
Diese Frage nach den Nullstellen von f ist im allgemeinen viel schwerer zu beantworten. Gesucht ist die Lösungsmenge der Gleichung $f(x) = 0$ oder $x^4 + 4x^3 + 27 = 0$. Uns stehen keine allgemeinen Lösungsverfahren für Gleichungen höheren als 2. Grades zur Verfügung. Daher können wir Lösungen nur erraten oder – bei Mißerfolg – aufgeben.
Durch Einsetzen einiger ganzzahliger Werte für x findet man, daß -3 eine Lösung von $f(x) = 0$ ist. Nun kann man eine Polynomzerlegung nach dem zur Lösung -3 gehörenden Linearfaktor $x + 3$ durchführen:

$$x^4 + 4x^3 + 27 = (x + 3) \cdot (x^3 + x^2 - 3x + 9)$$

Man versucht dann, eine Lösung der Gleichung $x^3 + x^2 - 3x + 9 = 0$ zu finden. Durch erneutes Raten findet man abermals, daß -3 eine Lösung ist. Wieder wird die Zerlegung nach dem Linearfaktor $x + 3$ durchgeführt:

$$x^3 + x^2 - 3x + 9 = (x + 3) \cdot (x^2 - 2x + 3)$$

Nun müssen die Lösungen der Gleichung $x^2 - 2x + 3 = 0$ gesucht werden. Für quadratische Gleichungen sind Lösungsverfahren bekannt: Die Lösungsmenge erweist sich als leer.
Insgesamt haben wir also die Polynomzerlegung

$$x^4 + 4x^3 + 27 = (x + 3)^2 \cdot (x^2 - 2x + 3)$$

in unzerlegbare Faktoren vorgenommen. Da $(x + 3)^2 = 0$ genau eine und $x^2 - 2x + 3 = 0$ keine Lösung hat, ist -3 einzige Nullstelle von f.

(3) Um die Funktionuntersuchung fortzusetzen, bilden wir die ersten drei Ableitungen der Funktion f:

$$f'(x) = x^3 + 3x^2 \qquad f''(x) = 3x^2 + 6x \qquad f'''(x) = 6x + 6$$

(4) Wo liegen innere Extrema?

$$f'(x) = x^3 + 3x^2 = x^2 \cdot (x + 3) = 0.$$

Innere Extrema können also höchstens an den Stellen 0 und -3 liegen.
Die Bedingung $f'(-3) = 0$ und $f''(-3) > 0$ aus Satz 10 (Seite72) ist erfüllt. Also hat f den Tiefpunkt $(-3; 0)$.
Wegen $f''(0) = 0$ ist die Bedingung aus Satz 10 aber nicht an der Stelle 0 erfüllt. Die Frage, ob f hier ein Extremum hat oder nicht, bleibt daher zunächst offen.

(5) Wo liegen Wendepunkte?

$$f''(x) = 3x^2 + 6x = 3x \cdot (x + 2) = 0$$

Wendepunkte können also höchstens an den Stellen 0 und -2 liegen.
Die Bedingung $f''(0) = 0$ und $f'''(0) \neq 0$
sowie $f''(-2) = 0$ und $f'''(-2) \neq 0$
aus Satz 2 ist jeweils erfüllt.
Also hat f die beiden Wendepunkte $(0; \frac{27}{4})$ und $(-2; \frac{11}{4})$.
Wegen $f'(0) = 0$ ist der erste Wendepunkt sogar ein Sattelpunkt.
Die in (4) offen gebliebene Frage ist damit entschieden:
An der Stelle 0 liegt kein Extremum, sondern ein Sattelpunkt.

(6) Wir fassen die Ergebnisse zusammen und zeichnen $f\colon x \to \frac{1}{4} \cdot (x^4 + 4x^3 + 27)$.
Schnittpunkt mit der y-Achse: $(0; \frac{27}{4})$
Schnittpunkt mit der x-Achse: $(-3; 0)$
innerer Tiefpunkt: $(-3; 0)$
Wendepunkte: $(0; \frac{27}{4})$ und $(-2; \frac{11}{4})$
Sattelpunkt: $(0; \frac{27}{4})$
Einige weitere Punkte erleichtern das Zeichnen: $(-4; \frac{27}{4})$, $(-1; 6)$, $(1; 8)$

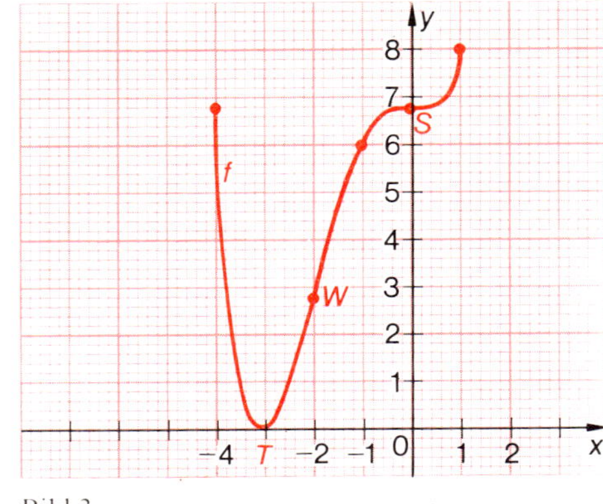

Bild 3

(7) Häufig zeigen Funktionen ein Symmetrieverhalten. Wir wollen aber nur auf zwei sehr spezielle Symmetrien achten, weil gerade durch sie Funktionsuntersuchungen erheblich vereinfacht werden können:
(a) f ist achsensymmetrisch zur y-Achse. Dann müssen die Funktionswerte an den Stellen x und $-x$ stets gleich sein: $f(x) = f(-x)$ für alle $x \in D_f$.
(b) f ist punktsymmetrisch zum Ursprung. Dann müssen $f(x)$ und $f(-x)$ stets entgegengesetztes Vorzeichen haben, aber betragsmäßig gleich sein: $f(-x) = -f(x)$ für alle $x \in D_f$.
In beiden Fällen kann die Funktionsuntersuchung auf nicht-negative Argumente von f beschränkt werden. Die Funktion in Bild 3 hat keine der beiden Symmetrien.
Weil wir andere Symmetrien nicht untersuchen, verabreden wir folgende Vereinfachung der Sprechweise: Wenn nichts Gegenteiliges gesagt wird, meinen wir mit „achsensymmetrisch" stets „achsensymmetrisch zur y-Achse" und mit „punktsymmetrisch" stets „punktsymmetrisch zum Ursprung".

Beispiel 4: Die Funktionen $f\colon x \to 2x^4 - x^2$ und $g\colon x \to \cos x$ sind achsensymmetrisch:

$$f(-x) = 2(-x)^4 - (-x)^2 = 2x^4 - x^2 = f(x) \text{ und } g(-x) = \cos(-x) = \cos x = g(x).$$

Die Funktionen $f\colon x \to x^5 + 2x^3$ und $g\colon x \to \sin x$ sind punktsymmetrisch:

$$f(-x) = (-x)^5 + 2(-x)^3 = -(x^5 + 2x^3) = -f(x) \text{ und } g(-x) = \sin(-x) = -\sin x = -g(x).$$

Die Funktionen $f\colon x \to x^3 + 4x^2$ und $g\colon x \to \sqrt{x}$ sind weder achsen- noch punktsymmetrisch: Es ist $f(-x) = (-x)^3 + 4(-x)^2 = -x^3 + 4x^2$. Dieser Term stimmt weder mit $f(x)$ noch mit $-f(x)$ überein.
Für $x \in D_g$ und $x > 0$ gilt $-x \notin D_g$. Daher hat g keine der beiden Symmetrien.

Sie sind jetzt in der Lage, eine gegebene ganzrationale Funktion f zu untersuchen, d.h. ihre wesentlichen Eigenschaften festzustellen und dann f zu zeichnen. Es wird nun die umgekehrte Problemstellung untersucht: Gesucht ist eine ganzrationale Funktion, die gewisse vorgegebene Eigenschaften haben soll.

Beispiel 5: Eine ganzrationale Funktion $f\colon x \to ax^3 + bx^2 + cx + d$ mit $a, b, c, d \in \mathbb{R}$ soll gewisse Bedingungen erfüllen. Diese Bedingungen müssen ausreichen, um die vier unbekannten Koeffizienten zu bestimmen. Wir stellen die Bedingung, daß f durch die vier Punkte $(-2; 0)$, $(0; 3)$, $(1; 0)$ und $(-4; -1)$ verlaufen soll. Dies ist eine sogenannte **Interpolationsaufgabe.** Ob sie lösbar und gegebenenfalls eindeutig lösbar ist, ist zunächst nicht abzusehen.

$$\begin{aligned}
\text{Ansatz:}\quad f\;(x) &= \quad ax^3 + bx^2 + cx + d \\
f(-2) &= -8a \;+4b - 2c \;+ d = 0 \\
f\;(0) &= \qquad\qquad\qquad\quad d = 3 \\
f\;(1) &= \quad a + \quad b + c \;\; + d = 0 \\
f(-4) &= -64a + 16b - 4c \;+ d = -1
\end{aligned}$$

Das Problem führt also auf ein lineares Gleichungssystem mit 4 Variablen und 4 Gleichungen. Es hat genau eine Lösung

$$a = -\tfrac{7}{20}, \qquad b = -\tfrac{37}{20}, \qquad c = -\tfrac{4}{5}, \qquad d = 3.$$

Also gibt es genau eine ganzrationale Funktion der verlangten Art:

$$f\colon x \to f(x) = -\tfrac{7}{20}x^3 - \tfrac{37}{20}x^2 - \tfrac{4}{5}x + 3.$$

Anmerkung: Es gibt genau eine ganzrationale Funktion höchstens n-ten Grades, die an den $n+1$ verschiedenen Stellen $a_0, a_1, \ldots, a_n$ (den **Stützstellen**) die Funktionswerte $b_0, b_1, \ldots, b_n$ (die **Stützwerte**) annimmt. Auf den Beweis dieser Aussage wird hier verzichtet.

Die an eine Funktion f gestellten Bedingungen brauchen aber nicht nur darin zu bestehen, daß sie durch gewisse Punkte verlaufen soll. Vielmehr können z.B. auch Forderungen über Extrem- oder Wendepunkte gestellt werden.

Beispiel 6: Gibt es eine oder mehrere Funktionen mit folgenden Eigenschaften?

(a) f ist ganzrational vom Grade 4 und achsensymmetrisch, und

(b) f hat die Nullstelle 1 und den Hochpunkt (2; 2)

Wegen der Achsensymmetrie treten im Funktionsterm $f(x)$ nur gerade Exponenten auf (Aufgabe 11). Daher ergibt sich aus (a) der Ansatz

$$f(x) = ax^4 + bx^2 + c \;\text{ mit }\; a \neq 0.$$

Aus (b) folgt

$$\begin{aligned}
f(1) &= 0 &\qquad a + \;\; b + c &= 0 \\
f(2) &= 2 &\qquad 16a + 4b + c &= 2 \\
f'(2) &= 0 &\qquad 32a + 4b \quad\; &= 0
\end{aligned}$$

Das lineare Gleichungssystem hat genau eine Lösung: $a = -\frac{2}{9}$, $b = \frac{16}{9}$, $c = -\frac{14}{9}$.
Daher gibt es höchstens eine Funktion mit den Eigenschaften (a) und (b):

$$x \to \tfrac{1}{9} \cdot (-2x^4 + 16x^2 - 14)$$

Diese Funktion erfüllt nun aber auch alle Bedingungen. Man sieht sofort, daß (a) erfüllt ist. Ferner gilt:

$$\begin{aligned}
f(1) &= \tfrac{1}{9} \cdot (-2 + 16 - 14) = 0 \\
f(2) &= \tfrac{1}{9} \cdot (-32 + 64 - 14) = 2 \\
f'(x) &= \tfrac{1}{9} \cdot (-8x^3 + 32x) &\qquad f'(2) &= \tfrac{1}{9} \cdot (-64 + 64) = 0 \\
f''(x) &= \tfrac{1}{9} \cdot (-24x^2 + 32) &\qquad f''(2) &= \tfrac{1}{9} \cdot (-96 + 32) < 0
\end{aligned}$$

Diese „Probe“ hat nicht nur den Zweck, eventuelle Rechenfehler zu finden. Sie zeigt vielmehr, daß die gefundene Funktion f wirklich auch die Bedingung (b) erfüllt. Insbesondere folgt aus $f'(2) = 0$ und $f''(2) < 0$, daß (2; 2) wirklich ein Hochpunkt ist. Hätte man statt (b) die Forderung

(b′) f hat die Nullstelle 1 und den Tiefpunkt (2; 2)

gestellt, so hätte sich am ersten Teil der Rechnung nichts geändert:
Die einzige Funktion, die möglicherweise die Bedingungen (a) und (b′) erfüllt, ist f mit $f(x) = \frac{1}{9} \cdot (-2x^4 + 16x^2 - 14)$. Wegen $f''(2) < 0$ hat f jedoch den Hochpunkt (2; 2), so daß (b′) nicht erfüllt ist.

Es gibt also genau eine Funktion mit den Eigenschaften (a) und (b) und keine Funktion mit den Eigenschaften (a) und (b').

Beispiel 7: Gibt es eine oder mehrere Funktionen mit folgenden Eigenschaften?

(a) f ist ganzrational vom 3. Grad, und

(b) 0 ist Nullstelle, bei 1 liegt ein Minimum und -1 ist Wendestelle von f.

Die Bedingung (a) führt auf den Ansatz

$$f(x)=ax^3+bx^2+cx+d \text{ mit } a\neq 0.$$

Es ist $f'(x)=3ax^2+2bx+c$, $f''(x)=6ax+2b$ und $f'''(x)=6a$. Aus (b) folgt daher

$$\begin{array}{lll} f(0)=0 & & d=0 \\ f'(1)=0 & 3a+2b+c & =0 \\ f''(-1)=0 & -6a+2b & =0 \end{array}$$

Die Aufgabe führt also auf ein lineares Gleichungssystem mit 4 Variablen und 3 Gleichungen. Die Auflösung ergibt:

$$b=3a, \qquad c=-9a, \qquad d=0, \qquad a\in\mathbb{R}.$$

Funktionen, die die Bedingungen (a) und (b) erfüllen, sind also notwendig von der Form

$$x\rightarrow f(x)=a\cdot(x^3+3x^2-9x).$$

Dabei ist a ein frei in $\mathbb{R}$ wählbarer Parameter, von dem zunächst nur $a\neq 0$ bekannt ist. Welche dieser unendlich vielen Funktionen erfüllen nun wirklich die Bedingungen (a) und (b)? Man sieht sofort, daß (a) im Falle $a\neq 0$ stets erfüllt ist. Ferner gilt:

$$\begin{array}{ll} f(x)=a\cdot(x^3+3x^2-9x) & f(0)=a\cdot(0+0+0)=0 \\ f'(x)=a\cdot(3x^2+6x-9) & f'(1)=a\cdot(3+6-9)=0 \\ f''(x)=a\cdot(6x+6) & f''(1)=a\cdot(6+6)=12a \\ f'''(x)=a\cdot 6 & f''(-1)=a\cdot(-6+6)=0 \\ & f'''(-1)=6a \end{array}$$

Für alle a ist 0 Nullstelle.
Für alle $a>0$ liegt bei 1 ein Minimum: $f''(1)>0$.
Für alle $a\neq 0$ ist -1 Wendestelle: $f'''(-1)\neq 0$.
Alle und nur die Funktionen $x\rightarrow a\cdot(x^3+3x^2-9x)$ mit $a\in\mathbb{R}_+^*$ erfüllen also die Bedingungen (a) und (b).

Aufgaben

8. Bestimmen Sie alle Lösungen folgender Gleichungen.

a) $x^3-13x+12=0$ b) $x^3-3x^2-4x=0$ c) $x^3-3x^2-6x+8=0$

d) $x^3+6x^2+10x+8=0$ e) $x^4-7x^2+12=0$ f) $x^4+4x^3-2x^2-4x+16=0$

g) $x^3-\frac{5}{2}x^2-2x+\frac{3}{2}=0$ h) $x^5-19x^3+30x^2=0$ i) $x^6+x^4-81x^2-81=0$

9. Bestimmen Sie alle Nullstellen aller Funktionen aus Aufgabe 41 von Seite 73. Die Beispiele sind so ausgewählt, daß Ihnen dies gelingen wird. (Lediglich bei der letzten Teilaufgabe werden Sie wohl nur eine Nullstelle finden und nicht entscheiden können, ob es noch weitere gibt.)

10. Welche der Funktionen aus Aufgabe 41 von Seite 73 sind achsen-, welche punktsymmetrisch?

11. Begründen Sie: Eine ganzrationale Funktion f ist genau dann achsensymmetrisch, wenn in dem Term $f(x)$ nur gerade Exponenten auftreten. Gilt eine analoge Aussage über punktsymmetrische Funktionen?

12. Begründen Sie: Eine punktsymmetrische Funktion ist entweder an der Stelle 0 nicht definiert oder hat dort den Funktionswert 0. Geben Sie für beide Fälle ein Beispiel an.

13. Die Funktionen f und g seien achsen-, h und k punktsymmetrisch. Welche Symmetrieeigenschaften haben die folgenden Funktionen?
a) $f+g$ b) $f-g$ c) $f\cdot g$ d) $h+k$ e) $h-k$ f) $h\cdot k$ g) $f+h$ h) $f-k$ i) $f\cdot h$

14. Untersuchen und zeichnen Sie die Funktionen aus Aufgabe 41 (Seite 73). Dies ist bis auf die Zeichnung keine neue Aufgabe. Sie brauchen nur Ihre früheren Ergebnisse zu sammeln und um Kleinigkeiten zu ergänzen (vgl. Aufgabe 10, 9, 1 und 41).

15. Gesucht ist eine ganzrationale Funktion höchstens dritten Grades $f\colon x \to ax^3 + bx^2 + cx + d$, die durch die folgenden Punkte verläuft. Gibt es jeweils eine solche Funktion f? Ist sie eindeutig bestimmt? Zeichnen Sie sie gegebenenfalls.

a) (0; 1), (1; 0), (−1; 4), (2; −5)
b) (0; −4), (1; −3), (−1; −3), (2; 0)
c) (0; 4), (−4; 6), (2; 3), (4; 2)
d) (−1; 1), (0; 1), (1; 1), (2; 1)
e) (−2; 16), (−1; 3), (0; 0), (1; 1), (2; 0)
f) (0; 0), (1; −3), (2; 0), (−1; 3), (−2; 1)
g) (−1; 1), (0; 1), (1; 1)
h) (0; 0), (2; 0), (1; −1)

16. Geben Sie alle ganzrationalen Funktionen 3. Grades an, die bei −2, 0 und 1 je eine Nullstelle haben.

17. An eine Funktion f werden nacheinander die folgenden Bedingungen gestellt. Untersuchen Sie jeweils, ob es eine Funktion f der verlangten Art gibt und ob f durch die gestellten Bedingungen eindeutig bestimmt ist. Bedingungen, die nicht erfüllt werden können, lassen Sie wieder fallen. Wenn sich eine eindeutig bestimmte Funktion ergibt, schließen Sie eine Funktionsuntersuchung an und zeichnen f.

(1): (a) f ist eine ganzrationale Funktion 4. Grades, hat die Nullstelle 1, bei −2 ein inneres Minimum und bei 0 einen Sattelpunkt.
(b) Bei −1 liegt eine weitere Nullstelle von f.
(c) Die Tangente an f im Punkte (1; 0) hat die Gleichung $y = x - 1$.

(2): (a) f ist eine ganzrationale Funktion 4. Grades, achsensymmetrisch, und 1 und 2 sind Nullstellen von f.
(b) f hat einen auf der x-Achse gelegenen Wendepunkt.
(c) f hat an der Nullstelle 1 die Steigung −6.
(d) f hat bei $\frac{1}{2}\sqrt{10}$ ein inneres Maximum.

(3): (a) f ist eine ganzrationale Funktion 3. Grades und punktsymmetrisch.
(b) (1; 3) ist ein Sattelpunkt von f.
(c) f hat eine Wendetangente mit der Steigung −1.
(d) f geht durch den Punkt (1; 3).
(e) f hat bei $-\frac{1}{2}$ eine Nullstelle.

(4): (a) f ist eine ganzrationale Funktion 3. Grades, die im Ursprung eine Wendetangente mit der Gleichung $y = 2x$ hat.
(b) f hat die Nullstelle 6.

(5): (a) f ist ganzrational vom 5. Grad und punktsymmetrisch.
(b) f hat die Nullstelle 2, und bei 2 liegt ein inneres Minimum.
(c) f hat an der Stelle $\frac{3}{2}$ einen Wendepunkt.
(d) Die Gerade mit der Gleichung $y = 16x$ ist Tangente von f im Ursprung.

18. Die Informationen, die man über Funktionen hat, können oft viel spärlicher und auch von anderer Art als bisher sein.
Eine Funktion F habe die folgenden Eigenschaften:

(a) $F(1) = 1$

(b) Für alle $x \in \mathbb{R}$, für die $F(x)$ definiert ist, ist auch $F(x+1)$ definiert, und es gilt die Funktionalgleichung $F(x+1) = x \cdot F(x)$.

Berechnen Sie nacheinander $F(2)$, $F(3)$, $F(4)$ und evtl. noch $F(5)$.
Äußern Sie eine Vermutung über $F(n)$ für $n \in \mathbb{N}^*$ und beweisen Sie sie durch vollständige Induktion.
Warum kann F an der Stelle 0 nicht definiert sein?
Wie ergibt sich daraus, daß F auch an allen Stellen $-1, -2, -3, \ldots$ nicht definiert sein kann?
Es gibt tatsächlich eine solch merkwürdige Funktion, die sog. Gammafunktion.

19. Die Funktion E sei auf $\mathbb{R}$ definiert und differenzierbar, und es gelte

(1) $E'(x) = E(x)$ für alle $x \in \mathbb{R}$,

(2) E hat keine Nullstelle,

(3) $E(0) = 1$.

Zeigen Sie: a) Dann haben auch alle Funktionen g_a mit $g_a(x) = a \cdot E(x)$, $a \in \mathbb{R}$ die Eigenschaft (1).
b) Ist umgekehrt g eine Funktion mit der Eigenschaft (1), so gibt es eine Zahl $a \in \mathbb{R}$ mit $g(x) = a \cdot E(x)$ für alle $x \in \mathbb{R}$.
Anleitung: Für die Hilfsfunktion h mit $h(x) = \dfrac{g(x)}{E(x)}$ gilt $h'(x) = 0$ für alle $x \in \mathbb{R}$.
c) Es gilt die Funktionalgleichung

$E(x+x') = E(x) \cdot E(x')$ für alle $x, x' \in \mathbb{R}$.

Anleitung: Für die Hilfsfunktion H mit $H(x) = E(x+x')$ gilt $H'(x) = H(x)$ für alle $x \in \mathbb{R}$. Was folgt daher aus b) und (3)?
d) Für alle $x \in \mathbb{R}$ gilt $E(x) > 0$.
Anleitung: Andernfalls liefert der Nullstellensatz einen Widerspruch zu (2).
e) E ist streng monoton wachsend. Der Funktionswert $E(1)$ wird üblicherweise mit e bezeichnet. Es gilt $e > 1$.
f) $E(n \cdot x) = E(x)^n$ für alle $n \in \mathbb{N}$, $x \in \mathbb{R}$
g) $E(-x) = E(x)^{-1}$ für alle $x \in \mathbb{R}$
h) $E(z \cdot x) = E(x)^z$ für alle $z \in \mathbb{Z}$, $x \in \mathbb{R}$
i) $E(q \cdot x) = E(x)^q$ für alle $q \in \mathbb{Q}$, $x \in \mathbb{R}$
Anleitung: Für $q = \dfrac{z}{n}$ mit $n \in \mathbb{N}^*$ und $z \in \mathbb{Z}$ berechnen Sie $E\left(\dfrac{z}{n} \cdot x\right)^n$ und beachten d).
k) $E(q) = e^q$ für alle $q \in \mathbb{Q}$
l) Jede auf $\mathbb{Q}$ definierte Funktion läßt sich auf höchstens eine Weise stetig nach $\mathbb{R}$ fortsetzen, d.h. so fortsetzen, daß sie an jeder Stelle $a \in \mathbb{R} \setminus \mathbb{Q}$ definiert und stetig ist. – Damit ist gezeigt, daß es höchstens eine Funktion E mit den Eigenschaften (1), (2) und (3) gibt.
Die Existenz einer Funktion E mit den Eigenschaften (1), (2) und (3) wird im Leistungskurs Analysis 2 nachgewiesen.

5.3 Ableitungsregeln II

Kettenregel

Wie lautet die Ableitung der Funktion h mit $h(x) = (5x^2 - 1)^4$?
Satz 1 von Seite45 führt auf die Vermutung: $h'(x) = 4 \cdot (5x^2 - 1)^3$.
Wir prüfen diese Vermutung, indem wir zunächst ausmultiplizieren und dann differenzieren:

$$h(x) = [(5x^2 - 1)^2]^2 = (25x^4 - 10x^2 + 1)^2 = 625x^8 - 500x^6 + 150x^4 - 20x^2 + 1$$
$$h'(x) = 5000x^7 - 3000x^5 + 600x^3 - 40x$$
$$= 40x \cdot (125x^6 - 75x^4 + 15x^2 - 1)$$

Ein Vergleich mit obiger Vermutung ergibt, daß der Term $125x^6 - 75x^4 + 15x^2 - 1$ mit $(5x^2 - 1)^3$ übereinstimmt. Also gilt

$$h'(x) = 40x \cdot (5x^2 - 1)^3.$$

Dies zeigt aber zugleich, daß die Vermutung falsch war. Das richtige Ergebnis unterscheidet sich von dem vermuteten Ergebnis um den Faktor $10x$:

$$h'(x) = 4 \cdot (5x^2 - 1)^3 \cdot 10x$$

Man erkennt zweierlei: Erstens erscheint dieses Verfahren recht mühsam und ist z.B. im Falle der Funktion $x \to (5x^2 - 1)^{100}$ unzumutbar. Zweitens ist die ursprüngliche, sehr einfach gefundene Vermutung zwar falsch, kommt aber dem richtigen Ergebnis bis auf den Faktor $10x$ schon recht nahe. Dieser Faktor ist gerade die Ableitung des Klammerinhaltes $(5x^2 - 1)$.

In diesem Beispiel erhält man also $h'(x)$ dadurch aus $h(x)$,

daß man die Substitition $y = 5x^2 - 1$ einführt,
den Term y^4 differenziert: $4y^3 = 4 \cdot (5x^2 - 1)^3$,
den Term $5x^2 - 1$ differenziert: $10x$
und beide Ergebnisse miteinander multipliziert: $4 \cdot (5x^2 - 1)^3 \cdot 10x$.

Die Einführung der Substitution $y = 5x^2 - 1$ bedeutet, daß man die Funktion $h\colon x \to (5x^2 - 1)^4$ als Verkettung der beiden Funktionen

$$g\colon x \to y = 5x^2 - 1 \quad \text{und} \quad f\colon y \to z = y^4$$

darstellt: $h = f \circ g$.

Satz 3 (Kettenregel): Die Funktion g sei an der Stelle a und die Funktion f an der Stelle $b = g(a)$ differenzierbar.
Dann ist die Verkettung $f \circ g$ an der Stelle a differenzierbar, und es gilt

$$(f \circ g)'(a) = f'(b) \cdot g'(a).$$

Beweis: Da g bei a differenzierbar ist, gibt es eine bei a stetige Funktion g_a mit

$$g(x) - g(a) = (x - a) \cdot g_a(x) \text{ für alle } x \in D_g \text{ und } g_a(a) = g'(a).$$

Da f bei b differenzierbar ist, gibt es eine bei b stetige Funktion f_b mit

$$f(y) - f(b) = (y - b) \cdot f_b(y) \text{ für alle } y \in D_f \text{ und } f_b(b) = f'(b).$$

Ist $x \in D_{f \circ g}$, so ist erstens $x \in D_g$ und zweitens $y = g(x) \in D_f$.

Daher und wegen $b=g(a)$ gilt für alle $x \in D_{f\circ g}$

$$\begin{aligned}(f\circ g)(x)-(f\circ g)(a) &= f(g(x))-f(g(a))\\ &= f(y)-f(b)\\ &= (y-b)\cdot f_b(y)\\ &= (g(x)-g(a))\cdot f_b(g(x))\\ &= (x-a)\cdot g_a(x)\cdot f_b(g(x))\end{aligned}$$

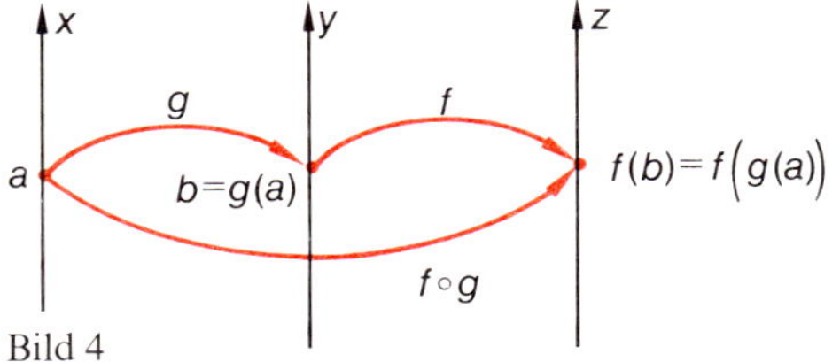

Bild 4

Da g bei a differenzierbar ist, ist g dort auch stetig. f_b ist bei $b=g(a)$ stetig.
Nach dem Verkettungssatz ist daher $f_b\circ g$ bei a stetig. g_a ist bei a stetig.
Nach dem Produktsatz ist daher $g_a\cdot(f_b\circ g)$ bei a stetig.
Damit ist eine bei a stetige Funktion $\varphi=g_a\cdot(f_b\circ g)$ gefunden, für die

$(f\circ g)(x)-(f\circ g)(a)=(x-a)\cdot\varphi(x)$ für alle $x\in D_{f\circ g}$ gilt.

Also ist die Funktion $f\circ g$ an der Stelle a differenzierbar, und es gilt

$$(f\circ g)'(a)=\varphi(a)=g_a(a)\cdot(f_b\circ g)(a)=g'(a)\cdot f_b(g(a))=g'(a)\cdot f_b(b)=g'(a)\cdot f'(b).$$

Wegen $b=g(a)$ kann die bewiesene Gleichung auch in der Form

$$(f\circ g)'(a)=f'(g(a))\cdot g'(a)$$

notiert werden.
Wir setzen jetzt voraus:

g sei an allen Stellen $a\in D_{f\circ g}$ differenzierbar, und
f sei an allen denjenigen Stellen $b\in D_f$ differenzierbar, die Bild eines Elementes $a\in D_g$ sind: $b=g(a)$.

Dann gilt die bewiesene Gleichung für alle $a\in D_{f\circ g}$. Man kann daher dann das Argument a fortlassen und die Kettenregel in der leicht zu merkenden Form

$$(f\circ g)'=(f'\circ g)\cdot g'$$

notieren.

Man differenziert eine Verkettung $f\circ g$, indem man die erste (äußere) Funktion f differenziert, sie mit der zweiten (inneren) Funktion g verkettet und das Ergebnis mit der Ableitung g' der inneren Funktion multipliziert.

Die folgenden Beispiele zeigen:
Die Kettenregel macht im Falle der Funktion $x\to(5x^2-1)^{100}$ das rechenaufwendige Ausmultiplizieren überflüssig. Sie bewährt sich darüber hinaus auch in anderen Fällen.

Beispiel 8: $f(x)=g(x)^n;\quad n\in\mathbb{N}^*$

$$y=g(x);\qquad y'=g'(x)$$
$$z=y^n;\qquad z'=ny^{n-1}$$
$$f'(x)=ny^{n-1}\cdot g'(x)=n\cdot g(x)^{n-1}\cdot g'(x)$$

Speziell: $f(x)=(5x^2-1)^{100}\Rightarrow f'(x)=100\cdot(5x^2-1)^{99}\cdot 10x=1000x\cdot(5x^2-1)^{99}$

Beispiel 9: $f(x)=\frac{1}{g(x)}$

$$y=g(x);\qquad y'=g'(x)$$
$$z=\frac{1}{y};\qquad z'=-\frac{1}{y^2}$$
$$f'(x)=-\frac{1}{y^2}\cdot g'(x)=-\frac{g'(x)}{g^2(x)}$$

Speziell: $f(x)=\frac{1}{1-x^4}\Rightarrow f'(x)=-\frac{-4x^3}{(1-x^4)^2}=\frac{4x^3}{(1-x^4)^2}$

Beispiel 10: $f(x)=\sqrt[n]{g(x)}$; $\quad n\in\mathbb{N}\setminus\{0,1\}$

$$y=g(x); \qquad y'=g'(x)$$

$$z=\sqrt[n]{y}; \qquad z'=\frac{1}{n\cdot(\sqrt[n]{y})^{n-1}}$$

$$f'(x)=\frac{1}{n\cdot(\sqrt[n]{y})^{n-1}}\cdot g'(x)=\frac{g'(x)}{n\cdot(\sqrt[n]{g(x)})^{n-1}}$$

Speziell: $\quad f(x)=\sqrt{x^2+1}\Rightarrow f'(x)=\dfrac{2x}{2\cdot\sqrt{x^2+1}}=\dfrac{x}{\sqrt{x^2+1}}$

Satz 4: Die Funktion g sei an der Stelle x differenzierbar. Dann ist auch die folgendermaßen gebildete Funktion f an der Stelle x differenzierbar und hat die angegebene Ableitung $f'(x)$:

Potenz: $\quad f(x)=g(x)^n \quad (n\in\mathbb{N}^*)\Rightarrow f'(x)=n\cdot g(x)^{n-1}\cdot g'(x)$

Reziproke: $f(x)=\dfrac{1}{g(x)} \quad\Rightarrow f'(x)=-\dfrac{g'(x)}{g^2(x)}$, falls $g(x)\neq 0$

Wurzel: $\quad f(x)=\sqrt[n]{g(x)} \quad (n\in\mathbb{N}\setminus\{0,1\})\Rightarrow f'(x)=\dfrac{g'(x)}{n\cdot(\sqrt[n]{g(x)})^{n-1}}$, falls $g(x)>0$

Beispiel 11: Man kann die Kettenregel auch mehrfach anwenden:

$$f(x)=(\sqrt{5x^2+1})^3$$

$$y=g(x)=5x^2+1; \qquad y'=10x$$

$$z=h(y)=\sqrt{y}; \qquad z'=\frac{1}{2\cdot\sqrt{y}}$$

$$u=k(z)=z^3; \qquad u'=3z^2$$

$$f'(x)=3z^2\cdot\frac{1}{2\sqrt{y}}\cdot 10x=\frac{15z^2x}{\sqrt{y}}=\frac{15x\cdot(5x^2+1)}{\sqrt{5x^2+1}}$$

Produkt- und Quotientenregel

Der Beweis, daß ein Produkt zweier differenzierbarer Funktionen wieder differenzierbar ist, kann analog zum zweiten Beweis des Satzes 3 (Summenregel) von Seite 51 geführt werden. Nur werden dann die beiden Gleichungen für $f(x)$ und $g(x)$ nicht addiert, sondern multipliziert. Vergleichen Sie beide Beweise.

> **Satz 5 (Produktregel):** Die Funktionen f und g seien an der Stelle a differenzierbar. Dann ist auch die Produktfunktion $f \cdot g$ an der Stelle a differenzierbar, und es gilt
> $$(f \cdot g)'(a) = f'(a) \cdot g(a) + f(a) \cdot g'(a).$$

Beweis: Nach Definition 2 (Seite 40) gibt es zwei bei a stetige Funktionen f_a und g_a mit

$$f(x) = f(a) + (x-a) \cdot f_a(x) \text{ für alle } x \in D_f \quad \text{und} \quad f_a(a) = f'(a)$$
$$g(x) = g(a) + (x-a) \cdot g_a(x) \text{ für alle } x \in D_g \quad \text{und} \quad g_a(a) = g'(a).$$

Das Produkt von Funktionswerten ist gleich dem Funktionswert des Produktes, also:

$$(f \cdot g)(x) = (f \cdot g)(a) + (x-a) \cdot [f(a) \cdot g_a(x) + g(a) \cdot f_a(x) + (x-a) \cdot f_a(x) \cdot g_a(x)] \text{ für alle } x \in D_{f \cdot g} = D_f \cap D_g.$$

Die Funktionen f_a und g_a sind nach Voraussetzungen bei a stetig. Die lineare Funktion $x \rightarrow x - a$ und die konstanten Funktionen $x \rightarrow f(a)$ und $x \rightarrow g(a)$ sind ebenfalls stetig. Nach dem Produkt- und Summensatz für stetige Funktionen (Satz 3 von Seite 9) ist daher die Funktion

$$\varphi: x \rightarrow f(a) \cdot g_a(x) + g(a) \cdot f_a(x) + (x-a) \cdot f_a(x) \cdot g_a(x)$$

bei a stetig. Es gibt also eine bei a stetige Funktion φ mit

$$(f \cdot g)(x) = (f \cdot g)(a) + (x-a) \cdot \varphi(x) \quad \text{für alle } x \in D_{f \cdot g}.$$

Daher ist $f \cdot g$ bei a differenzierbar mit dem Differentialquotienten

$$(f \cdot g)'(a) = \varphi(a) = f(a) \cdot g_a(a) + g(a) \cdot f_a(a) + 0 = f(a) \cdot g'(a) + g(a) \cdot f'(a).$$

Auch der erste Beweis der Summenregel (Seite 51) kann übertragen werden:

Nach Voraussetzung existieren die Grenzwerte $\lim\limits_{x \to a} \frac{f(x) - f(a)}{x - a}$ und $\lim\limits_{x \to a} \frac{g(x) - g(a)}{x - a}$. Mit Hilfe der Grenzwertsätze (Satz 3, Seite 23) erhält man daher:

$$\begin{aligned}
(f \cdot g)'(a) &= \lim_{x \to a} \frac{(f \cdot g)(x) - (f \cdot g)(a)}{x - a} \\
&= \lim_{x \to a} \left(\frac{f(x) \cdot g(x) - f(a) \cdot g(a)}{x - a} - \frac{f(a) \cdot g(x)}{x - a} + \frac{f(a) \cdot g(x)}{x - a} \right) \\
&= \lim_{x \to a} \left(\frac{f(x) - f(a)}{x - a} \cdot g(x) + f(a) \cdot \frac{g(x) - g(a)}{x - a} \right) \\
&= \lim_{x \to a} \frac{f(x) - f(a)}{x - a} \cdot \lim_{x \to a} g(x) + \lim_{x \to a} f(a) \cdot \lim_{x \to a} \frac{g(x) - g(a)}{x - a} \\
&= f'(a) \cdot g(a) + f(a) \cdot g'(a)
\end{aligned}$$

Erläuternd ist noch hinzuzufügen, daß aus der Differenzierbarkeit die Stetigkeit von g bei a folgt (Satz 2, Seite 45). Daher existiert $\lim\limits_{x \to a} g(x)$ und ist gleich $g(a)$ (Satz 2, Seite 18). Auch der Grenzwert $\lim\limits_{x \to a} f(a)$ existiert, denn die Funktion $x \rightarrow f(a)$ ist konstant (Beispiel 1, Seite 19).

Ein dritter, besonders einfacher Beweis greift nicht auf die Differenzierbarkeitsdefinition zurück, sondern benutzt die Kettenregel (Satz 3 bzw. 4):
Wegen $(f+g)^2 = f^2 + 2fg + g^2$ kann das Produkt $f \cdot g$ so dargestellt werden:
$f \cdot g = \frac{1}{2} \cdot [(f+g)^2 - f^2 - g^2]$.
Nun folgt:

$(f \cdot g)' = \frac{1}{2} \cdot [((f+g)^2)' - (f^2)' - (g^2)']$ (konstanter Faktor und Summenregel)

$= \frac{1}{2} \cdot [2 \cdot (f+g) \cdot (f+g)' - 2f \cdot f' - 2g \cdot g']$ (Satz 4, Potenz, $n=2$)

$= f \cdot f' + f \cdot g' + g \cdot f' + g \cdot g' - f \cdot f' - g \cdot g'$ (Summenregel und Umformung)

$= f' \cdot g + f \cdot g'$ (Umformung)

Satz 6 (Quotientenregel): Die Funktionen f und g seien an der Stelle a differenzierbar, und es sei $g(a) \neq 0$.
Dann ist auch die Quotientenfunktion $\frac{f}{g}$ an der Stelle a differenzierbar, und es gilt

$$\left(\frac{f}{g}\right)'(a) = \frac{f'(a) \cdot g(a) - f(a) \cdot g'(a)}{g^2(a)}.$$

Beweis: Es gilt $\frac{f}{g} = f \cdot \frac{1}{g}$. Aus der Produktregel und Satz 4 folgt daher

$$\begin{aligned}(\tfrac{f}{g})'(a) &= f'(a) \cdot \tfrac{1}{g}(a) + f(a) \cdot (\tfrac{1}{g})'(a)\\ &= f'(a) \cdot \frac{1}{g(a)} + f(a) \cdot \left[-\frac{g'(a)}{g^2(a)}\right]\\ &= \frac{f'(a) \cdot g(a) - f(a) \cdot g'(a)}{g^2(a)}\end{aligned}$$

Sind f und g ganzrationale Funktionen und ist g nicht die Nullfunktion, so heißt $\frac{f}{g}$ bekanntlich eine rationale Funktion. Ist g konstant, so ist $\frac{f}{g}$ ganzrational.
Beachten Sie: Die Funktionen $x \to x$ und $x \to \frac{x^3}{x^2}$ sind verschieden. Die erste ist ganzrational mit der Definitionsmenge $\mathbb{R}$, die zweite rational mit der Definitionsmenge $\mathbb{R}^*$.

Satz 7 (Differenzierbarkeit rationaler Funktionen): Jede rationale Funktion f ist an jeder Stelle ihrer Definitionsmenge differenzierbar. Die Ableitung f' ist wieder eine rationale Funktion.

Beweis: Anwendung der Quotientenregel.

Aufgaben

20. Leiten Sie die folgenden Funktionsterme $f(x)$ ab und geben Sie die Definitionsmengen von $f(x)$ und $f'(x)$ an.

a) $(x^2+6x-7)^3$ b) $(1-x^3)^{10}$ c) $(x^n-a^n)^m \quad (n, m \in \mathbb{N}^*; a \in \mathbb{R})$

d) $\dfrac{1}{x^4-x^2}$ e) $(\frac{1}{x}-x)^2$ f) $4\cdot(\frac{1}{x})^5+2\cdot(\frac{1}{x})^3-\frac{1}{x}$

g) $\sqrt{x^3+5x^2}$ h) $\dfrac{1}{\sqrt[3]{x}}$ i) $(\sqrt{x})^3-3\cdot\sqrt{x}+2$

k) $\sqrt[5]{1-x}$ l) $\sqrt{\frac{1}{x}-2}$ m) $\sqrt[4]{x^3+x^2+x+1+\frac{1}{x}}$

21. Differenzieren Sie folgende Terme.

a) $\dfrac{1}{(x^2-1)^3}$ b) $\dfrac{1}{\sqrt[3]{1-x^2}}$ c) $\sqrt[4]{\dfrac{1}{x+1}+x+1}$

d) $(\sqrt{x^2-4})^5$ e) $(\sqrt{x+1}-\sqrt{x})^3$ f) $\sqrt{\sqrt{x}+\frac{1}{x}}$

g) $\sqrt[10]{\dfrac{1}{(x-2)^3}}$ h) $([(x+2)^2+2]^2+2)^2$ i) $\sqrt{\sqrt{\sqrt{x+2}+2}+2}$

22. a) Beweisen Sie: Für alle $n \in \mathbb{N}^*$ gilt:

$$f(x)=x^{-n} \Rightarrow f'(x)=-n\cdot x^{-n-1} \quad (x \neq 0).$$

Für alle $n \in \mathbb{Z}$ gilt daher die Ableitungsregel

$$f(x)=x^n \Rightarrow f'(x)=n\cdot x^{n-1} \quad (x \neq 0, \text{ falls } n \notin \mathbb{N}^*).$$

b) Beweisen Sie: Diese Ableitungsregel gilt sogar für alle $n \in \mathbb{Q}$ $(x \in \mathbb{R}_+^*)$.

23. Differenzieren Sie folgende Terme.

1) zuerst ausmultiplizieren, dann differenzieren
2) ohne auszumultiplizieren sofort Produkt- oder Kettenregel anwenden

a) $(1-x)\cdot(1+x)$ b) $(x+2)^4$ c) $(x-1)^2\cdot(x+1)^2$

d) $(x^2+5x)\cdot(1-x^3)$ e) $x^3\cdot(2x^4-x)^2$ f) $x^4\cdot(x^5+2x^3-x+2)$

24. Differenzieren Sie folgende Terme.

a) $x\cdot\sqrt{x}$ b) $\sqrt{x-1}\cdot\sqrt[3]{x+2}$ c) $(x^2-1)\cdot\sqrt[4]{x^2+1}$

d) $\dfrac{x-1}{x+2}$ e) $\dfrac{x^3-5x}{x^2-4}$ f) $\dfrac{x^2+2x-1}{x^2-2x+1}$

g) $\dfrac{2x^4+1}{4x^2-1}$ h) $\dfrac{x-7}{x+x^3}$ i) $\dfrac{x}{x-1}$

k) $\dfrac{1}{x^2+x+1}$ l) $\dfrac{x^3}{x}$ m) $\dfrac{(x-3)^2}{(x+3)^4}$

n) $\left(\dfrac{6x^3-x}{x+5}\right)^2$ o) $[(2x-1)\cdot\sqrt{x}]^5$ p) $\dfrac{(3x+1)\cdot(1-3x)}{5x+2}$

q) $\sqrt{\dfrac{x+1}{x-1}}$ r) $\sqrt[5]{2x-1}\cdot\dfrac{x}{x+2}$ s) $\dfrac{\sqrt{x}-4}{\sqrt{x}+4}$

t) $\dfrac{\sqrt[3]{2x^2+x}}{(3x-6)^3}$ u) $\sqrt{\dfrac{x+1}{x}}\cdot\sqrt[4]{(5x-2)^3+x}$ v) $\dfrac{x-1}{\sqrt{x}-1}\cdot\dfrac{\sqrt{x}+1}{x+1}$

25. Beweisen Sie durch vollständige Induktion erneut, daß für alle $n \in \mathbb{N}^*$ die Ableitungsregel

$$f(x) = x^n \Rightarrow f'(x) = n \cdot x^{n-1}$$

gilt. Benutzen Sie die Produktregel.

26. Bestimmen Sie die Ableitung folgender Terme durch mehrfache Anwendung der Produktregel.

a) $[x \cdot (x+3)] \cdot (x^2+3)$

b) $x \cdot [(x+3) \cdot (x^2+3)]$

c) $(4+x) \cdot (1-\frac{1}{x}) \cdot (2x^2+x-1)$

d) $(x^2+5) \cdot (x-x^4) \cdot \sqrt{x+6}$

e) $(x-1) \cdot (x+2) \cdot (x-3) \cdot (x+4)$

f) $(x-2) \cdot \dfrac{x+2}{x-3} \cdot \sqrt{\dfrac{x-1}{x+1}}$

27. Stellen Sie je eine Ableitungsregel für ein Produkt von 2, 3, 4, 5 differenzierbaren Funktionen auf. Wie wird ein n-faches Produkt abgeleitet? (Vollständige Induktion)

28. Die Funktionen g und h seien beliebig oft differenzierbar. Bilden Sie die 1., 2., 3., 4. Ableitung der Produktfunktion $f = g \cdot h$. Wie lautet die n-te Ableitung von f? (Vollständige Induktion)

29. Die Funktion g sei mindestens dreimal differenzierbar. Es sei $f(x) = g(x)^n$ mit $n \in \mathbb{N}^*$. Bilden Sie $f'(x)$, $f''(x)$ und $f'''(x)$.

30. Eine Funktion sei an jeder Stelle $x \in \mathbb{R}$ definiert und differenzierbar und habe die Eigenschaft

(1) $f'(x) = 2 \cdot f(x)$ für alle $x \in \mathbb{R}$.

Zeigen Sie: a) f ist an jeder Stelle $x \in \mathbb{R}$ sogar beliebig oft differenzierbar, und es gilt

$f^{(k)}(x) = 2^k \cdot f(x)$ für alle $k \in \mathbb{N}$, $x \in \mathbb{R}$.

b) Wenn f keine Nullstellen hat, so auch keine lokalen Extrem- oder Wendepunkte.

c) Geben Sie eine (einfache) Funktion f mit der Eigenschaft (1) an, die Nullstellen hat.

31. Eine Funktion f sei an jeder Stelle $x \in \mathbb{R}$ definiert und differenzierbar und habe die Eigenschaften

(1) $f(x) \neq 0$ für alle $x \in \mathbb{R}$ und

(2) $f'(x) = x \cdot f(x)$ für alle $x \in \mathbb{R}$.

Zeigen Sie: a) f ist an jeder Stelle $x \in \mathbb{R}$ sogar beliebig oft differenzierbar. Stellen Sie $f''(x)$, $f'''(x)$ und $f^{(4)}(x)$ durch $f(x)$ dar.

b) f hat an der Stelle 0 ein lokales Extremum. Welche Bedingung muß f (nicht f'') erfüllen, damit dies ein Maximum/Minimum ist?

c) f besitzt keine Wendepunkte.

d) Wird die Bedingung (1) fallengelassen und durch $f(0) = 0$ ersetzt, so gilt $f^{(k)}(0) = 0$ für alle $k \in \mathbb{N}$. Sie kennen eine einfache Funktion mit dieser Eigenschaft. Welche?

32. Zeigen Sie: a) Ist die Funktion f achsensymmetrisch und differenzierbar, so ist f' punktsymmetrisch.

b) Ist f an der Stelle 0 definiert, achsensymmetrisch und differenzierbar, so hat f bei 0 ein lokales Extremum.

c) Ersetzen Sie in den Voraussetzungen von a) und b) „achsensymmetrisch“ durch „punktsymmetrisch“. Welche Folgerungen kann man ziehen? Beweis!

5.4 Rationale Funktionen

Anders als bei ganzrationalen Funktionen ist bei rationalen Funktionen die Definitionsmenge im allgemeinen von $\mathbb{R}$ verschieden, muß also – wenn sie nicht angegeben ist – aus dem Funktionsterm erschlossen werden.

Beispiel 12: $f(x)=\frac{g(x)}{h(x)}=\frac{x^4+4x^3+3x^2-4x-4}{x^4+4x^3+4x^2}$

Für den Nenner $h(x)$ erkennt man sofort die Zerlegung

$$h(x)=x^2\cdot(x^2+4x+4)=x^2\cdot(x+2)^2.$$

Durch Raten findet man: -2 ist Nullstelle des Zählers $g(x)$.
Man zerlegt daher das Zählerpolynom und erhält

$$g(x)=(x+2)\cdot(x^3+2x^2-x-2).$$

Erneutes Raten liefert: -2 ist auch Lösung von $x^3+2x^2-x-2=0$.
Neue Zerlegung: $g(x)=(x+2)\cdot(x+2)\cdot(x^2-1)$
$\qquad\qquad\qquad\qquad\quad =(x+2)^2\cdot(x-1)\cdot(x+1)$

Insgesamt hat man jetzt Zähler und Nenner in unzerlegbare Faktoren zerlegt und kann die Definitionsmenge von f ablesen:

$$f(x)=\frac{(x+2)^2\cdot(x-1)\cdot(x+1)}{(x+2)^2\cdot x^2};\qquad x\in\mathbb{R}^*\setminus\{-2\}.$$

Kürzt man mit $(x+2)^2$, so erhält man den Term

$$f_{-2}(x)=\frac{(x-1)\cdot(x+1)}{x^2};\qquad x\in\mathbb{R}^*,$$

der mit $f(x)$ auf $\mathbb{R}^*\setminus\{-2\}$ übereinstimmt. Da f_{-2} stetige Fortsetzung von f nach -2 ist, gilt

$$\lim_{x\to-2} f(x)=f_{-2}(-2)=\tfrac{3}{4}.$$

Anstelle der Funktion f wird man die einfacher aufgebaute Funktion f_{-2} untersuchen und zeichnen und anschließend den Punkt $(-2;\frac{3}{4})$ wieder entfernen. Dann hat man den Verlauf von f.
Weil es eine bei -2 stetige Funktion f_{-2} gibt, die an allen anderen Stellen mit f übereinstimmt, heißt -2 eine **hebbare Definitionslücke** von f.

Beispiel 13: $f(x)=\frac{x^4}{x^5+x^3}=\frac{x^4}{x^3\cdot(x^2+1)}$; $x\in\mathbb{R}^*$.
Kürzen mit x^3 ergibt $f_0(x)=\frac{x}{x^2+1}$; $x\in\mathbb{R}$.
f_0 ist stetige Fortsetzung von f nach 0. Es gilt

$$\lim_{x\to0} f(x)=f_0(0)=0.$$

Man untersucht und zeichnet f_0, entfernt dann den Punkt $(0;0)$ und erhält f. 0 ist hebbare Definitionslücke von f.

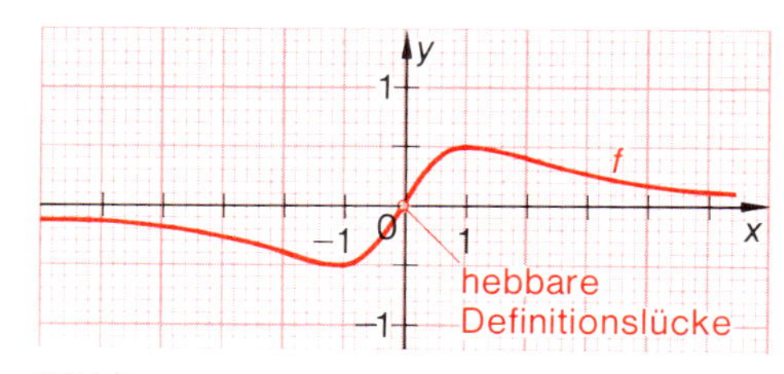

Bild 5

Definition 3 (hebbare Definitionslücke): Die Definitionsmenge D_f einer Funktion f habe den nicht zu ihr gehörigen Häufungspunkt a. Genau dann, wenn sich f stetig nach a fortsetzen läßt, heißt a eine **hebbare Definitionslücke** von f.

Beispiel 14: $f(x)=\frac{x^5-8x^2}{4x^3}=\frac{x^2\cdot(x^3-8)}{4x^3}=\frac{x^3-8}{4x}=\frac{(x-2)\cdot(x^2+2x+4)}{4x}$; $x\in\mathbb{R}^*$.

Nach dem Kürzen mit x^2 verbleibt der Faktor x im Nenner. Daher wird durch das Kürzen – anders als in den Beispielen 12 und 13 – die Definitionsmenge $\mathbb{R}^*$ nicht geändert. Nach dem Kürzen ist $a=0$ Nullstelle des Nenners, aber keine Nullstelle des Zählers.
Bild 6 zeigt, daß sich f bei 0 anders verhält als die Funktionen aus den Beispielen 12 bzw. 13 an den Stellen -2 bzw. 0.
Man nennt die Stelle 0 einen **Pol** von f. Die Beträge von $f(x)$ werden in der Nähe von 0 sehr groß. Daher werden die Beträge von $\frac{1}{f(x)}$ in der Nähe von 0 sehr klein. In der Tat gilt

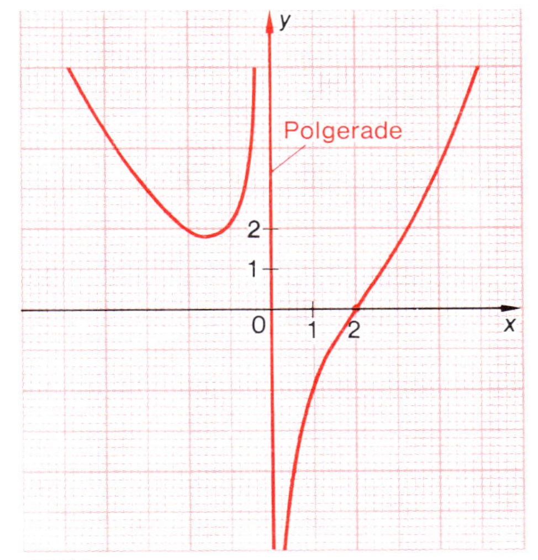

Bild 6

$$\lim_{x\to 0}\frac{1}{f}(x)=\lim_{x\to 0}\frac{4x^3}{x^5-8x^2}=\lim_{x\to 0}\frac{4x}{x^3-8}=\frac{0}{-8}=0.$$

Definition 4 (Pol): Die Definitionsmenge D_f einer Funktion f habe den nicht zu ihr gehörigen Häufungspunkt a.
Genau dann, wenn der Grenzwert $\lim_{x\to a}\frac{1}{f}(x)$ existiert und gleich 0 ist, heißt a ein **Pol** der Funktion f, und die Gerade $x=a$ heißt **Polgerade** von f.

Es seien g und h ganzrationale Funktionen und $f=\frac{g}{h}$ eine rationale Funktion. Für die Stelle $a\in\mathbb{R}$ spaltet man den Linearfaktor $x-a$ so oft wie möglich aus Zähler und Nenner ab:

$$f(x)=\frac{g(x)}{h(x)}=\frac{(x-a)^z\cdot s(x)}{(x-a)^n\cdot t(x)}\quad\text{mit}\quad z,n\in\mathbb{N}.$$

Dabei bedeuten s und t ganzrationale Funktionen, für die a keine Nullstelle ist: $s(a)\neq 0\neq t(a)$.

Ist $n=0$, so ist f bei a definiert. Im Falle $z>0$ hat f dann bei a eine Nullstelle. Man nennt z die **Ordnung** der Nullstelle a.

Zum Beispiel hat $f\colon x\to\frac{(x-2)^3\cdot x}{x-1}$ die Nullstelle 2 der Ordnung 3 und die Nullstelle 0 der Ordnung 1.

Ist $z=0$ und $n>0$, so ist f bei a nicht definiert, und es gilt

$$\lim_{x\to a}\frac{1}{f(x)}=\lim_{x\to a}\frac{(x-a)^n\cdot t(x)}{s(x)}=\frac{0\cdot t(a)}{s(a)}=0.$$

Also hat f bei a einen Pol. Man nennt n die **Ordnung** des Pols a.

Z. B. hat $f\colon x\to\frac{x}{(x-1)\cdot(x-2)^3}$ den Pol 1 der Ordnung 1 und den Pol 2 der Ordnung 3.

Wenn n und z beide positiv sind, also a Nullstelle sowohl des Zählers als auch des Nenners ist, sind folgende Fälle zu unterscheiden:

a) Im Falle $z \geq n > 0$ ist $f_a\colon x \longrightarrow (x-a)^{z-n} \cdot \frac{s(x)}{t(x)}$ eine bei a stetige Fortsetzung von f. Also ist a eine hebbare Definitionslücke von f.

Z. B. hat $f\colon x \longrightarrow \frac{(x+1)^4}{x \cdot (x+1)^2}$ die hebbare Definitionslücke -1; es gilt $f_{-1}(-1) = 0$.

b) Im Falle $n > z > 0$ gilt

$$\lim_{x \to a} \frac{1}{f(x)} = \lim_{x \to a} (x-a)^{n-z} \cdot \frac{t(x)}{s(x)} = 0 \cdot \frac{t(a)}{s(a)} = 0.$$

Also hat f bei a einen Pol. Man spricht ihm die **Ordnung** $n-z$ zu.

Z. B. hat $f\colon x \longrightarrow \frac{x \cdot (x+3)^2 \cdot (x-1)}{x^4 \cdot (x+3)^3 \cdot (x+2)}$ den Pol 0 der Ordnung 3, den Pol -3 der Ordnung 1 und den Pol -2 der Ordnung 1.

Zusammenstellung der Beispiele 12, 13 und 14:

	$\frac{(x+2)^2 \cdot (x-1) \cdot (x+1)}{(x+2)^2 \cdot x^2}$	$\frac{x^4}{x^3 \cdot (x^2+1)}$	$\frac{x^2 \cdot (x-2) \cdot (x^2+2x+4)}{4x^3}$
Nullstellen	1 von der Ordnung 1 -1 von der Ordnung 1	—	2 von der Ordnung 1
hebbare Definitionslücken	-2	0	—
Pole	0 von der Ordnung 2	—	0 von der Ordnung 1

Zusammenfassung: Untersuchung rationaler Funktionen
Alle schon bei den ganzrationalen Funktionen geführten Untersuchungen sind auch bei den rationalen Funktionen vorzunehmen. Zusätzlich sind alle hebbaren Definitionslücken und Pole sowie die Asymptote zu bestimmen. Eine zweckmäßige, aber nicht notwendige Reihenfolge des Vorgehens ist z. B.:

1. hebbare Definitionslücken, Pole, Nullstellen
2. Schnittpunkt mit der y-Achse: $(0; f(0))$
3. Achsensymmetrie zur y-Achse, Punktsymmetrie zum Ursprung
4. Asymptoten
5. Extrempunkte
6. Wendepunkte, insbesondere Sattelpunkte
7. evtl. zusätzliche Berechnung einiger Funktionswerte
8. Zeichnung von f

Beispiel 15: Untersuchung der Funktion aus Beispiel 12:

$$f\colon x \to \frac{x^4+4x^3+3x^2-4x-4}{x^4+4x^3+4x^2} = \frac{(x+2)^2\cdot(x-1)\cdot(x+1)}{(x+2)^2\cdot x^2}; \quad x \in \mathbb{R}^*\setminus\{-2\}.$$

1. -2 ist eine hebbare Definitionslücke, denn die Funktion

$$f_{-2}\colon x \to \frac{(x-1)\cdot(x+1)}{x^2} = \frac{x^2-1}{x^2}; \; x \in \mathbb{R}^*$$

stimmt auf $\mathbb{R}^*\setminus\{-2\}$ mit f überein und ist bei -2 stetig mit dem Funktionswert $f_{-2}(-2)=\frac{3}{4}$.
0 ist ein Pol der Ordnung 2; die y-Achse ($x=0$) ist Polgerade.
1 und -1 sind Nullstellen, beide von der Ordnung 1.

2. Die y-Achse wird nicht geschnitten, da $0 \notin D_f$.

Zur Vereinfachung untersuchen wir im folgenden die Funktion f_{-2}.

3. f_{-2} ist achsensymmetrisch: $f_{-2}(-x) = \dfrac{(-x)^2-1}{(-x)^2} = \dfrac{x^2-1}{x^2} = f_{-2}(x)$ für alle $x \in \mathbb{R}^*$.

4. $f_{-2}(x) = \dfrac{x^2-1}{x^2} = 1 - \dfrac{1}{x^2} = g(x) + h(x)$ mit der ganzrationalen Funktion $g\colon x \to 1$ und der echt gebrochenrationalen Funktion $h\colon x \to \dfrac{-1}{x^2}$.
Die konstante Funktion $g\colon x \to 1$ ist daher Asymptote.

5. $f'_{-2}(x) = 0 + \dfrac{2}{x^3}$. Da f'_{-2} keine Nullstellen hat, hat f_{-2} keine Extrema.

6. $f''_{-2}(x) = \dfrac{-6}{x^4}$. Da f''_{-2} keine Nullstellen hat, hat f_{-2} keine Wendepunkte.

7. Da weder Extrem- noch Wendepunkte vorhanden sind, werden zusätzlich einige Funktionswerte ermittelt: $f_{-2}(-\frac{1}{2}) = f_{-2}(\frac{1}{2}) = -3$, $f_{-2}(-2) = f_{-2}(2) = \frac{3}{4}$, $f_{-2}(-3) = f_{-2}(3) = \frac{8}{9}$.

8.

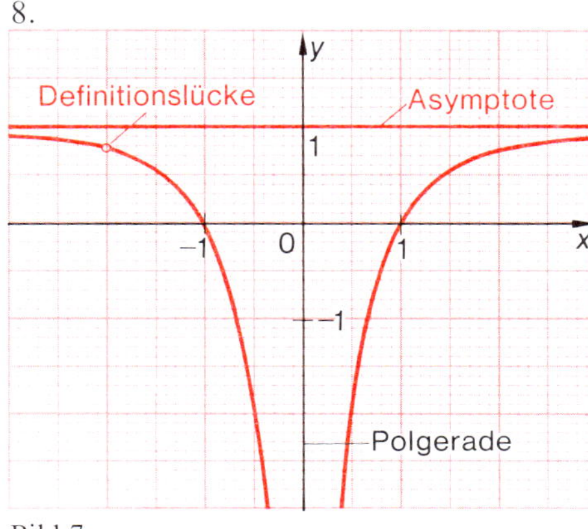

Bild 7

Aufgaben

33. Bestimmen Sie alle Nullstellen und deren Ordnungen, alle hebbaren Definitionslücken sowie alle Pole und deren Ordnungen für die rationalen Funktionen aus Aufgabe 15, Seite 35.

34. Führen Sie eine vollständige Funktionsuntersuchung für die Funktionen aus Aufgabe 15, Seite 35 durch.

35. Wenn die Voraussetzungen des Satzes 10 von Seite 72 erfüllt sind, folgt aus $f'(a)=0$ und $f''(a)\neq 0$, daß f an der Stelle a ein inneres Extremum hat. Zeigen Sie: Ist f eine Quotientenfunktion $f=\frac{g}{h}$, so kann hierin die Bedingung $f''(a)\neq 0$ durch die einfachere (wieso?) Bedingung $(g''\cdot h-g\cdot h'')(a)\neq 0$ ersetzt werden.

36. Durch $f_a\colon x\to\frac{a}{x}+x+1$ mit $a\in\mathbb{R}^*$ sind unendlich viele rationale Funktionen gegeben. Man nennt f_a eine vom Parameter a abhängige **Funktionsschar.**
Untersuchen Sie diese Funktionsschar. Geben Sie insbesondere an, wie groß für verschiedene Werte des Parameters a die Zahl der Nullstellen, Extrem- und Wendepunkte von f_a ist.
Zeichnen Sie f_a für $a=4,\ 1,\ \frac{1}{4},\ \frac{1}{8},\ -\frac{3}{4},\ -\frac{15}{4}$ in *einem* Koordinatensystem.
Welche Kurve wird von den Extrempunkten durchlaufen, wenn a die Menge $\mathbb{R}^*$ durchläuft?

37. Untersuchen Sie die Funktionsschar $f_a\colon x\to\dfrac{ax}{ax^2+1}$ mit $a\in\mathbb{R}_+^*$.
(Zeichnung für $a=16,\ 4,\ 1.$) Auf welcher Kurve liegen die Extrempunkte, auf welcher die Wendepunkte?

38. a) Zeichnen Sie die Funktionen $x\to x^{-n}$ für $n=1,\ 2,\ 3,\ 4,\ 5$.
b) Was wird unter der Formulierung „Die Stelle 0 ist ein Pol **mit** bzw. **ohne Zeichenwechsel.**“ zu verstehen sein?
c) Wie kann man aus der Polordnung ersehen, ob ein Pol mit oder ohne Zeichenwechsel vorliegt?

5.5 Extremwertprobleme

Beispiel 16 (Die Maße eines Sportplatzes): Eine 400-m-Laufbahn besteht aus zwei parallelen Strecken (jede von der Länge l) und zwei angesetzten Halbkreisen (Radius r). Wie groß müssen l und r gewählt werden, wenn die Rechtecksfläche, das Spielfeld, möglichst groß werden soll?

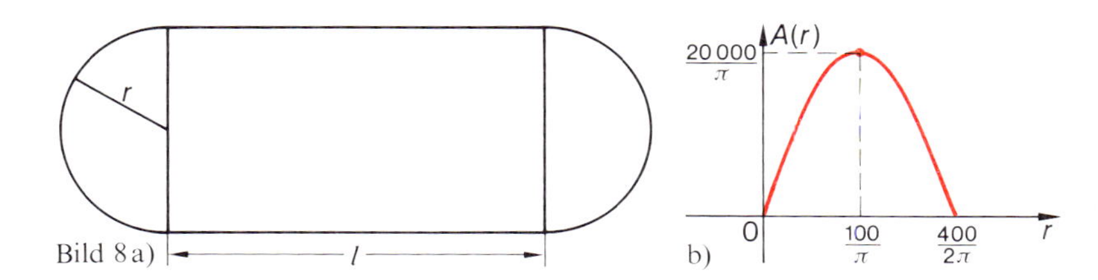

Bild 8a) b)

Der Flächeninhalt beträgt $A = l \cdot (2r)$ und ist somit eine **Funktion der beiden Variablen** l und r. Nun können l und r aber nicht unabhängig voneinander frei gewählt werden, sondern sind aufgrund der Aufgabenstellung durch eine **Nebenbedingung** miteinander verknüpft:

$$2 \cdot l + 2 \cdot \pi r = 400 \quad \text{oder} \quad l = 200 - \pi r$$

Einsetzung ergibt $A = (200 - \pi r) \cdot 2r = 400r - 2\pi r^2$. Jetzt ist A nur noch **Funktion der einen Variablen** r. Aufgabe ist es, das Maximum der Funktion

$$A\colon\ r \rightarrow A(r) = 400r - 2\pi r^2$$

zu bestimmen. Wir nennen A die **Zielfunktion** des Problems.
Wir gestatten uns hier und auch künftig eine ungenaue Bezeichnungsweise: Einerseits bezeichnet A den Flächeninhalt, andererseits die Flächeninhaltsfunktion.
Die Definitionsmenge des Terms $A(r)$ ist $\mathbb{R}$. Für die Problemstellung sind jedoch nur positive Radien sinnvoll. Wegen der Ungleichung $2\pi r < 400$ ist der Radius r aber auch nach oben beschränkt. Aufgrund der Problemstellung erhalten wir so das offene Intervall $]0; \frac{400}{2\pi}[$ als Definitionsmenge der Zielfunktion A.
An den Randpunkten dieses Intervalls gilt:
links: $r = 0$ $\quad l = 200 \quad A = 0$ Der Sportplatz entartet zu einer Doppelstrecke.
rechts: $r = \frac{400}{2\pi}$ $\quad l = 0 \quad A = 0$ Der Sportplatz entartet zu einem Vollkreis.
Wir wollen in solchen Fällen die Randpunkte vorläufig mit in die Definitionsmenge der Funktion aufnehmen, also die Funktion

$$A\colon\ r \rightarrow 400r - 2\pi r^2;\ r \in [0; \tfrac{400}{2\pi}]$$

untersuchen. Denn dann sind wir nach Satz 2 von Seite 60 sicher, daß die Funktion in dem *abgeschlossenen* Intervall sowohl ein globales Maximum als auch ein globales Minimum besitzt, sofern sie stetig ist. Letzteres ist hier erfüllt. Die *Existenz* der gesuchten Extrema ist dann bereits gesichert, wir brauchen sie nur noch zu finden.
In diesem Beispiel wird das globale Minimum $A = 0$ sowohl am linken als auch am rechten Intervallrand angenommen. Das globale Maximum muß also im Intervallinnern liegen und kann durch Differenzieren gefunden werden.

Nun der Rechengang: Aus $A'(r) = 400 - 4\pi r = 0$ folgt $r = \frac{100}{\pi} \approx 31{,}8$.

Hieraus und weil $A''(r) = -4\pi < 0$ ist, folgt, daß A an der Stelle $\frac{100}{\pi}$, die in der Mitte des Definitionsintervalls liegt, ein lokales Maximum hat. Nach der obigen Bemerkung ist es zugleich globales Maximum.

Aus $r = \frac{100}{\pi}$ folgt $l = 100$ und $A = \frac{20000}{\pi} \approx 6366$. Bild 8.b zeigt die Zielfunktion.

Ergebnis: Das rechteckige Spielfeld wird möglichst groß, wenn $r = 31{,}8$ m und $l = 100$ m gewählt werden. Es hat dann den maximalen Flächeninhalt 6366 m^2.

In der Tat sind dies die Maße üblicher Sportplätze: An der Längsseite befindet sich die 100-m-Laufbahn, und die Aschenbahn (Umfang) hat die Gesamtlänge von 400 m.

Anmerkung: Da in diesem Beispiel die Zielfunktion A sehr einfach, nämlich quadratisch ist, hätten wir das Maximum auch ohne Differentialrechnung mit Hilfe quadratischer Ergänzung finden können:

$$A(r) = 400r - 2\pi r^2 = -2\pi\left(r^2 - \frac{200}{\pi}r\right) = -2\pi\left(r^2 - \frac{200}{\pi}r + \frac{10\,000}{\pi^2}\right) + 2\pi \cdot \frac{10\,000}{\pi^2}$$

$$= \frac{20\,000}{\pi} - 2\pi\left(r - \frac{100}{\pi}\right)^2$$

Hieraus liest man ab: Der Term $A(r)$ wird maximal, wenn der Subtrahend möglichst klein wird.
Für $r = \frac{100}{\pi}$ ist er möglichst klein, nämlich gleich 0. Dann gilt $A(r) = \frac{20000}{\pi}$.
Also nimmt A für $r = \frac{100}{\pi}$ den größten Wert $\frac{20000}{\pi}$ an.

Beispiel 17: Einem gleichseitigen Dreieck der Seitenlänge a soll nach Bild 9.a ein Rechteck so einbeschrieben werden, daß dessen Umfang u extremal wird.

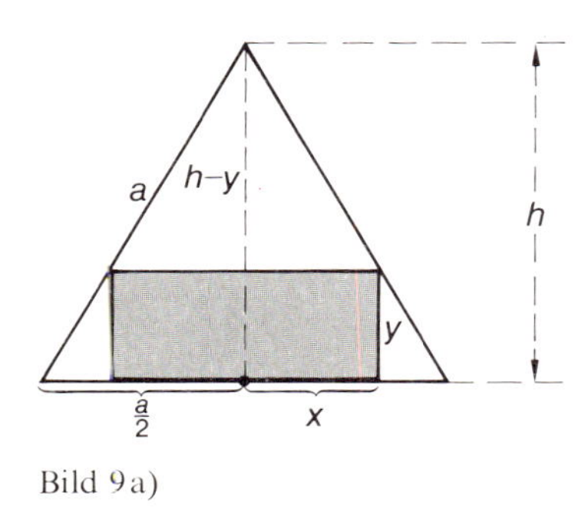

Bild 9a)

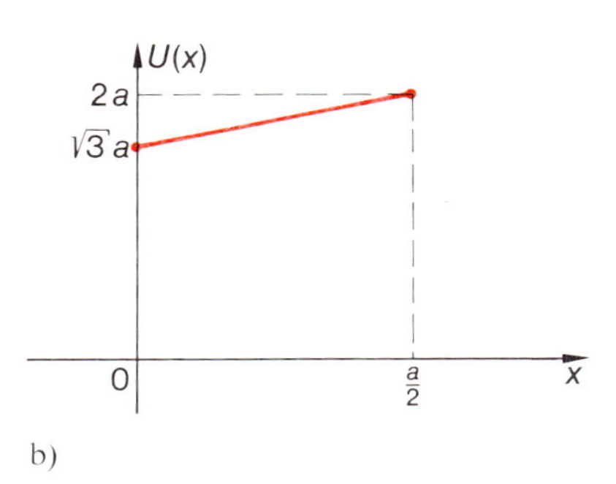

b)

Nach Einführung der Größen x und y gemäß Bild 9.a erhält man:

(1) $u = 4x + 2y$	u als Funktion zweier Variablen x und y
(2) $h : \frac{a}{2} = (h-y) : x$ mit $h = \frac{a}{2}\sqrt{3}$	Der Strahlensatz liefert diese Nebenbedingung.
(3) $u(x) = a \cdot \sqrt{3} + 4x - 2\sqrt{3} \cdot x$	Einsetzung von (2) in (1); u als Funktion einer Variablen x und des Parameters a; Definitionsmenge $[0; \frac{a}{2}]$
(4) $u'(x) = 4 - 2\sqrt{3}$	Die Ableitung ist konstant und ungleich 0. u ist eine lineare Funktion von x mit positiver Steigung. Die Extrema liegen daher am Rande der Definitionsmenge $[0; \frac{a}{2}]$.
$x = 0 \quad y = h \quad u = a\sqrt{3}$	Der Umfang entartet zu einer Doppelhöhe.
$x = \frac{a}{2} \quad y = 0 \quad u = 2a$	Der Umfang entartet zu einer Doppelbasis.

Bild 9.b zeigt die Zielfunktion. Die Extrema liegen am Rande:
globales Minimum: $u(0) = a\sqrt{3}$; globales Maximum: $u(\frac{a}{2}) = 2a$.

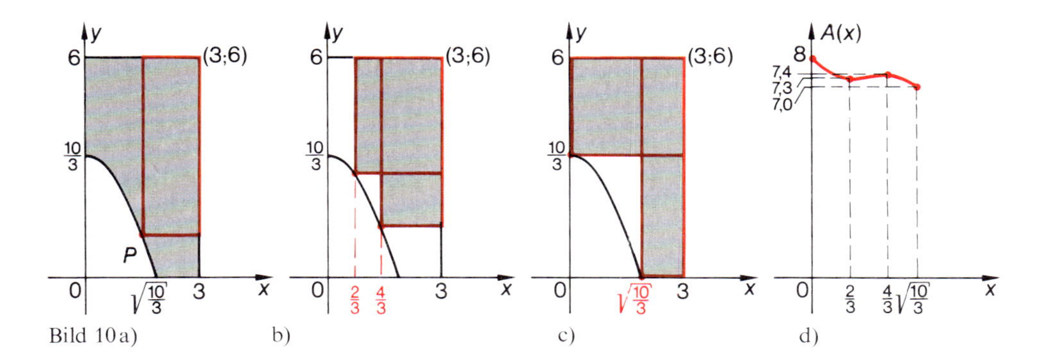

Bild 10 a) b) c) d)

Beispiel 18: Die graue Fläche (Bild 10. a) wird begrenzt durch die x- und die y-Achse, durch zwei Achsenparallelen durch den Punkt (3; 6) und durch einen Bogen der Parabel $y=\frac{10}{3}-x^2$. In diese Fläche soll ein achsenparalleles Rechteck so einbeschrieben werden, daß (3; 6) ein Eckpunkt ist und ein weiterer Eckpunkt $P=(x;\ y)$ auf der Parabel liegt. Wie sind die Koordinaten von P zu wählen, wenn der Rechtecksinhalt möglichst groß (bzw. klein) werden soll?

Diese Aufgabe wird gelegentlich auch so interpretiert: Die graue Fläche stellt den Rest einer längs der Parabel zersprungenen rechteckigen Glasscheibe dar. Aus diesem Rest soll eine möglichst große rechteckige Glasscheibe herausgeschnitten werden.

Flächeninhalt des Rechtecks: $A(x, y)=(3-x)\cdot(6-y)$

Da die Parabel die x-Achse bei $\sqrt{\frac{10}{3}}$ und die y-Achse bei $\frac{10}{3}$ schneidet, gelten die Einschränkungen $0 \leq x \leq \sqrt{\frac{10}{3}}$ und $0 \leq y \leq \frac{10}{3}$.

Wir stellen A als Funktion nur einer Variablen dar:

$$A(x)=(3-x)\cdot(6-\tfrac{10}{3}+x^2)=(3-x)\cdot(\tfrac{8}{3}+x^2)=8+3x^2-\tfrac{8}{3}x-x^3$$

Die das Problem beschreibende Funktion lautet also:

$$A: x \to -x^3+3x^2-\tfrac{8}{3}x+8; \quad x \in [0; \sqrt{\tfrac{10}{3}}]$$
$$A'(x)=-3x^2+6x-\tfrac{8}{3}$$
$$x^2-2x+\tfrac{8}{9}=0$$

Diese quadratische Gleichung hat die beiden Lösungen $x_1=\frac{2}{3}$ und $x_2=\frac{4}{3}$.

Die zugehörigen Ordinaten sind $y_1=\frac{26}{9}$ und $y_2=\frac{14}{9}$.

Die zugehörigen Flächeninhalte sind $A_1=\frac{196}{27}$ und $A_2=\frac{200}{27}$.

$$A''(x)=-6x+6=6\cdot(1-x)$$
$$A''(\tfrac{2}{3})=2>0, \quad A''(\tfrac{4}{3})=-2<0$$

An der Stelle $\frac{2}{3}$ hat A ein lokales Minimum $\frac{196}{27} \approx 7{,}259$.

An der Stelle $\frac{4}{3}$ hat A ein lokales Maximum $\frac{200}{27} \approx 7{,}407$.

Hieraus darf nun aber nicht der voreilige Schluß gezogen werden, daß das Rechteck mit maximalem (minimalem) Inhalt so liegt wie in Bild 10. b.

Bisher sind nämlich nur die inneren Extrema von A in $[0; \sqrt{\frac{10}{3}}]$ gefunden worden. Als stetige Funktion hat A in dem abgeschlossenen Intervall ein globales Maximum (Minimum). Wenn es im Intervallinnern liegt, stimmt es mit dem schon gefundenen lokalen Maximum (Minimum) überein. Es kann aber auch am Rande des Intervalls liegen.

Daher müssen die inneren Extrema mit den Funktionswerten am Intervallrand verglichen werden. Man begeht leicht Fehler, wenn man diese letzte, meist triviale Untersuchung vergißt.

Funktionswerte am Rande:

$$A(0) = (3-0) \cdot (\tfrac{8}{3}+0) = 8$$

$$A(\sqrt{\tfrac{10}{3}}) = (3-\sqrt{\tfrac{10}{3}}) \cdot (\tfrac{8}{3}+\tfrac{10}{3}) = 6 \cdot (3-\sqrt{\tfrac{10}{3}}) \approx 7{,}046$$

Aus $A(0) = 8 > 7{,}407 \approx A(\frac{4}{3})$ und $A(\sqrt{\frac{10}{3}}) \approx 7{,}046 < 7{,}259 \approx A(\frac{2}{3})$ folgt:
A hat ein globales Randmaximum $A(0) = 8$ und ein globales Randminimum $A(\sqrt{\frac{10}{3}}) \approx 7{,}046$. Die gesuchten Rechtecke liegen wie in Bild 10.c. Bild 10.d zeigt die Funktion A.

Beispiel 19: Welcher Punkt $P = (x; y)$ der Parabel $y = \frac{1}{2}x^2$ hat von dem fest vorgegebenen Punkt $A = (0; a)$ der y-Achse die kleinste Entfernung e? (Bild 11).
An diesem Beispiel soll erstens gezeigt werden, daß ein Lösungsweg Fallunterscheidungen verlangen kann, die Sie bei ähnlichen Problemen dann jeweils selbst zweckmäßig vornehmen müssen. Und zweitens soll demonstriert werden, daß der zunächst sich anbietende Lösungsweg in mancherlei Hinsicht vereinfacht werden kann.

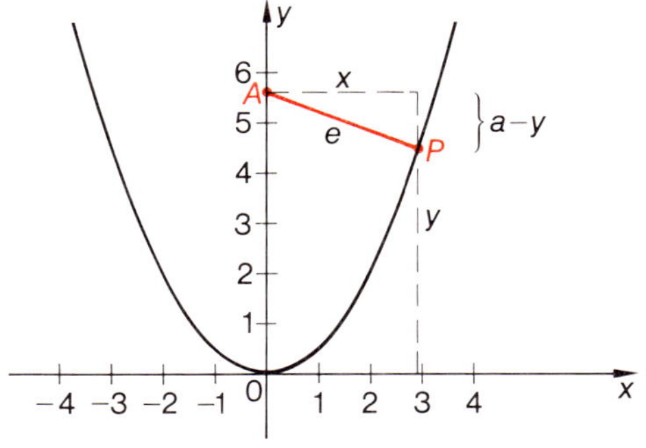

Bild 11

Die erste Fallunterscheidung drängt sich sofort auf: Falls $a \leq 0$ ist, hat natürlich von allen Parabelpunkten der Scheitel $(0; 0)$ die kleinste Entfernung vom Punkt A, und diese ist dann $e = |a|$. Wir brauchen also nur noch den Fall $a > 0$ zu untersuchen.
Nach dem Satz des Pythagoras ist $e = \sqrt{x^2 + (a-y)^2}$.
e ist Funktion der beiden Variablen x und y.
Die Nebenbedingung ist $y = \frac{1}{2}x^2$, denn P soll auf der Parabel liegen.
Es folgt $e(x) = \sqrt{x^2 + (a - \frac{1}{2}x^2)^2}$.
e ist jetzt nur noch Funktion der einen Variablen x.
Die für das Problem sinnvolle Definitionsmenge ist $\mathbb{R}$. Innere Extrema liegen höchstens an den Stellen x, für die $e'(x) = 0$ gilt:

$$e'(x) = \frac{2x + 2 \cdot (a - \frac{1}{2}x^2) \cdot (-x)}{2 \cdot \sqrt{x^2 + (a - \frac{1}{2}x^2)^2}} = \frac{x \cdot (1 - a + \frac{1}{2}x^2)}{\sqrt{x^2 + (a - \frac{1}{2}x^2)^2}} = 0$$

$$\Leftrightarrow x \cdot (1 - a + \tfrac{1}{2}x^2) = 0$$

$$\Leftrightarrow x = 0 \ \vee \ x = \sqrt{2 \cdot (a-1)} \ \vee \ x = -\sqrt{2 \cdot (a-1)}$$

Im Falle $0 < a < 1$ existieren die beiden letzten Wurzeln nicht, so daß $x = 0$ die einzige Lösung von $e'(x) = 0$ ist. Und dies gilt auch im Falle $a = 1$; denn dann sind alle drei Lösungen gleich 0.
Um zu entscheiden, ob bei $x = 0$ wirklich ein Extremum liegt, könnte man prüfen, ob $e''(0) \neq 0$ ist. Das Bilden der 2. Ableitung wird aber viel zu aufwendig. Vermeiden Sie es in solchen Fällen nach Möglichkeit und schließen Sie besser so:
Der Nenner von $e'(x)$ ist stets positiv. Der Faktor $1 - a + \frac{1}{2}x^2$ im Zähler von $e'(x)$ ist im Falle $0 < a \leq 1$ nie negativ. Daher hängt das Vorzeichen von $e'(x)$ allein vom 1. Faktor x des Zählers ab, also:

$$e'(x) < 0 \text{ für } x < 0, \qquad e'(0) = 0, \qquad e'(x) > 0 \text{ für } x > 0.$$

Also liegt nach Satz 9 von Seite 71 an der Stelle 0 ein Minimum von e. Es ist $e(0) = a$.

Ergebnis 1: Sowohl im Falle $a \leq 0$ als auch im Falle $0 < a \leq 1$ hat von allen Parabelpunkten der Scheitelpunkt $(0; 0)$ die kleinste Entfernung $e = |a|$ vom Punkte $A = (0; a)$.

Es bleibt der Fall $a > 1$ zu untersuchen. Der Nenner von $e'(x)$ ist nach wie vor positiv. Doch kann der Faktor $1 - a + \frac{1}{2}x^2$ des Zählers jetzt auch negativ werden. Daher sind mehrere Unterfälle zu unterscheiden:

	x	$1-a+\frac{1}{2}x^2$	$e'(x)$	Satz 9 ergibt
$x < -\sqrt{2(a-1)}$	<0	>0	<0	
$x = -\sqrt{2(a-1)}$	<0	$=0$	$=0$	$\Rightarrow$ Min. $e(-\sqrt{2(a-1)}) = \sqrt{2a-1}$
$-\sqrt{2(a-1)} < x < 0$	<0	<0	>0	
$x = 0$	$=0$	<0	$=0$	$\Rightarrow$ Max. $e(0) = a$
$0 < x < \sqrt{2(a-1)}$	>0	<0	<0	
$x = \sqrt{2(a-1)}$	>0	$=0$	$=0$	$\Rightarrow$ Min. $e(\sqrt{2(a-1)}) = \sqrt{2a-1}$
$x > \sqrt{2(a-1)}$	>0	>0	>0	

Ergebnis 2: Im Falle $a > 1$ möge ein Punkt $P = (x; \frac{1}{2}x^2)$ eine Wanderung auf der Parabel links oben beginnen. Zunächst sind die Abstände e vom Punkt $A = (0; a)$ sehr groß. Sie nehmen ab und erreichen im Punkt $P_{\min} = (-\sqrt{2(a-1)}; a-1)$ das globale Minimum $e_{\min} = \sqrt{2a-1}$. Danach werden die Abstände e wieder größer und erreichen im Punkte $(0; 0)$ ein lokales Maximum $e_{\max} = a$. Wandert P jetzt auf dem rechten Parabelast wieder aufwärts, so nehmen die Abstände e wieder ab und erreichen im Punkte $(\sqrt{2(a-1)}; a-1)$ das gleiche globale Minimum $e_{\min} = \sqrt{2a-1}$ wie zuvor. Von jetzt ab wachsen die Abstände e unbeschränkt und übertreffen bald das lokale Maximum a.

Damit ist zwar das Problem gelöst, aber es bleiben Verbesserungen nachzutragen:

Verbesserung 1: Die Funktion e ist für alle $x \in \mathbb{R}$ nicht-negativ und im Falle $a \neq 0$ sogar positiv. Man führt die Hilfsfunktion $E = e^2$ ein. E und e haben an den gleichen Stellen innere Maxima und Minima. Statt die Extremstellen von e zu bestimmen, bestimmt man die von E. Das ist einfacher:

$$E(x) = x^2 + (a - \tfrac{1}{2}x^2)^2$$

$$E'(x) = 2x + 2 \cdot (a - \tfrac{1}{2}x^2) \cdot (-x) = 2x \cdot (1 - a + \tfrac{1}{2}x^2) = 0$$

Man ist also die lästige Wurzel los und kommt schneller auf die wesentliche Gleichung $2x \cdot (1 - a + \frac{1}{2}x^2) = 0$, die wie oben zu untersuchen ist.
Dieses Verfahren ist in vielen Fällen selbst dann anzuraten, wenn anders als hier die eigentlich zu untersuchende Funktion f auch negative Werte annimmt. Es muß dann allerdings beachtet werden, daß aus einem negativen Maximum (Minimum) von f ein positives Minimum (Maximum) von f^2 wird und daß f^2 an den Nullstellen von f selbst dann Minima aufweist, wenn f diese nicht hat (Bild 12, Seite 100).

Verbesserung 2: Die Extremstellen der Funktion E kann man ohne Differentialrechnung viel einfacher bestimmen:

$$E(x) = x^2 + (a - \tfrac{1}{2}x^2)^2 = x^2 + a^2 - ax^2 + \tfrac{1}{4}x^4 = \tfrac{1}{4}x^4 + (1-a)x^2 + a^2$$

Falls $1 - a \geq 0$, also $a \leq 1$ gilt, ist $\frac{1}{4}x^4 + (1-a)x^2 \geq 0$ für alle $x \in \mathbb{R}$, also ist $E(0) = e^2(0) = a^2$ das kleinste Entfernungsquadrat.
Damit haben wir Ergebnis 1 wiedergewonnen.

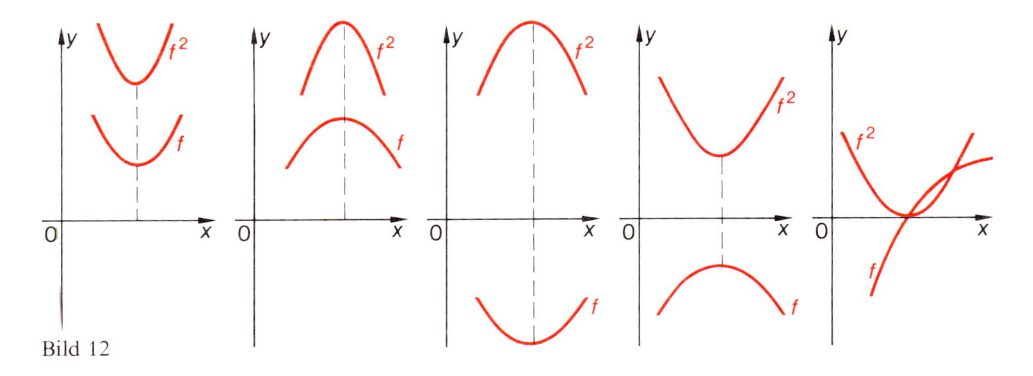

Bild 12

Im Falle $a>1$ addieren und subtrahieren wir die quadratische Ergänzung:

$$\begin{aligned} E(x) &= \tfrac{1}{4}x^4 + (1-a)x^2 + a^2 \\ &= [\tfrac{1}{4}x^4 - (a-1)x^2 + (a-1)^2] + [a^2 - (a-1)^2] \\ &= [\tfrac{1}{2}x^2 - (a-1)]^2 + (2a-1) \end{aligned}$$

Also wird $E(x)$ minimal, und zwar gleich $2a-1$, wenn $\frac{1}{2}x^2-(a-1)=0$ gilt, d.h. für

$$x = \sqrt{2(a-1)} \quad \text{oder} \quad x = -\sqrt{2(a-1)}.$$

Die zugehörige Ordinate ist in beiden Fällen gleich $y=\frac{1}{2}x^2=a-1$, und die Minimalentfernung beträgt $e_{\min}=\sqrt{2a-1}$.

Damit haben wir Ergebnis 2 wiedergewonnen.
Die Mühe, die die Aufstellung der Tabelle von Seite 99 macht, konnte bei diesem Vorgehen eingespart werden. Überlegen Sie also, ob die zu untersuchende Funktion so einfach ist, daß Sie Extremstellen auch ohne Differentialrechnung finden können. Es lohnt sich, stets bewußt nach Vereinfachungen Ausschau zu halten. Ein Lösungsverfahren sollte nie mechanisch angewandt werden.

Verbesserung 3: Sowohl die Problemstellung als auch der Term $e(x)$ zeigen die Symmetrie zur y-Achse: $e(-x)=e(x)$ für alle $x\in\mathbb{R}$.
Daher kann man die Untersuchung von vornherein auf alle $x\in\mathbb{R}_+$ beschränken. Diese Vereinfachung wirkt sich hier jedoch kaum aus. Dennoch sollten Sie grundsätzlich auf Symmetrien achten.

Beispiel 20: Zwei punktförmige Körper K_1 und K_2 gleicher Masse M befinden sich im Abstand $2d$ voneinander. Auf der Mittelsenkrechten von K_1K_2 befindet sich im Abstand a von ihr ein dritter punktförmiger Körper K_3 der Masse m. Welche Gravitationskraft $\vec{F}$ wird von K_1 und K_2 auf K_3 ausgeübt? Kann man a so wählen, daß der Betrag der Kraft extremal wird?

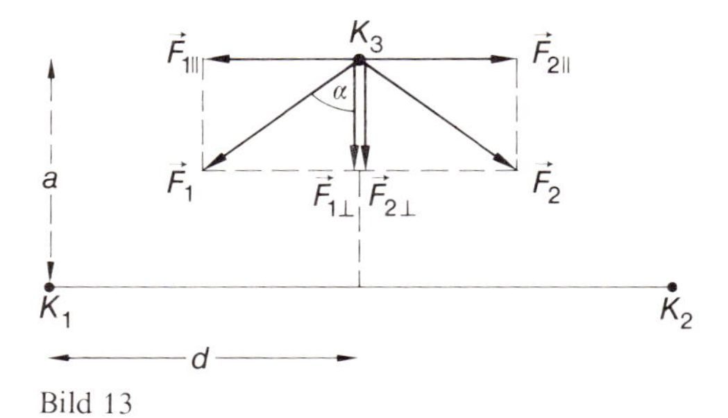

Bild 13

Nach dem Gravitationsgesetz wirkt zwischen K_1 und K_3 eine Kraft $\vec{F_1}$ vom Betrage $G\cdot\dfrac{mM}{r^2}$, wobei G die Gravitationskonstante und $r=\sqrt{d^2+a^2}$ die Entfernung zwischen K_1 und K_3 ist. Entsprechendes gilt für die Kraft $\vec{F_2}$ zwischen K_2 und K_3. Beide Kräfte werden vektoriell addiert. Die Parallelkomponenten heben einander auf. Die resultierende Kraft $\vec{F}$ hat die Richtung der Mittelsenkrechten und die Größe

$$F = F_{1\perp} + F_{2\perp} = 2F_{1\perp} = 2F_1 \cos\alpha = 2F_1 \cdot \frac{a}{\sqrt{d^2+a^2}} = 2GmM \cdot a \cdot (d^2+a^2)^{-\frac{3}{2}}.$$

Damit ist die Kraftfunktion $F: a \to F(a)$ gefunden. Das Vorzeichen von a gibt die Richtung der Kraft an: Für $a > 0$ ist sie wie in Bild 13 nach unten gerichtet, für $a < 0$ ist sie nach oben gerichtet. Die physikalisch sinnvolle Definitionsmenge von F ist $\mathbb{R}$. Jedoch ist F wegen $F(-a) = -F(a)$ eine punktsymmetrische Funktion, so daß wir die Untersuchung auf $\mathbb{R}_+$ beschränken können.

Die einzige Nullstelle von F ist $a = 0$. Es treten nur die beiden Parallelkomponenten auf, die einander aufheben. Damit ist bereits das globale Minimum des Betrages $|F|$ gefunden.

Für $a \neq 0$ ist $F \neq 0$. Anschaulich ist klar, daß für sehr große Abstände a des Körpers K_3 von der Strecke K_1K_2 die auf K_3 ausgeübte Kraft nahezu gleich 0 ist. Aus $F(0) = 0$ und $F(a) \approx 0$ für sehr große Werte von a erwächst die Vermutung, daß es eine Stelle $a_{max} > 0$ gibt, so daß $|F|$ maximal wird. Wir berechnen a_{max}.

Statt die Funktion F selbst zu differenzieren, führt man die Hilfsfunktion F^2 ein. Wegen $F(a) > 0$ für $a > 0$ haben F^2 und F in $\mathbb{R}_+^*$ an den gleichen Stellen innere Maxima und Minima. In F^2 tritt die lästige Wurzel nicht mehr auf:

$$F^2(a) = 4G^2m^2M^2 \frac{a^2}{(d^2+a^2)^3}$$

Der konstante Faktor $4G^2m^2M^2$ ist positiv. Daher haben F, F^2 und die Hilfsfunktion $H = \frac{F^2}{4G^2m^2M^2}$ an den gleichen Stellen in $\mathbb{R}_+^*$ innere Maxima und Minima. Selbst wenn jener Faktor negativ wäre, wäre die Einführung von H zweckmäßig. Nur muß dann beachtet werden, daß aus einem Maximum (Minimum) von F^2 ein Minimum (Maximum) von H wird.

Wir betrachten also statt F die Hilfsfunktion H mit $H(a) = \frac{a^2}{(d^2+a^2)^3}$.

Innere Extrema liegen höchstens an den Stellen a, für die $H'(a) = 0$ gilt.

$$H'(a) = \frac{2a \cdot (d^2+a^2)^3 - a^2 \cdot 3 \cdot (d^2+a^2)^2 \cdot 2a}{(d^2+a^2)^6} = \frac{2a \cdot (d^2-2a^2)}{(d^2+a^2)^4} = 0$$

$$\Leftrightarrow 2a \cdot (d^2 - 2a^2) = 0$$

$$\Leftrightarrow a = 0 \lor a = \tfrac{d}{2}\sqrt{2} \lor a = -\tfrac{d}{2}\sqrt{2}$$

Die Nullstellen 0 und $-\frac{d}{2}\sqrt{2}$ liegen nicht im Untersuchungsbereich $\mathbb{R}_+^*$. Um zu entscheiden, ob bei $a = \frac{d}{2}\sqrt{2}$ ein Extremum liegt, könnte man die 2. Ableitung bilden. Einfacher ist wieder folgende Überlegung: Der Nenner von H und der 1. Faktor $2a$ des Zählers sind in $\mathbb{R}_+^*$ stets positiv. Das Vorzeichen von H' hängt also allein vom 2. Faktor $d^2 - 2a^2$ ab:

$$H'(a) > 0 \text{ für } 0 < a < \tfrac{d}{2}\sqrt{2} \qquad H'(\tfrac{d}{2}\sqrt{2}) = 0 \qquad H'(a) < 0 \text{ für } a > \tfrac{d}{2}\sqrt{2}.$$

Nach Satz 9 von Seite 71 hat H daher bei $a_{max} = \frac{d}{2}\sqrt{2}$ ein inneres Maximum, und gleiches gilt dann für F. Es ist

$$F(a_{max}) = 2GmM \cdot \tfrac{d}{2}\sqrt{2} \cdot \left(d^2 + \frac{d^2}{2}\right)^{-\frac{3}{2}} = \frac{4\sqrt{3}GmM}{9d^2}.$$

Ergebnis: $|F|$ hat an der Stelle $a=0$ das globale Minimum $|F|=0$ und an den Stellen $a=\frac{d}{2}\sqrt{2}$ und $a=-\frac{d}{2}\sqrt{2}$ das globale Maximum $|F|=\frac{4\sqrt{3}GmM}{9d^2}$. (Bild 14)

Bestätigen Sie, daß der Wendepunkt W von F an der in Bild 14 angegebenen Stelle liegt.

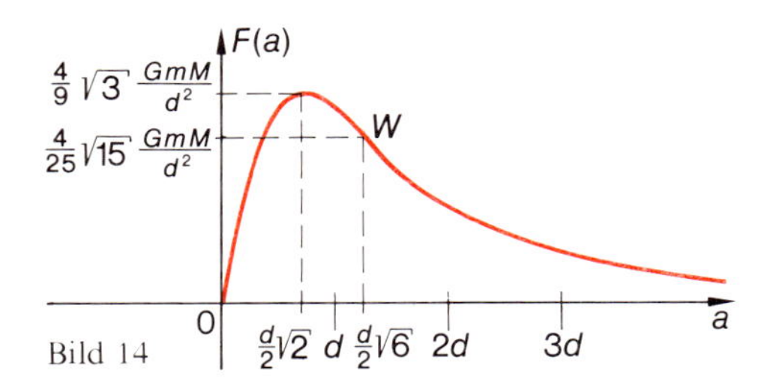

Bild 14

Bemerkung 1: Wegen der Punktsymmetrie zum Ursprung hat F selbst (anders als $|F|$) an der Stelle $a=-\frac{d}{2}\sqrt{2}$ natürlich ein Minimum. Dies wurde beim Quadrieren zu einem Maximum von H.

An der Stelle $a=0$ hat H wegen

$$H'(a)<0 \text{ für } -\tfrac{d}{2}\sqrt{2}<a<0 \qquad H'(0)=0 \qquad H'(a)>0 \text{ für } 0<a<\tfrac{d}{2}\sqrt{2}$$

ein Minimum, das bei F selbst aber nicht auftritt. Denn es ist

$$F(a)<0 \text{ für } a<0 \qquad F(0)=0 \qquad F(a)>0 \text{ für } a>0.$$

Die Nullstelle von F bei 0 ist beim Quadrieren zu einem Minimum von H geworden.

Bemerkung 2: Für $a \ll d$ (a sehr viel kleiner als d) kann der Summand a^2 im Nenner von F gegenüber d^2 vernachlässigt werden. Die Kraft F erfüllt dann näherungsweise die Gleichung $F(a)=\frac{2GmM}{d^3}\cdot a$, ist also linear. Da die Kraft F ferner rücktreibend ist, führt der Körper K_3 in der Nähe der Achse K_1K_2 ($a \ll d$) harmonische Schwingungen aus (vgl. Leistungskurs Analysis 2).

Beispiel 21: Nach dem Fermatschen Prinzip nimmt ein Lichtstrahl zwischen zwei Punkten P und Q denjenigen Weg, für den er die geringste Zeit benötigt. Daher breitet sich das Licht innerhalb *eines* Mediums geradlinig aus. Wir leiten aufgrund dieser Theorie das Brechungsgesetz her (Bild 15).

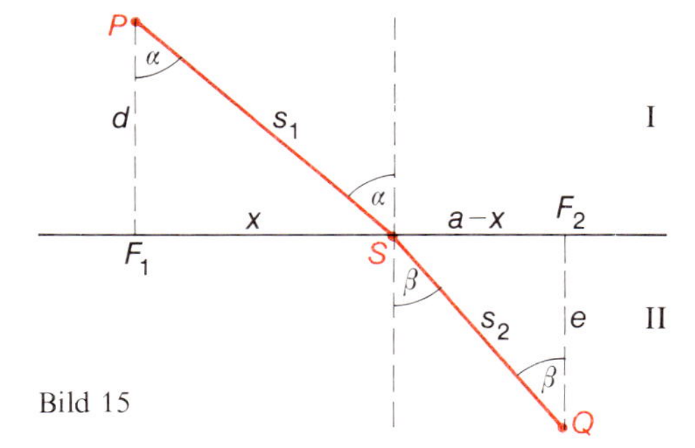

Bild 15

P bzw. Q haben von der Mediengrenze die Entfernung d bzw. e. Die Fußpunkte F_1 und F_2 haben voneinander die Entfernung a. Wo muß der Schnittpunkt S des Strahlenganges mit der Mediengrenze liegen? Sicher liegt S nicht links von F_1 oder rechts von F_2, da dann die Lichtwege unnötig lang wären. Also gilt $0 \leq x \leq a$. Wenn der *Lichtweg* möglichst kurz sein soll, müßte S auf der Strecke $\overline{PQ}$ liegen. Doch soll die *Laufzeit* minimal werden. Es müssen also die unterschiedlichen Lichtgeschwindigkeiten c_1 und c_2 in den beiden Medien berücksichtigt werden. Daher tritt der Knick, die Brechung des Lichtweges auf.

Weg im Medium I bzw. II: $s_1(x)=\sqrt{d^2+x^2}$ bzw. $s_2(x)=\sqrt{e^2+(a-x)^2}$

Laufzeit (Zielfunktion): $t(x)=t_1(x)+t_2(x)=\frac{s_1(x)}{c_1}+\frac{s_2(x)}{c_2}$; $x \in [0; a]$

Ableitung: $$t'(x) = \frac{2x}{2c_1 \cdot \sqrt{d^2+x^2}} + \frac{2\cdot(a-x)\cdot(-1)}{2c_2 \cdot \sqrt{e^2+(a-x)^2}} = \frac{\sin\alpha}{c_1} - \frac{\sin\beta}{c_2}$$

Innere Extrema treten höchstens dann auf, wenn $t'(x) = 0$ gilt:

$$\frac{\sin\alpha}{c_1} = \frac{\sin\beta}{c_2} \quad \text{oder} \quad \frac{\sin\alpha}{\sin\beta} = \frac{c_1}{c_2}.$$

Dies ist das Brechungsgesetz.
Aus dieser Gleichung ergibt sich zusammen mit der Bedingung

$$x + (a-x) = d \cdot \tan\alpha + e \cdot \tan\beta = a$$

bei vorgegebenen Daten c_1, c_2, d, e und a genau ein Winkelpaar $(\alpha_0; \beta_0)$ und damit genau ein Schnittpunkt S_0 des Lichtweges mit der Mediengrenze. Daß für den so bestimmten Schnittpunkt S_0 die Laufzeit wirklich minimal wird, folgert man statt mit Hilfe der 2. Ableitung besser so:
Liegt S links von S_0, so ist $t'(x) < 0$; denn $\alpha < \alpha_0$ und $\beta > \beta_0$.
Ist $S = S_0$, so ist $t'(x) = 0$; so wurde S_0 bestimmt.
Liegt S rechts von S_0, so ist $t'(x) > 0$; denn $\alpha > \alpha_0$ und $\beta < \beta_0$.
Also liegt nach Satz 9 von Seite 71 ein inneres Minimum vor.

Aufgaben aus der Mathematik (speziell Geometrie)

39. Die Funktion $f: x \to 4 - x^2$ schließt zusammen mit der x-Achse ein Parabelsegment ein. In dieses soll ein Rechteck, dessen eine Seite auf der x-Achse liegt, so einbeschrieben werden, daß dessen Flächeninhalt maximal wird. Welche Koordinaten haben die vier Eckpunkte, und wie groß ist der maximale Flächeninhalt?

40. Bestimmen Sie von allen Rechtecken mit gleichem Umfang (Flächeninhalt) dasjenige, das den größten Flächeninhalt (den kleinsten Umfang) hat.

41. In der Situation von Beispiel 17 (S. 96) soll jetzt nicht der Umfang, sondern der Flächeninhalt des Rechtecks extremal werden.

42. In ein Quadrat der Kantenlänge a ist gemäß Bild 16.a) bzw. 16.b) ein Rechteck einzubeschreiben. Wie müssen in beiden Fällen die Rechtecke liegen, damit deren Flächeninhalte (Umfänge) jeweils extremal werden?

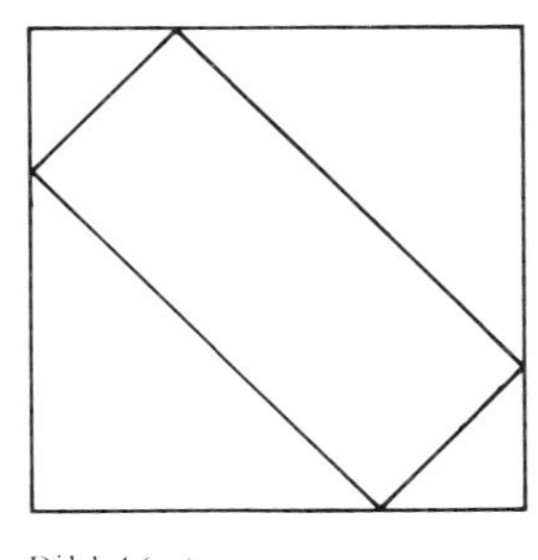
Bild 16a)

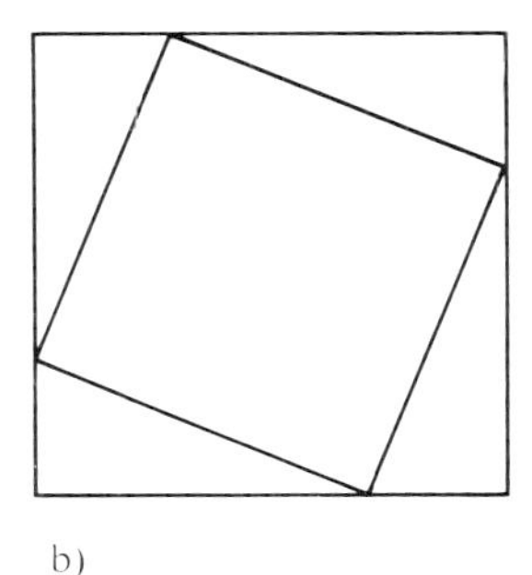
b)

43. In einen Kreis vom Radius r soll ein Rechteck so einbeschrieben werden, daß sein Flächeninhalt (Umfang) extremal wird.

44. Die Menge aller Punkte $(x; y)$ mit $\frac{x^2}{a^2} + \frac{y^2}{b^2} = 1$ $(a, b > 0)$ heißt eine **Ellipse** mit den Halbachsen a und b. Zeichnung für $a=5$ und $b=4$. Ist $a > b$, so heißen die Punkte $(-a; 0)$ und $(a; 0)$ die Hauptscheitel und $(0; -b)$ und $(0; b)$ die Nebenscheitel der Ellipse.
In die Ellipse sollen folgende Figuren so einbeschrieben werden, daß deren Flächeninhalte maximal werden:
a) ein Rechteck, dessen Seiten achsenparallel sind,
b) ein gleichschenkliges Dreieck, dessen Spitze im Scheitel $(0; -b)$ liegt,
c) ein gleichschenkliges Dreieck, dessen Spitze im Scheitel $(-a; 0)$ liegt.

45. a) Die Funktion f: $x \to 4 - ax^2$ mit $a > 0$ schließt zusammen mit der x-Achse ein Parabelsegment ein. In dieses soll ein Rechteck, dessen eine Seite auf der x-Achse liegt, so einbeschrieben werden, daß dessen Umfang maximal wird. – Warum muß sogar $a > \frac{1}{4}$ vorausgesetzt werden?
b) wie a), doch soll jetzt der Flächeninhalt maximal werden.
c) Es gibt einen Wert für a, so daß die beiden Rechtecke aus a) und b) deckungsgleich sind. Wie groß sind dann maximaler Umfang und Inhalt?

46. Welche Punkte $(x; y)$ der Funktion f: $x \to \sqrt{2x - x^2}$; $x \in [0; 2]$ haben vom Punkt $(1; 0)$ bzw. von $(0; 1)$ eine extremale Entfernung?

47. Der Punkt $B = (0; b)$ mit $b > 0$ liegt auf der Achse der Parabel $y = ax^2$ mit $a > 0$. Für welche Punkte P der Parabel ist die Entfernung d zwischen P und B extremal? Welche Beziehung muß zwischen a und b bestehen, damit es genau einen bzw. genau zwei Punkte auf der Parabel mit minimaler Entfernung von B gibt? (Verallgemeinerung von Beispiel 19)

48. Die Punkte A und B liegen auf verschiedenen Schenkeln eines rechten Winkels mit dem Scheitel C. A bzw. B haben die Entfernungen a bzw. b von C, und es gilt $0 < b < a$. Ein Kreis um C mit dem Radius r $(0 < r < a)$ schneidet die Strecke $\overline{CA}$ in R und den anderen Schenkel in S. Wie groß muß r gewählt werden, damit der Weg s von A nach B, bestehend aus der Strecke $\overline{AR}$, dem Viertelkreisbogen $\widehat{RS}$ und der Strecke $\overline{SB}$, möglichst klein wird? Beachten Sie Fallunterscheidungen!

49. Eine Gerade schneidet die x- und y-Achse in den Punkten $(a; 0)$ und $(0; b)$ mit $a, b > 0$. Der Abstand p des Punktes $(0; 0)$ von der Geraden soll unter folgenden Nebenbedingungen maximal werden. Wie muß dann das Verhältnis $a : b$ gewählt werden, und wie groß ist p dann?
a) Die Länge der Strecke, die die x- und y-Achse aus der Geraden ausschneiden, ist konstant (Leiter an einer Mauer).
b) Die von der x-Achse, der y-Achse und der Geraden gebildete Dreiecksfläche hat konstanten Inhalt.
c) Die Summe $a + b$ der Achsenabschnitte ist konstant.

50. Ein zylindrischer Topf ohne Deckel hat den Durchmesser d und die Höhe h. Wie muß das Verhältnis $d : h$ gewählt werden, damit
a) bei vorgegebenem Volumen die Oberfläche (der Materialverbrauch) minimal wird,
b) bei vorgegebener Oberfläche das Volumen maximal wird?
a) und b) sind zueinander duale Aufgaben. Vergleichen Sie die Ergebnisse!
c) Behandeln Sie das gleiche Problem für einen Topf mit Deckel. Haben Töpfe wirklich die ermittelten Maßverhältnisse?

51. Aus einem Quadrat der Seitenlänge a werden vier kongruente gleichschenklige Dreiecke, deren Grundlinien die Quadratseiten sind, so herausgeschnitten, daß das Netz einer Pyramide mit quadratischer Grundfläche (Kantenlänge x) übrig bleibt. Wie muß x gewählt werden, damit das Volumen der Pyramide maximal wird, und wie groß ist dieses dann?

52. Wie müssen die Abmessungen eines kegelförmigen Trichters gewählt werden, damit
a) bei vorgegebenem Trichtervolumen der Materialverbrauch minimal,
b) bei vorgegebener Oberfläche das Volumen maximal wird?

53. In einem Kegel (Radius R, Höhe H) soll ein Zylinder (Radius r, Höhe h) mit maximaler Oberfläche einbeschrieben werden.
Folgende Fallunterscheidungen sind zweckmäßig:

$$R > H, \qquad R = H, \qquad H > R > \tfrac{1}{2}H, \qquad \tfrac{1}{2}H \geq R > 0$$

54. a) Untersuchen Sie die Funktionsschar $f_a\colon x \to \dfrac{a}{ax^2+1}$ mit $a \in \mathbb{R}_+^*$. Zeichnung für $a = \frac{1}{3}, 1, 3$.
Auf welcher Kurve liegen die Extrempunkte, auf welcher die Wendepunkte?
b) Ein symmetrisch zur y-Achse gelegenes Rechteck hat zwei Eckpunkte auf der x-Achse, die beiden anderen liegen auf f_a. Wie sind – bei festem Parameter a – die Koordinaten der Eckpunkte zu wählen, damit der Flächeninhalt des Rechtecks extremal wird?

55. a) Zeigen Sie, daß jede Funktion der beiden Funktionsscharen

$f_a\colon x \to \dfrac{1}{a^2x^2+1}$ und $g_a\colon x \to \dfrac{1}{a^2x^2+a^2}$ mit $a > 1$ genau zwei Wendepunkte hat

und daß für jedes a diese vier Punkte die Ecken eines gleichschenkligen Trapezes sind.
b) Wählen Sie a so, daß der Flächeninhalt dieses Trapezes maximal wird.

56. Die Problemstellung aus Beispiel 18 soll verallgemeinert werden: Die graue Fläche aus Bild 10.a soll nach wie vor durch die x- und die y-Achse sowie durch zwei Achsenparallelen durch den Punkt (3; 6) begrenzt werden. Die gekrümmte Kante dieser Fläche wird durch einen Bogen der Parabel $y = a - x^2$ mit $0 < a \leq 6$ beschrieben. Der Flächeninhalt A eines wie in Bild 10.a gelegenen Rechtecks soll wieder extremal werden.
Setzen Sie der Reihe nach $a = \frac{1}{2}, 1, 2, 3, \frac{10}{3}$ (siehe Beispiel 18), $\frac{11}{3}, 4, \frac{13}{3}, 6$.
Ermitteln Sie jeweils alle lokalen und globalen Extrempunkte der Flächeninhaltsfunktion A und zeichnen Sie A in der für die Aufgabenstellung sinnvollen Definitionsmenge.
Wie liegen jeweils die Rechtecke mit extremalem Flächeninhalt?

Aufgaben aus der Physik

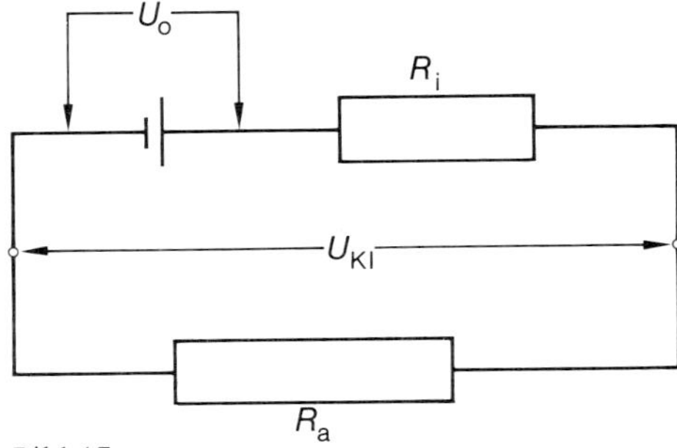

Bild 17

57. Eine Spannungsquelle der Urspannung U_0 hat den inneren Widerstand R_i und ist an den äußeren Widerstand R_a angeschlossen. An ihren Klemmen wird die Klemmspannung U_{Kl} gemessen (Bild 17).
Es gilt: $U_0 = I \cdot R_i + I \cdot R_a$
und $U_{Kl} = I \cdot R_a < U_0$.
(Mit einem Voltmeter, dessen innerer Widerstand R_a sehr viel größer als R_i ist, kann U_0 gemessen werden; denn dann gilt $U_0 = I \cdot R_i + I \cdot R_a \approx I \cdot R_a = U_{Kl}$.)

Wie muß R_a gewählt werden, damit die von der Spannungsquelle nach außen abgegebene Leistung $N_a = I \cdot U_{Kl}$ extremal wird (Leistungsanpassung)?
Wie groß ist diese Leistung dann?
Zeichnen Sie die Funktion $N_a\colon R_a \to N_a(R_a)$.

58. Leiten Sie analog zu Beispiel 21 das Reflexionsgesetz nach Fermat her.

59. Durch n Messungen einer Größe erhielt man die Meßwerte $a_1, a_2, \ldots, a_n$.
Für welche Zahl x wird die Summe

$$S(x) = (x - a_1)^2 + (x - a_2)^2 + \cdots + (x - a_n)^2$$

(Summe der Quadrate der Abweichungen der Meßwerte von x) minimal?

60. a) Es sei bekannt, daß zwischen den Größen x und y ein linearer Zusammenhang $y = ax + b$ besteht. Um die noch unbekannten Koeffizienten a und b zu bestimmen, führt man eine Mehrfachmessung durch und erhält für $i = 1, 2, \ldots, n$ die Meßpunkte $(x_i; y_i)$. Man kann die Meßpunkte auf mm-Papier auftragen und die Gerade nach Augenmaß so durch die Meßpunkte legen, daß alle Punkte möglichst wenig von der Geraden abweichen. Aus der Zeichnung können a und b dann abgelesen werden.
Rechnerisch findet man die Koeffizienten a und b der **„Ausgleichsgeraden“** (Regressionsgeraden) so:
Sind $x_m = \frac{1}{n} \cdot \sum\limits_{i=1}^{n} x_i$ und $y_m = \frac{1}{n} \cdot \sum\limits_{i=1}^{n} y_i$ die Mittelwerte aller gemessenen x- bzw. y-Werte, so fordert man, daß der Punkt $(x_m; y_m)$ auf der Ausgleichsgeraden mit der Gleichung $y = ax + b$ liegt. Zeigen Sie, daß sich aus dieser Bedingung die Gleichung

$$(\star)\quad b = \frac{1}{n} \cdot \left(\sum_{i=1}^{n} y_i - a \cdot \sum_{i=1}^{n} x_i \right)$$

ergibt.
Zur Abszisse x_i gehört die Ordinate $ax_i + b$ der Ausgleichsgeraden. Gemessen wurde aber y_i. Die Abweichung ist $d_i = (ax_i + b) - y_i$. Stellen Sie die Summe der Quadrate der Abweichungen d_i, also die Größe

$$Q = d_1^2 + d_2^2 + \cdots + d_n^2$$

als Funktion von a dar, indem Sie mit Hilfe der Gleichung ($\star$) den Koeffizienten b eliminieren.
Um die durch den Punkt $(x_m; y_m)$ gehende Ausgleichsgerade den Meßwerten möglichst gut anzupassen, wählt man ihre Steigung a nun so, daß die die Abweichungen messende Größe Q als Funktion von a minimal wird.
Zeigen Sie, daß sich aus der Forderung $Q'(a) = 0$ zusammen mit ($\star$) die folgenden Gleichungen für a und b ergeben:

$$a=\frac{1}{c}\cdot\left(n\cdot\sum_{i=1}^{n}x_i y_i-\sum_{i=1}^{n}x_i\cdot\sum_{i=1}^{n}y_i\right),$$

$$b=\frac{1}{c}\cdot\left(\sum_{i=1}^{n}x_i^2\cdot\sum_{i=1}^{n}y_i-\sum_{i=1}^{n}x_i\cdot\sum_{i=1}^{n}x_i y_i\right)\text{ mit}$$

$$c=n\cdot\sum_{i=1}^{n}x_i^2-\left(\sum_{i=1}^{n}x_i\right)^2.$$

b) Nach E. Kreyszig: Statistische Methoden und ihre Anwendungen, 1968, S. 264, wurde am 24. 9. 1962 der Sauerstoffgehalt y in mg/l des Wörther Sees in Abhängigkeit von der Tiefe x in m wie folgt ermittelt:

x	(m)	15	20	30	40	50	60	70
y	$\left(\frac{\text{mg}}{l}\right)$	6,5	5,6	5,4	6,0	4,6	1,4	0,1

Zeichnen und berechnen Sie die Regressionsgerade.

61. a) Ein punktförmiger Körper der Masse M und der Geschwindigkeit $V>0$ stößt vollkommen elastisch auf einen anderen ruhenden punktförmigen Körper der Masse m. Physiker folgern aus dem Energie- und Impulserhaltungssatz, daß dabei die Energie $E=\frac{2mM^2V^2}{(m+M)^2}$ von dem stoßenden auf den gestoßenen Körper übertragen wird. Wie groß muß man die Masse m des gestoßenen Körpers wählen, damit der stoßende Körper möglichst viel Energie verliert, und wie groß ist dann dessen Restenergie?
Bemerkung: Das Problem ist praktisch wichtig bei der Auswahl von Bremsmitteln bei Neutronenquellen. Die erzeugten schnellen Neutronen (Masse M, Geschwindigkeit V) sollen möglichst rasch durch einen Stoff, in dem Atomkerne der Masse m vorkommen und die als ruhend angesehen werden können, abgebremst werden. Das Ergebnis ($m=M$) zeigt, daß man zweckmäßig wasserstoffhaltige Schichten wählt ($m_{\text{Proton}}\approx m_{\text{Neutron}}$), z. B. Wasser oder Paraffine. Blei wäre völlig ungeeignet: Neutronen durchdringen selbst dicke Bleischichten fast ungehindert.
Das Ergebnis ist zwar prinzipiell richtig. Bei genauerer Betrachtung darf man aber nicht die Punktförmigkeit von Neutron und Proton voraussetzen, sondern muß auch nichtzentrale Stöße zulassen. Daher wird bei einem Stoß die Neutronenenergie nicht völlig verzehrt, sondern im Mittel nur auf $\frac{1}{e}$ herabgesetzt ($e\approx 2{,}71828\ldots$).
b) Verallgemeinern Sie das Problem: Der gestoßene Körper soll nicht wie in a) ruhen, sondern sich mit der Geschwindigkeit v bewegen. Physiker leiten her, daß dann die Energie

$$E=\frac{2mM\cdot(V-v)\cdot(MV+mv)}{(m+M)^2}$$

vom Körper der Masse M auf den Körper der Masse m übertragen wird.
Folgende Fallunterscheidungen sind zweckmäßig:

$$v<-V,\quad v=-V,\quad -V<v<0,\quad v=0,\quad 0<v<\tfrac{V}{2},\quad v=\tfrac{V}{2},\quad \tfrac{V}{2}<v<V.$$

Stellen Sie in jedem Fall E als Funktion von m graphisch dar (vollständige Untersuchung einer rationalen Funktion) und entscheiden Sie, ob bei geeigneter Wahl von m eine maximale Energieübertragung erzielt werden kann. Wie groß ist sie gegebenenfalls?
In welchen Fällen ist bei geeigneter Wahl von m auch eine Energieübertragung in umgekehrter Richtung (also vom Körper der Masse m auf den der Masse M) möglich und wie groß muß m dann mindestens sein?

62. Ein an einem Ende reibungslos aufgehängter homogener Stab (Stativstange) der Masse m und der Länge l trägt im Abstand a von der Drehachse einen punktförmigen Zusatzkörper der Masse M (Bild 18). Für kleine Auslenkungen führt dieses System harmonische Schwingungen mit der Schwingungsdauer

$$T = 2\pi \cdot \sqrt{\frac{\frac{ml^2}{3} + Ma^2}{g \cdot \left(\frac{ml}{2} + Ma\right)}} \text{ aus.}$$

g = Erdbeschleunigung

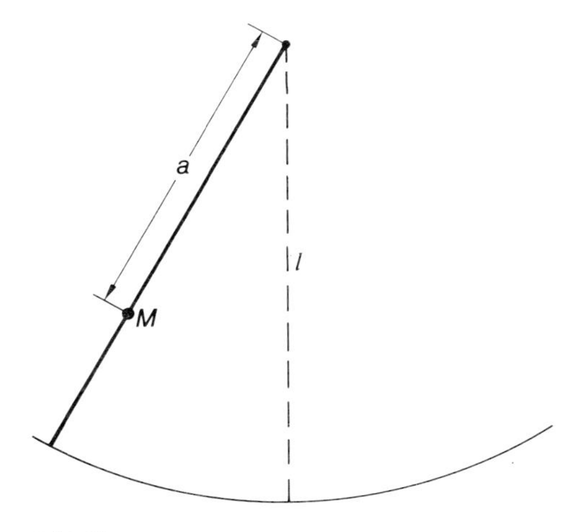

Bild 18

a) Diskutieren Sie die Spezialfälle $M=0$, $m=0$, $a=0$, $a=\frac{l}{2}$, $a=\frac{2}{3}l$, $a=l$. $\frac{2}{3}l$ ist die sog. reduzierte Pendellänge des unbelasteten Pendels.
b) Zeigen Sie, daß die Funktion $T: a \to T(a)$; $a \in [0; l]$ an der Stelle
$a_{\min} = \frac{l}{2M} \cdot \left(\sqrt{\frac{3m^2 + 4mM}{3}} - m\right)$ das Minimum $T(a_{\min}) = 2\pi \cdot \sqrt{\frac{2 \cdot a_{\min}}{g}}$ hat.
Zeichnen Sie T. Die einfach aufzunehmende Meßkurve bestätigt diese Ergebnisse sehr gut.

63. a) Ein homogener Stab der Länge L kann um eine Drehachse A, die vom Schwerpunkt S die Entfernung a hat, reibungsfrei schwingen (Bild 19). Für kleine Auslenkungen beträgt die Schwingungsdauer

$$T = 2\pi \cdot \sqrt{\frac{1}{g} \cdot \left(\frac{L^2}{12a} + a\right)}$$

Untersuchen Sie die Funktion $T: a \to T(a)$; $a \in]0; \frac{L}{2}]$ oder die Funktion
$l: a \to l(a) = \frac{L^2}{12a} + a$; $a \in]0; \frac{L}{2}]$.
$l(a)$ heißt reduzierte Pendellänge des physikalischen Pendels.

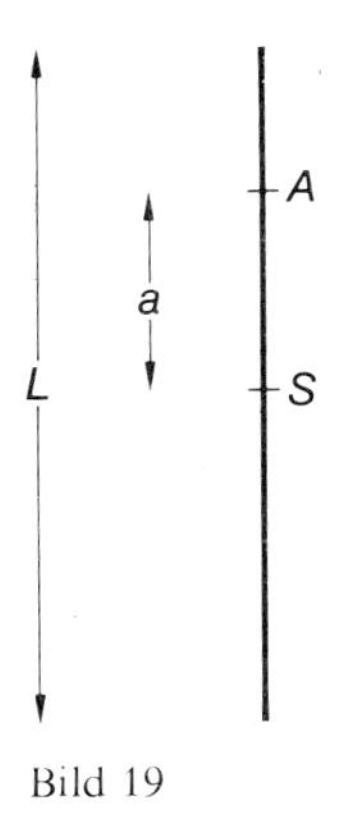

Bild 19

b) Die in a) gefundene Minimalstelle $a_{\min}$ hat noch eine andere Bedeutung. Untersuchen Sie dazu folgende Fragestellung: Zu jedem Drehpunkt A gibt es im allgemeinen drei weitere Punkte A', B und B', die zur gleichen Schwingungsdauer führen, wenn sie als Drehpunkte gewählt werden. Zeigen Sie:
b1) Wenn alle 4 Drehpunkte A bis B' noch auf dem Stab liegen sollen, muß a im Intervall $[\frac{L}{6}; \frac{L}{2}]$ liegen.
b2) Die Entfernung $a_{\min}$ aus a) ist dadurch charakterisiert, daß es statt 4 nur 2 verschiedene Drehpunkte gleicher Schwingungsdauer $T(a_{\min})$ gibt. Beide Drehpunkte liegen auf dem Stab.

64. Eine homogene Kugel der Masse M vom Radius R übt auf einen punktförmigen Körper der Masse m, der vom Mittelpunkt der Kugel die Entfernung r hat, eine Gravitationskraft F aus. Physiker finden das Ergebnis:

$$F(r) = \begin{cases} G \cdot \frac{mM}{R^3} \cdot r & \text{für } 0 \leq r < R \\ G \cdot \frac{mM}{r^2} & \text{für } r \geq R \end{cases}$$

Dabei bedeutet G die Gravitationskonstante, und $0 \leq r < R$ bedeutet, daß der punktförmige Körper sich im Innern der Kugel (etwa im Erdinnern) befindet.
Untersuchen Sie die Funktion $r \to F(r)$ auf Extrema.
Zeichnen Sie F.

65. Fahren zwei Autos mit gleicher Geschwindigkeit v hintereinander her, so muß das zweite Fahrzeug vom ersten einen Sicherheitsabstand s einhalten. Bei Gefahr kann der Fahrer des zweiten Wagens erst nach einer Schrecksekunde $T = 1$ s bremsen. Während dieser Zeit legt er ungebremst noch den Weg $s_1 = v \cdot T$ zurück. Danach erfährt er infolge des Bremsens eine Verzögerung von $a = 4\frac{\text{m}}{\text{s}^2}$ und legt bis zum Stillstand noch den Bremsweg $s_2 = \frac{v^2}{2a}$ zurück. Der Sicherheitsabstand s muß also mindestens $s_1 + s_2$ betragen. Dabei ist der Wagenabstand von der hinteren Stoßstange des ersten zur vorderen Stoßstange des zweiten Wagens gemessen worden. Aus Sicherheitsgründen und weil es bequemer ist, den Abstand zweier Wagen jeweils von vorderer zu vorderer Stoßstange zu messen, fügt man der Summe $s_1 + s_2$ noch einen konstanten Mindestabstand $s_3 = 20$ m (mehr als eine Lastzuglänge) hinzu und bezeichnet dann $s = s_1 + s_2 + s_3$ als Sicherheitsabstand der beiden mit der Geschwindigkeit v fahrenden Wagen.
Es ist $t = \frac{s}{v}$ die Zeit, die vergeht, bis die vorderen Stoßstangen der beiden Wagen nacheinander einen festen Punkt am Straßenrand passieren. Wie muß die Geschwindigkeit v gewählt werden, damit t minimal ist, die Straße unter Einhaltung des Sicherheitsabstandes s also optimal genutzt werden kann? Wie groß ist t dann, und wie viele Wagen können in einer Minute eine bestimmte Stelle passieren?

Aufgaben aus den Wirtschaftswissenschaften

In den folgenden acht Aufgaben werden einige typische Beispiele der Anwendung mathematischer Methoden, hier speziell der Differentialrechnung, aus dem Bereich der Wirtschaftswissenschaften vorgestellt. Es handelt sich um Beispiele, die sowohl in der Theorie als auch in der Praxis häufig auftreten und dennoch elementar genug sind, im Rahmen dieses Buches behandelt zu werden.
Alle zur Lösung der jeweiligen Aufgabe nötigen Kenntnisse wirtschaftswissenschaftlicher Begriffe und Zusammenhänge werden in der Aufgabe selbst vermittelt, so daß die Bearbeitung ohne Vorkenntnisse aus diesem Bereich möglich ist.

66. a) Ein Großhändler bezieht von einem Fabrikanten während eines Jahres die Warenmenge w (z. B. $w = 200$ Kühlschränke) und verkauft diese Ware im Laufe des Jahres vollständig. Da der Händler mit einem über das Jahr gleichbleibenden Absatz rechnen kann, wäre es für ihn ungünstig, die gesamte Warenmenge am Jahresanfang zu beziehen. Denn dann entstehen ihm wegen des in der Ware gebundenen Kapitals sehr hohe Zinskosten. Ferner treten auch unnötig hohe Lagerkosten (Raumbedarf) auf. Er möchte also wissen, auf wieviel Teillieferungen (in zeitlich gleichem Abstand) er die gesamte Warenmenge am günstigsten aufteilen soll.

Der Einkaufspreis für die Wareneinheit sei p (z. B. $p = 600$ DM pro Kühlschrank). Für jede Teillieferung muß der Händler einen vom Lieferumfang unabhängigen Pauschalbetrag t zu den Transportkosten des Fabrikanten zahlen (z. B. $t = 368$ DM pro Teillieferung). Für die durch die Warenmenge gebundenen Gelder zahlt er den Jahreszinssatz q (z. B. $q = 12\,\% = 0{,}12$). Um eine Wareneinheit ein Jahr lang zu lagern, treten Lagerkosten der Höhe c auf (z. B. $c = 20$ DM pro Kühlschrank und Jahr). Die Anzahl der Teillieferungen sei n.
Begründen Sie:
Der Umfang u einer Teillieferung ist $u = \frac{w}{n}$.
Der durchschnittliche Lagerbestand ist $l = \frac{1}{2} \cdot u$.
Die Lagerkosten für ein Jahr betragen $k = c \cdot l$.
Die Zinsen für das in der Ware gebundene Kapital betragen im Jahr $z = p \cdot l \cdot q$.
Die Kosten für die Vorratshaltung insgesamt betragen

$$K = t \cdot n + k + z.$$

Bestimmen Sie die günstigste Anzahl n der Teillieferungen, deren Umfang u und ihren zeitlichen Abstand d. Wie groß sind die minimalen Kosten K für die Vorratshaltung?
Lösen Sie das Problem sowohl allgemein als auch mit den in der Aufgabe angegebenen Daten.
b) Bearbeiten Sie Teil a) nochmals unter der Annahme, daß der Beitrag t des Händlers zu den Transportkosten nicht unabhängig vom Umfang der Teillieferungen ist, sondern sich aus einem konstanten Anteil a und einem zum Lieferumfang u proportionalen Anteil $b \cdot u$ zusammensetzt: $t = a + bu$.
(z. B. $a = 92$ DM pro Teillieferung, $b = 7$ DM pro Kühlschrank)
c) Der Fabrikant überläßt es dem Händler, ob er sich für einen Transportbeitrag nach dem Tarif t aus a) oder aus b) entscheidet. Welcher Tarif ist bei den vorliegenden Daten für den Händler günstiger und wieviel spart er bei richtiger Tarifwahl?

67. Die Materialausgabestelle eines Betriebes wird stündlich von durchschnittlich a Arbeitern (z. B. $a = 25$ Arbeiter pro Stunde) aufgesucht, deren durchschnittlicher Stundenlohn p_a ist (z. B. $p_a = 32$ DM pro Stunde und Arbeiter). Die Anzahl der in der Ausgabestelle Beschäftigten sei b und deren Stundenlohn sei p_b (z. B. $p_b = 20$ DM pro Stunde und Beschäftigten). Die durchschnittliche Wartezeit t für einen Arbeiter in der Ausgabestelle ist um so größer, je größer a (der Andrang) und je kleiner b (die Bedienung) ist. Daher ist

$$t = k \cdot \frac{a}{b} \text{ mit einem konstanten Faktor } k$$

ein sinnvoller Ansatz für t. (Setzt man z. B. $k = \frac{1}{10}$, so bedeutet dies, daß ein Beschäftigter einen Arbeiter in durchschnittlich $\frac{1}{10}$ Stunde = 6 Minuten abfertigt.)
Wie groß muß die Anzahl b der Beschäftigten in der Ausgabestelle gewählt werden, damit die gesamten Lohnkosten für Beschäftigte und Arbeiter minimal werden, und wie groß sind diese Kosten dann?
Lösen Sie das Problem sowohl allgemein als auch mit den genannten speziellen Daten.

68. Die **Produktionskosten** K (gemessen in **Geldeinheiten,** z. B. in DM), die einem Betrieb bei der Erzeugung eines Gutes entstehen, hängen von der **Produktionsmenge** x (gemessen in **Mengeneinheiten,** z. B. in Stück) ab. Bild 20 zeigt einen typischen Zusammenhang zwischen K und x: Auch wenn nicht produziert wird ($x = 0$), fallen Kosten F an, die sogenannten **Fixkosten.** Der Betrieb hat z. B. Zinsen, Steuern und Versicherungen zu zahlen.

Setzt die Produktion ein, so steigen die Kosten anfangs recht stark, weil trotz Erzeugung nur kleiner Mengen ein großer Teil des Betriebes (sowohl an Menschen als auch an Maschinen) eingesetzt werden muß. Bei größerer Produktionsmenge x steigen die Kosten zwar auch noch, aber nicht mehr so stark an, weil der Betrieb bei besserer Auslastung wirtschaftlicher arbeitet. Soll schließlich noch mehr produziert werden, so wachsen die Kosten wieder stärker; denn der Betrieb muß z.B. Überstundenzuschläge zahlen, um die Überbelastung auffangen zu können.

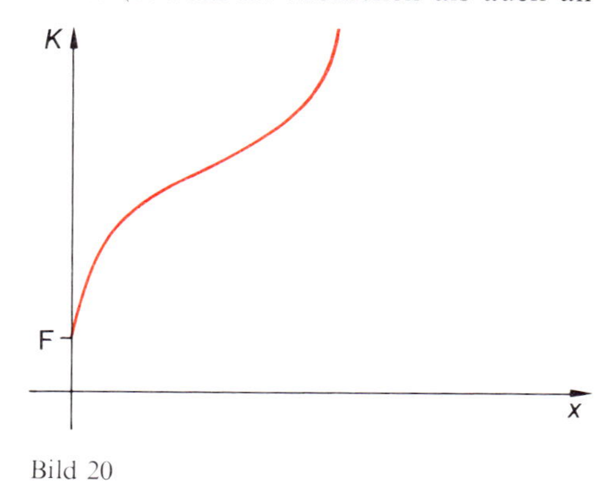

Bild 20

Als einfachstes **mathematisches Modell** bietet sich zur Beschreibung dieses Zusammenhanges eine ganzrationale Funktion 3. Grades als **Kostenfunktion** an:

$$K\colon x \longrightarrow K(x) = ax^3 + bx^2 + cx + d\,; \quad x \in \mathbb{R}^+.$$

Wie sind die Vorzeichen der Koeffizienten a, b, c und d zu wählen, damit K eine für das Problem brauchbare Kostenfunktion ist? Aus der Bedingung, daß K streng monoton wachsend ist, also keine lokalen Extrema hat, ergibt sich sogar eine Ungleichung zwischen den drei Koeffizienten a, b und c.

69. a) In der Regel wird ein Fabrikant um so mehr produzieren, je höher der Preis einer Ware ist. Ist die Produktionsmenge x, die **Ausbringung,** hoch, so ist dies ein Zeichen dafür, daß der Fabrikant einen guten Preis p erzielen konnte. Die Funktion $f\colon x \rightarrow p = f(x)$, die diesen Zusammenhang zwischen Produktionsmenge x (gemessen in Mengeneinheiten ME) und Preis p (gemessen in Geldeinheiten pro Mengeneinheit, $\frac{\text{GE}}{\text{ME}}$) beschreibt, ist also (in der Regel) streng monoton wachsend und heißt **Angebotsfunktion.**

Das Interesse der Käufer ist entgegengesetzt. Sie werden in der Regel um so weniger kaufen, je höher der Preis ist. Ist die **nachgefragte Warenmenge** x hoch, so ist dies ein Zeichen für einen geringen Preis p. Die Funktion $g\colon x \rightarrow p = g(x)$, die diesen Zusammenhang zwischen nachgefragter Menge x und Preis p beschreibt, ist also (in der Regel) streng monoton fallend und heißt **Nachfragefunktion.**

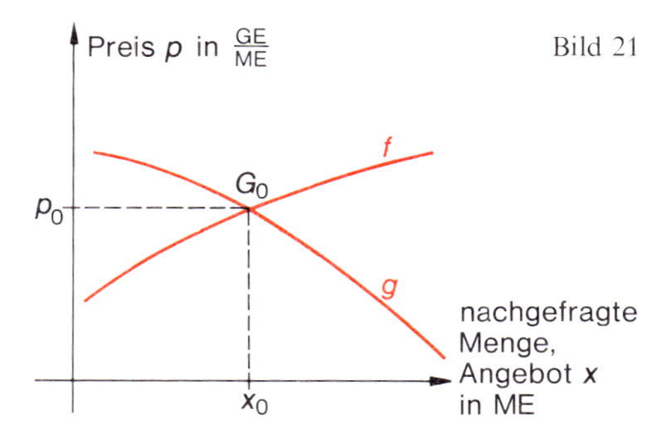

Bild 21

Indem wir die komplexe Realität idealisieren, nehmen wir an, daß der Preis allein von Angebot und Nachfrage abhängt (nicht aber z.B. von staatlichen Preisverordnungen). Ein **Marktgleichgewicht** $G_0 = (x_0\,; p_0)$ stellt sich ein, wenn die nachgefragte Menge gleich der Ausbringung ist. Der **Marktpreis** p_0 ergibt sich dann aus dem Schnitt der Funktionen f und g:

$$p_0 = f(x_0) = g(x_0),$$

wobei x_0 den **Absatz** bedeutet.

Die Angebotsfunktion f sei durch $f(x)=3x+1$ und die Nachfragefunktion g sei durch $g(x)=-\frac{1}{3}x^2+25$ gegeben. Stellen Sie beide Funktionen in einem Koordinatensystem dar und lesen Sie das Marktgleichgewicht $G_0=(x_0;p_0)$ aus der Zeichnung ab. Berechnen Sie Marktpreis p_0 und Absatz x_0, ohne die Zeichnung zu Hilfe zu nehmen.
b) Der Staat kann in den Preisbildungsprozeß z. B. durch Besteuerung eingreifen. Wir nehmen an, daß sich der Preis einer Ware durch Besteuerung um die **Steuerrate** r (in $\frac{\text{GE}}{\text{ME}}$) erhöht.
Da es für den Käufer gleichgültig ist, ob sich der erhöhte Preis durch Besteuerung oder durch höhere Forderungen der Produzenten ergibt, bleibt die Nachfragefunktion g erhalten. Gemäß dieser Funktion wird er weniger kaufen.
Dagegen muß der Produzent für sein Warenangebot x statt des Preises $p=f(x)$ nun den höheren Preis $p_r=f(x)+r$ fordern. Die Steuerrate r muß er an den Staat abführen; ihm verbleibt nur der Anteil $p=f(x)$, wie zuvor. Die neue Angebotsfunktion lautet also

$$f_1: x \to p_r=f(x)+r.$$

Es sei $r=2\left(\frac{\text{GE}}{\text{ME}}\right)$.
Zeichnen Sie die neue Angebotsfunktion f_1 in das Koordinatensystem aus a) ein und lesen Sie das neue Marktgleichgewicht $G_1=(x_1;p_1)$ ab. Berechnen Sie x_1 und p_1. Es wird weniger $(x_1<x_0)$ zu einem höheren Preis $(p_1>p_0)$ verkauft.
Die vom Staat vereinnahmte **Steuer** ist $S=r\cdot x_1$ (GE). Berechnen Sie sie.
c) Durch die Einführung der Steuerrate r erhält der Staat die Steuern $S=r\cdot x_1$. Wenn allerdings r und damit auch der Preis zu groß werden, halten sich die Käufer zurück: x_1 sinkt. Wird nur noch wenig Ware abgesetzt, so hat der Staat kaum noch Steuereinnahmen aus dieser Quelle. Wie hoch muß der Staat die Steuerrate festsetzen, damit die Steuereinnahme S maximal wird?
Lösen Sie das Problem zunächst für die in a) angegebenen speziellen Funktionen. Stellen Sie S als Funktion des Absatzes x_1 dar. Bestimmen Sie zuerst den Absatz x_1, für den die Steuer S maximal wird, sodann die zugehörige Steuerrate r und die Steuer S.
Zeigen Sie dann allgemein, daß x_1 die Gleichung

$$g(x_1)-f(x_1)=-x_1\cdot(g'(x_1)-f'(x_1))$$

erfüllen muß, damit die Steuereinnahmen $S=r\cdot x_1$ maximal werden können. Die Steuerrate muß zu

$$r=g(x_1)-f(x_1)$$

festgesetzt werden.

70. Wenn ein Betrieb die Produktionsmenge x (in ME) verkauft und dabei den Preis p (in $\frac{\text{GE}}{\text{ME}}$) erzielt, so ist $E(x)=p\cdot x$ der **Erlös** (in GE). Nun ist im allgemeinen der Preis nicht konstant, sondern von Angebot und Nachfrage abhängig. Wir betrachten hier die Nachfrage, behandeln das Problem also aus der Sicht der Käufer: Je höher der Preis, desto geringer die Nachfrage. Die Funktion $g: x \to p=g(x)$, die den Zusammenhang zwischen Nachfrage x und Preis p beschreibt, ist die (in der Regel) streng monoton fallende **Nachfragefunktion.**

h bezeichnet einen Höchstpreis: Wird er gefordert, so sinkt die Nachfrage auf 0 ab: $h=g(0)$.
n bezeichnet eine maximale Nachfrage: Selbst wenn man die Ware verschenkt, $g(n)=0$, steigt die Nachfrage nicht über n hinaus.

Bild 22

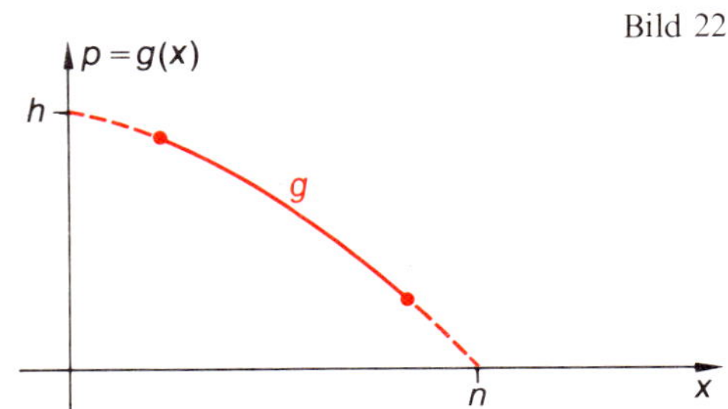

a) Als einfaches mathematisches Modell bietet sich für g eine quadratische Funktion

$$g\colon x \longrightarrow rx^2 + sx + t$$

an. Welche Bedingungen müssen die Koeffizienten r, s und t erfüllen, damit g eine für das Problem brauchbare Nachfragefunktion ist? Beachten Sie, daß g in $[0; n]$ streng monoton fällt.

Hinweis: Es gibt zwei Möglichkeiten.

b) Stimmt im Marktgleichgewicht die Produktionsmenge mit der Nachfrage überein, so ergibt sich der Erlös zu

$$E(x) = g(x) \cdot x; \quad x \in [0; n].$$

Bei dem quadratischen Ansatz aus a) für die Nachfragefunktion g ist die **Erlösfunktion** E wie die Kostenfunktion K (vgl. Aufgabe 68) eine kubische Funktion. Die **Gewinnfunktion** G ist durch

$$G(x) = E(x) - K(x); \quad x \in [0; n]$$

definiert.

Es sei $a = 0{,}8$, $\quad b = -4$, $\quad c = 9$, $\quad d = 25$

sowie $r = -0{,}5$, $\quad s = -0{,}1$, $\quad t = 1255$.

Prüfen Sie, daß diese Koeffizienten die in Aufgabe 68 bzw. 70 a) aufgestellten Bedingungen erfüllen. Wie groß ist die Nachfrage n, wenn die Ware verschenkt wird?

Untersuchen und zeichnen Sie die Funktionen E, K und G im Intervall $[0; n]$. Interpretieren Sie die Ergebnisse.

c) Die Funktion $\bar{G}$ mit $\bar{G}(x) = \dfrac{G(x)}{x}$; $x \in]0; n]$ gibt bei der Produktionsmenge x den mittleren Gewinn pro Mengeneinheit an. Man nennt $\bar{G}$ **Stückgewinnfunktion.**

Zeigen Sie, daß $\bar{G}$ in $]0; n]$ genau ein lokales Maximum hat. Es ist zugleich global. Bestätigen Sie, daß es ungefähr bei 2,76 liegt. Wie groß ist der maximale Stückgewinn $\bar{G}_{max}$? Die Maxima von $\bar{G}$ und G liegen an sehr unterschiedlichen Stellen. Obwohl bei $x = 2{,}76$ der Stückgewinn maximal ist, ist der Gewinn dort wegen der geringen Produktionsmenge x nicht maximal.

Berechnen Sie den Gewinn bei $x = 2{,}76$ – Vergleich mit dem maximalen Gewinn G_{max}.

Berechnen Sie auch den Stückgewinn $\bar{G}$ an der Stelle, an der der Gewinn maximal wird – Vergleich mit $\bar{G}_{max}$.

71. Die Nachfragefunktion kann – anders als in Aufgabe 70 – auch gebrochenrational sein; sie laute

$$g\colon x \longrightarrow \frac{500}{x+10} - 5; \quad x \in [0; n].$$

Bestimmen Sie die Nachfrage n, die sich einstellt, wenn die Ware verschenkt wird. Zeichnen Sie g in $[0; n]$.

Geben Sie die Erlösfunktion E an und untersuchen und zeichnen Sie sie in $[0; n]$. Für welche Produktionsmenge x ist der Erlös maximal und wie groß ist er dann?

72. Für die Produktionsmenge x eines Betriebes gelten die Nachfragefunktion $g\colon\ x \to g(x) = 0{,}025x^2 - 1{,}8x + 31{,}2$ und die Kostenfunktion

$K\colon\ x \to K(x) = 0{,}025x^3 - 0{,}3x^2 + 1{,}2x + 1.$

a) Zeigen Sie, daß die Koeffizienten von g und K die in den Aufgaben 68 und 70. a) aufgestellten Zulässigkeitsbedingungen erfüllen.

b) Geben Sie die Nachfragemenge n an, die sich einstellt, wenn die Ware verschenkt wird. Beachten Sie, daß sich zwei positive Werte für n ergeben, von denen einer als wirtschaftlich nicht sinnvoll zu verwerfen ist.

c) Stellen Sie die Erlösfunktion E, die Gewinnfunktion G und die Stückgewinnfunktion $\bar{G}$ auf. Untersuchen und zeichnen Sie die Funktionen g, K, E, G und $\bar{G}$ im Intervall $[0; n]$, wobei für K, E und G dasselbe Koordinatensystem zu verwenden ist. Zeigen Sie insbesondere, daß K einen Sattelpunkt besitzt.
Berechnen Sie die Hochpunkte von E, G und $\bar{G}$.

73. In einem Betrieb sollen Fernsehgeräte hergestellt werden. Wir nehmen an, daß die Produktionsmenge x von (nur) zwei **Produktionsfaktoren** abhängig sei:
Es sei y die **Einsatzmenge** menschlicher Arbeitskraft (z.B. $y = 720$ Arbeitsstunden der Betriebsangehörigen), und z sei die Einsatzmenge von Maschinen (z.B. $z = 24$ Maschinenstunden).
Die **Produktionsfunktion** F gibt an, wie die Produktionsmenge x von den Einsatzmengen y und z der beiden Produktionsfaktoren Mensch und Maschine abhängig ist:

$$x = F(y, z).$$

Ferner nehmen wir an, daß x um so größer ist, je größer y und z sind. Wenn eine bestimmte Produktionsmenge erzielt werden muß, soll ein Mangel an Arbeitskräften durch erhöhten Einsatz von Maschinen und der Ausfall einer Maschine durch erhöhten Einsatz menschlicher Arbeitskraft ausgeglichen werden können. Diese Zusammenhänge müssen von der Produktionsfunktion F widergespiegelt werden.
Ein in den Wirtschaftswissenschaften diskutierter Ansatz für die Funktion F lautet

$$(1) \qquad x = F(y, z) = a \cdot y^{\alpha} \cdot z^{\beta}; \quad y, z \in \mathbb{R}^+$$

mit positiven Konstanten a, α, β.
Natürlich stellt die Gleichung (1) nur ein vereinfachtes **Modell** der im allgemeinen viel komplexeren Wirklichkeit dar. Begründen Sie, daß dennoch durch (1) wesentliche Züge der Realität wiedergegeben werden, so daß diese durch (1) wenigstens grob oder ausschnittweise beschrieben wird.
Es ist Aufgabe der Ökonometrie, aufgrund von Beobachtungen die numerischen Werte der Parameter a, α und β zu schätzen und so die Produktionsfunktion F der speziellen Situation eines Betriebes anzupassen.
Die Einsatzmengen y und z der beiden Produktionsfaktoren haben im allgemeinen unterschiedliche Preise p_y bzw. p_z (gemessen z.B. in DM pro Stunde). Um die Produktionsmenge x zu erzielen, entstehen daher beim Einsatz der Mengen y und z die Kosten

$$(2) \qquad K = p_y \cdot y + p_z \cdot z; \quad y, z, p_y, p_z \in \mathbb{R}^+.$$

Problem 1: Kostenminimierung
Es soll eine vorgegebene Produktionsmenge x erzielt werden. Wie groß müssen die Einsatzmengen y und z gewählt werden, damit die Kosten K minimal werden? Wie groß sind dann das Verhältnis $\frac{z}{y}$ und die minimalen Kosten K?
Lösen Sie das Problem zuerst allgemein und danach mit folgenden Daten:
$a = 30$, $\alpha = \frac{1}{4}$, $\beta = \frac{3}{4}$, also $x = F(y, z) = 30 \cdot \sqrt[4]{y \cdot z^3}$
$p_y = 16$, $p_z = 3$, also $K = 16y + 3z$
zu erzielende Produktionsmenge $x = 960$ (Fernsehgeräte).

Problem 2: Produktionsmaximierung
Die für die Produktion zur Verfügung stehenden Geldmittel K liegen fest. Wie groß müssen die Einsatzmengen y und z gewählt werden, damit die Produktionsmenge x maximal wird? Wie groß sind dann das Verhältnis $\frac{z}{y}$ und die maximale Produktionsmenge x? Lösen Sie das Problem zuerst allgemein und danach mit den obigen Daten für a, α, β, p_y und p_z. Die verfügbaren Geldmittel sollen $K = 1024$ (DM) betragen.
Vergleichen Sie die Lösungen der beiden Probleme 1 und 2 und interpretieren Sie die Ergebnisse.

5.6 Wurzelfunktionen

Für die meisten Anwendungen genügt es zu wissen, wie die Quadratwurzelfunktion $x \to \sqrt{x}$ abgeleitet wird. Vielfach kann man ihre Ableitung durch Quadrieren sogar umgehen (Beispiel 19, Seite 98 und Beispiel 20, Seite 100). Bei der Untersuchung von Wurzelfunktionen ist es aber doch nützlich, die Ableitungsregeln aus Satz 4, Seite 85 und Aufgabe 22, Seite 88 zur Verfügung zu haben:

$$f(x) = \sqrt[n]{g(x)} \text{ mit } n \in \mathbb{N} \setminus \{0, 1\} \text{ und } g(x) > 0 \Rightarrow f'(x) = \frac{g'(x)}{n \cdot \sqrt[n]{g(x)}^{\,n-1}};$$

$$f(x) = x^r;\ x \in \mathbb{R}_+^* \text{ mit } r \in \mathbb{Q} \Rightarrow f'(x) = r \cdot x^{r-1}$$

Beispiel 22: Die Funktion $f\colon x \to \frac{x}{2} \cdot \sqrt{4 - x^2}$ soll untersucht und gezeichnet werden. Wir lassen uns dabei von der für rationale Funktionen aufgestellten Liste von Seite 92 leiten:

1. Definitionsmenge: f ist definiert, wenn der Radikand nicht negativ ist.
$4 - x^2 \geq 0 \Leftrightarrow (2 - x) \cdot (2 + x) \geq 0 \Leftrightarrow -2 \leq x \leq 2$ Daher ist $D_f = [-2;\ 2]$.

2. Pole: Da alle Häufungspunkte von D_f zu D_f gehören, hat f keine Pole (Definition 4, Seite 91).

3. Nullstellen: Man liest unmittelbar ab: $x_1 = 0$, $x_2 = -2$; $x_3 = 2$.

4. Schnittpunkt mit der y-Achse: $(0;\ 0)$; denn $f(0) = 0$.

5. Symmetrieverhalten: $f(-x) = -\frac{x}{2} \cdot \sqrt{4 - (-x)^2} = -f(x)$.
Also ist f punktsymmetrisch zum Ursprung.

6. Asymptoten: Da ∞ und $-\infty$ keine Häufungspunkte von D_f sind, hat f keine Asymptoten (Definition 3, Seite 34).

7. Ableitungen: Man notiert den Funktionsterm $f(x)$ am besten folgendermaßen und erhält dann nacheinander:

$$\begin{aligned}
f(x) &= \tfrac{x}{2} \cdot (4 - x^2)^{\frac{1}{2}} \\
f'(x) &= \tfrac{1}{2} \cdot (4 - x^2)^{\frac{1}{2}} + \tfrac{x}{2} \cdot \tfrac{1}{2} \cdot (4 - x^2)^{-\frac{1}{2}} \cdot (-2x) \\
&= \tfrac{1}{2} \cdot (4 - x^2)^{-\frac{1}{2}} \cdot ((4 - x^2) - x^2) \\
&= (2 - x^2) \cdot (4 - x^2)^{-\frac{1}{2}} \\
f''(x) &= (-2x) \cdot (4 - x^2)^{-\frac{1}{2}} + (2 - x^2) \cdot (-\tfrac{1}{2}) \cdot (4 - x^2)^{-\frac{3}{2}} \cdot (-2x) \\
&= (4 - x^2)^{-\frac{3}{2}} \cdot ((-8x + 2x^3) + (2x - x^3)) \\
&= (-6x + x^3) \cdot (4 - x^2)^{-\frac{3}{2}} \\
f'''(x) &= (-6 + 3x^2) \cdot (4 - x^2)^{-\frac{3}{2}} + (-6x + x^3) \cdot (-\tfrac{3}{2}) \cdot (4 - x^2)^{-\frac{5}{2}} \cdot (-2x) \\
&= (4 - x^2)^{-\frac{5}{2}} \cdot [(-6 + 3x^2) \cdot (4 - x^2) + 3x \cdot (-6x + x^3)] \\
&= -24 \cdot (4 - x^2)^{-\frac{5}{2}}
\end{aligned}$$

8. lokale Extrema: Die Gleichung $2 - x^2 = 0$ hat die beiden Lösungen $x_4 = \sqrt{2}$ und $x_5 = -\sqrt{2}$, die beide in D_f liegen. Aus $f''(\sqrt{2}) < 0$ folgt, daß f bei $\sqrt{2}$ ein lokales Maximum hat. Die Ordinate ist $f(\sqrt{2}) = 1$. Daher ist $(\sqrt{2};\ 1)$ ein lokaler Hochpunkt. Wegen der Punktsymmetrie ist $(-\sqrt{2};\ -1)$ ein lokaler Tiefpunkt.

9. Wendepunkte: Die Gleichung $-6x+x^3=0$ hat die Lösungen $x_6=0$, $x_7=\sqrt{6}$ und $x_8=-\sqrt{6}$, von denen nur die erste in D_f liegt. Aus $f'''(0)\neq 0$ folgt, daß f bei 0 einen Wendepunkt hat. Die Ordinate ist $f(0)=0$.

10. zusätzliche Betrachtungen:
a) Steigung der Wendetangente: $f'(0)=2\cdot 4^{-\frac{1}{2}}=1$
b) Aus $f'(x)=(2-x^2)\cdot(4-x^2)^{-\frac{1}{2}}$ folgt $\quad \lim\limits_{x\to 2}\frac{1}{f'}(x)=\lim\limits_{x\to 2}\frac{\sqrt{4-x^2}}{2-x^2}=\frac{\sqrt{4-4}}{2-4}=0.$

f' ist an der Stelle 2 nicht definiert, hat aber dort nach Definition 4 (Seite 91) einen Pol. Das bedeutet anschaulich, daß der Graph von f in den Punkt $(2; 0)$ mit vertikaler Tangente („Steigung ∞") einläuft. Wegen der Punktsymmetrie gilt Gleiches auch für den Punkt $(-2; 0)$.

11. Die Ergebnisse 1. bis 10. führen zu folgender Zeichnung:

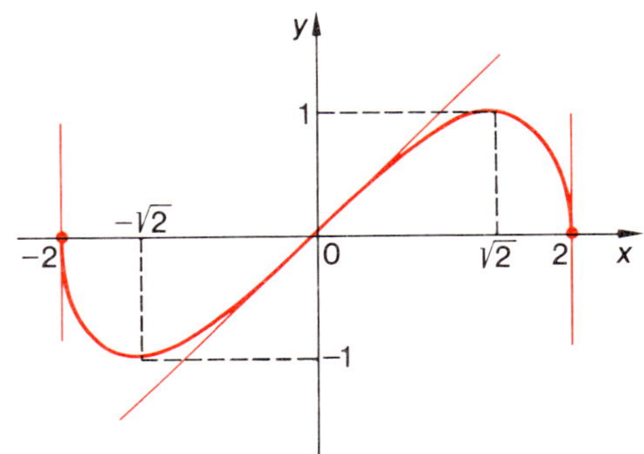

Bild 23

Beispiel 23: Wir untersuchen die Funktion $f\colon x\to x\cdot\sqrt{\frac{3-x}{3+x}}$.

1. Definitionsmenge: $\frac{3-x}{3+x}\geq 0 \Leftrightarrow -3<x\leq 3$.
Daher ist $D_f=]-3; 3]$.

2. Pole: Es ist -3 ein nicht zu D_f gehörender Häufungspunkt von D_f.
Weil

$$\lim_{x\to -3}\frac{1}{f}(x)=\lim_{x\to -3}\frac{1}{x}\cdot\sqrt{\frac{3+x}{3-x}}=\frac{1}{-3}\cdot\sqrt{\frac{3-3}{3+3}}=0$$

gilt, hat f nach Definition 4 (Seite 91) bei -3 einen Pol.

3. Nullstellen: $x_1=0$, $x_2=3$.

4. Schnittpunkt mit der y-Achse: $(0; 0)$; denn $f(0)=0$.

5. Symmetrieverhalten: f ist weder achsensymmetrisch zur y-Achse noch punktsymmetrisch zum Ursprung.

6. Asymptoten: Da ∞ und $-\infty$ keine Häufungspunkte von D_f sind, hat f keine Asymptoten (Definition 3, Seite 34).

7. Ableitungen: Man notiert den Funktionsterm am besten in der Form

$f(x)=x\cdot(3-x)^{\frac{1}{2}}\cdot(3+x)^{-\frac{1}{2}}$ und erhält dann

$f'(x)=(9-3x-x^2)\cdot(3-x)^{-\frac{1}{2}}\cdot(3+x)^{-\frac{3}{2}}$ und

$f''(x)=(-54+9x)\cdot(3-x)^{-\frac{3}{2}}\cdot(3+x)^{-\frac{5}{2}}$

Es zeigt sich unten, daß $f'''(x)$ in diesem Fall nicht benötigt wird.

8. lokale Extrema: Die Gleichung $9-3x-x^2=0$ hat die Lösungen $x_3=\frac{3}{2}(\sqrt{5}-1)$ und $x_4=-\frac{3}{2}(\sqrt{5}+1)$.
Es gilt $x_3 \in D_f$; aber $x_4 \notin D_f$. Aus $f''(x_3)<0$ folgt, daß bei $x_3 \approx 1{,}854$ ein lokales Maximum liegt. Die Ordinate ist $f(x_3) \approx 0{,}901$. Hochpunkt $H \approx (1{,}854;\ 0{,}901)$.

9. Wendepunkte: Die Gleichung $-54+9x=0$ hat die nicht in D_f liegende Lösung 6. Es gibt daher keine Wendepunkte, und die dritte Ableitung wird nicht benötigt (s. o.).

10. Zusätzliche Betrachtungen:
a) Steigung von f an der Stelle 0: $f'(0)=1$
b) Aus $f'(x)=\dfrac{9-3x-x^2}{\sqrt{3-x}\cdot(\sqrt{3+x})^3}$ folgt

$$\lim_{x\to 3}\frac{1}{f'}(x)=\lim_{x\to 3}\frac{\sqrt{3-x}\cdot(\sqrt{3+x})^3}{9-3x-x^2}=\frac{\sqrt{3-3}\cdot(\sqrt{3+3})^3}{9-9-9}=0.$$

f' ist an der Stelle 3 nicht definiert, hat dort aber nach Definition 4 (Seite 91) einen Pol. Das bedeutet anschaulich, daß der Graph von f in den Punkt (3; 0) mit vertikaler Tangente („Steigung ∞") einläuft.

11. Sammelt man die bisherigen Ergebnisse und berechnet noch einige Punkte, so kann f gezeichnet werden.

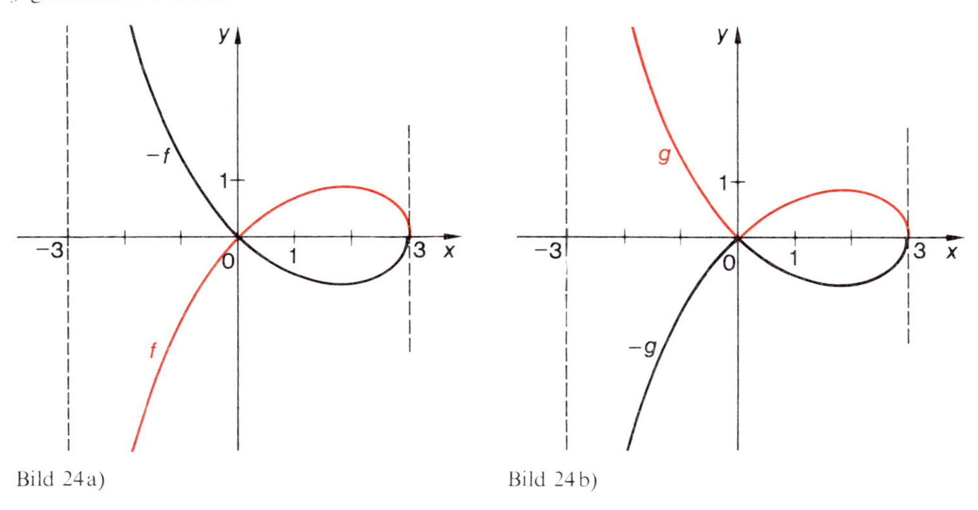

Bild 24a) Bild 24b)

Beispiel 24: In Bild 24.a) sind die Funktion f aus Beispiel 23 (rot) und zusätzlich $-f$ (schwarz) dargestellt. Die Vereinigung beider Graphen ist natürlich nicht der Graph einer Funktion, da es zu jedem Element x mit $-3<x<3$ und $x \neq 0$ genau zwei Werte, nämlich $f(x)$ und $-f\ (x)$ gibt. Für beide Funktionen gilt aber $[f(x)]^2=[-f(x)]^2=x^2\cdot\frac{3-x}{3+x}$. Die Vereinigung stellt also die Lösungsmenge $L=\{(x;y)\,|\,y^2\cdot(3+x)=x^2\cdot(3-x)\}$ der Gleichung $y^2\cdot(3+x)=x^2\cdot(3-x)$ dar. Die graphische Darstellung von L hat bei 0 einen „Knoten".

Wenn umgekehrt eine solche Gleichung gegeben und die Aufgabe gestellt ist, ihre Lösungsmenge graphisch darzustellen, so versucht man, der Gleichung Funktionen so zuzuordnen, daß die Vereinigung der Funktionsgraphen die Lösungsmenge darstellt. Denn Funktionsuntersuchungen sind uns geläufig.

Nun kann man aber einer Gleichung im allgemeinen auf mehrere Weisen Funktionen in diesem Sinne zuordnen. Im vorliegenden Fall erhält man eine Darstellung von L nicht nur durch Vereinigung von

$$f\colon x \to x \cdot \sqrt{\frac{3-x}{3+x}} \quad \text{und } -f,$$

sondern auch von

$$g\colon x \to |x| \cdot \sqrt{\frac{3-x}{3+x}} \quad \text{und } -g.$$

Dies zeigt Bild 24b): g (rot) und $-g$ (schwarz).
Die erste Darstellung durch f und $-f$ ist hier vorzuziehen, weil beide Funktionen an der Stelle 0 differenzierbar sind, was für g und $-g$ nicht gilt.

Aufgaben

74. Differenzieren Sie folgende Terme.

a) $\sqrt[5]{x^3}$ b) $\sqrt[3]{x^7}$ c) $\frac{1}{\sqrt{x}}$ d) $\sqrt[5]{1-x}$ $\sqrt[4]{(x-2)^3}$

f) $\sqrt[3]{\frac{1+x}{1-x}}$ g) $\frac{1}{\sqrt{4-x^2}}$ h) $\frac{x}{\sqrt[3]{1-x^2}}$ i) $\frac{\sqrt{x-4}}{\sqrt[3]{x-2}}$

75. Unter welcher Bedingung über r ist die Funktion $f\colon x \to x^r$ mit $r \in \mathbb{Q}$ an der Stelle 0 differenzierbar, und wie groß ist dann $f'(0)$?

76. Stellen Sie die Lösungsmengen folgender Gleichungen graphisch dar, indem Sie zweckmäßig Funktionen einführen, untersuchen und zeichnen.

a) $4y^2 = x^2 \cdot (x+2)$, $4y^2 = x^3$, $4y^2 = x^2 \cdot (x-2)$
Die Graphen haben bei 0 einen „Knoten" bzw. eine „Spitze" bzw. einen „Einsiedler".

b) $y^2 \cdot (2-x) = x^2 \cdot (x+1)$, $y^2 \cdot (2-x) = x^3$, $y^2 \cdot (2-x) = x^2 \cdot (x-1)$

c) $\frac{x^2}{16} + \frac{y^2}{9} = 1$, $x^2 + y^2 = 1$, $\frac{x^2}{9} + \frac{y^2}{16} = 1$

d) $\frac{x^2}{16} - \frac{y^2}{9} = 1$, $x^2 - y^2 = 1$, $\frac{x^2}{9} - \frac{y^2}{16} = 1$

e) $4y^2 = x^2 \cdot (x^2+4)$, $4y^2 = x^4$, $4y^2 = x^2 \cdot (x^2-4)$, $4y^2 = x^2 \cdot (4-x^2)$

f) $y^2 = x \cdot (x^2-4)$

g) $4y^2 = x^4 \cdot (x+5)$

h) $4y^2 = x^3 \cdot (4-x)$

i) $y^2 = (4-\sqrt[3]{x^2})^3$

k) $(x^2+y^2)^3 = x^4$

l) $x^3 + y^3 = 3x^2$

m) $y^4 = x^4 - 5x^2 + 4$

6 Rechtecksummen

6.1 Das Flächeninhaltsproblem

Aus dem Geometrieunterricht der Sekundarstufe I sind Formeln bekannt, mit deren Hilfe man den Flächeninhalt gewisser ebener Figuren berechnen kann.

Figur		Flächeninhalt
Rechteck	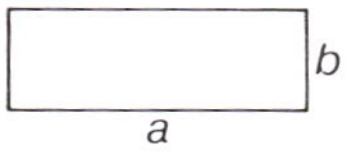 (Rechteck mit Seiten a, b)	$A = ab$
Parallelogramm	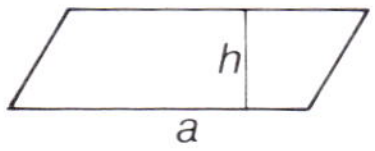 (Parallelogramm mit Grundseite a, Höhe h)	$A = ah$
Dreieck	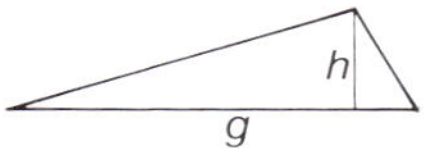 (Dreieck mit Grundseite g, Höhe h)	$A = \frac{1}{2}gh$
Trapez	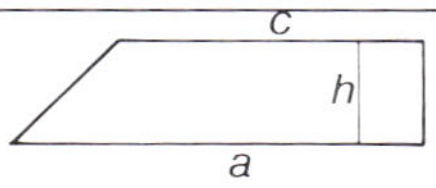 (Trapez mit Seiten a, c, Höhe h)	$A = \frac{1}{2}(a+c)h$

Tabelle 1

Die Flächeninhaltsformeln gewinnt man aus der des Rechtecks, indem man durch Zerlegen des Rechtecks und Zusammenfügen von Teilfiguren mit bekanntem Flächeninhalt die übrigen Figuren der Tabelle aufbaut. Auf ähnliche Weise kann man den Flächeninhalt eines beliebigen ebenen Vielecks bestimmen, das von endlich vielen Strecken begrenzt ist.
Diese Methode versagt, wenn die Figur auch von krummen Linien begrenzt ist. In diesem Falle ist man auf Näherungsverfahren zur Berechnung des Flächeninhalts angewiesen.

Beispiel 1: Der Flächeninhalt eines Viertelkreises vom Radius 1 soll näherungsweise berechnet werden. Zu diesem Zweck wird der Kreisbogen in ein Koordinatensystem eingezeichnet. Das Intervall $[0; 1]$ wird in n gleiche Teile geteilt und eine obere und eine untere Treppenfläche festgelegt (Bild 1).

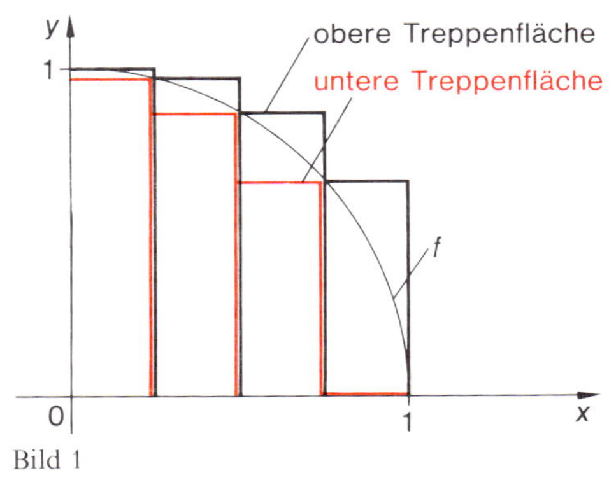

Bild 1

Da das Intervall $[0; 1]$ in n gleiche Teile geteilt ist, liegen die Teilpunkte bei

$$0, \frac{1}{n}, \frac{2}{n}, \ldots, 1.$$

Da der Kreisbogen durch die Funktion

$$f\colon x \to \sqrt{1-x^2}; \quad x \in [0; 1]$$

beschrieben wird, haben die Kreispunkte mit den Abszissen

$$0, \frac{1}{n}, \qquad \frac{2}{n}, \qquad \ldots, 1$$

die Ordinaten

$$1, \sqrt{1-\left(\frac{1}{n}\right)^2}, \sqrt{1-\left(\frac{2}{n}\right)^2}, \ldots, 0.$$

Man entnimmt Bild 1, daß die untere Treppenfläche den Inhalt

$$_*S_n = \frac{1}{n} \cdot \sqrt{1-\left(\frac{1}{n}\right)^2} + \frac{1}{n} \cdot \sqrt{1-\left(\frac{2}{n}\right)^2} + \cdots + \frac{1}{n} \cdot 0$$

$$= \sum_{k=1}^{n} \frac{1}{n} \cdot \sqrt{1-\left(\frac{k}{n}\right)^2},$$

und die obere Treppenfläche den Inhalt

$$^*S_n = \frac{1}{n} \cdot 1 + \frac{1}{n} \cdot \sqrt{1-\left(\frac{1}{n}\right)^2} + \cdots + \frac{1}{n} \cdot \sqrt{1-\left(\frac{n-1}{n}\right)^2}$$

$$= \sum_{k=0}^{n-1} \frac{1}{n} \cdot \sqrt{1-\left(\frac{k}{n}\right)^2} = \sum_{k=1}^{n} \frac{1}{n} \cdot \sqrt{1-\left(\frac{k-1}{n}\right)^2}$$

hat.

In der folgenden Tabelle sind für einige Werte von n die Flächeninhalte $_*S_n$, $^*S_n$ und ihr arithmetisches Mittel auf 4 Stellen nach dem Komma angegeben. Die Werte wurden mit einem (programmierbaren) Taschenrechner berechnet.

n	$_*S_n$	$^*S_n$	$\frac{1}{2}(_*S_n + {}^*S_n)$
1	0,0000	1,0000	0,5000
2	0,4330	0,9330	0,6830
4	0,6239	0,8739	0,7489
8	0,7100	0,8350	0,7725
16	0,7496	0,8121	0,7809
32	0,7682	0,7995	0,7839
64	0,7770	0,7926	0,7848
128	0,7813	0,7891	0,7852
256	0,7834	0,7873	0,7854
512	0,7844	0,7864	0,7854
1024	0,7849	0,7859	0,7854

Tabelle 2

Das Zahlenmaterial der Tabelle führt auf folgende Vermutungen:

1. Durch Einfügen weiterer Teilpunkte ergeben sich obere Treppenflächen mit kleinerem und untere Treppenflächen mit größerem Flächeninhalt.

2. Mit wachsendem n wird die Differenz zwischen den Flächeninhalten der oberen und unteren Treppenfläche beliebig klein.

3. Das arithmetische Mittel eines oberen und unteren Treppenflächeninhalts liefert einen besseren Näherungswert für den Inhalt des Viertelkreises. Dieser ist nämlich $\frac{\pi}{4}$; tatsächlich ist $\frac{\pi}{4} \approx 0{,}7854$ auf vier Stellen nach dem Komma genau.

Zu 1. Die Verdoppelung von n bedeutet eine Halbierung jedes Teilintervalls der Teilung von $[0; 1]$. Dabei wird von jedem Teilrechteck der oberen Treppenfläche das graue Rechteck abgeschnitten und zu jedem Teilrechteck der unteren Treppenfläche das rote Rechteck hinzugefügt (Bild 2). Daher ist die erste Vermutung richtig.

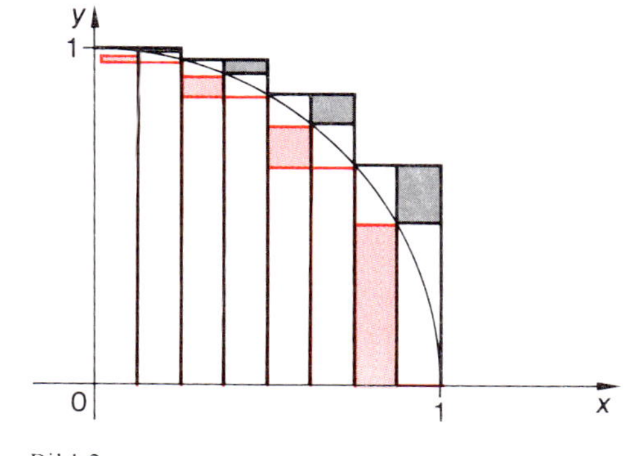

Bild 2

Zu 2. Tatsächlich ist

$$^*S_n - {}_*S_n = \sum_{k=0}^{n-1} \frac{1}{n} \cdot \sqrt{1-\left(\frac{k}{n}\right)^2} - \sum_{k=1}^{n} \frac{1}{n} \cdot \sqrt{1-\left(\frac{k}{n}\right)^2}$$

$$= \frac{1}{n} \cdot \sqrt{1-\left(\frac{0}{n}\right)^2} - \frac{1}{n} \cdot \sqrt{1-\left(\frac{n}{n}\right)^2}$$

$$= \frac{1}{n} - 0 = \frac{1}{n}.$$

Dies liest man auch unmittelbar aus Bild 3 ab.

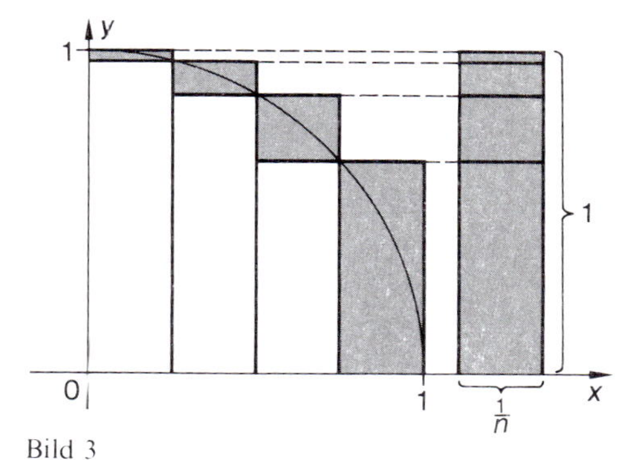

Bild 3

Zu 3. Die Bildung des arithmetischen Mittels bedeutet geometrisch, daß Näherungsrechtecke durch Näherungstrapeze ersetzt werden (Bild 4), die sich dem Kreisbogen offensichtlich besser anpassen.

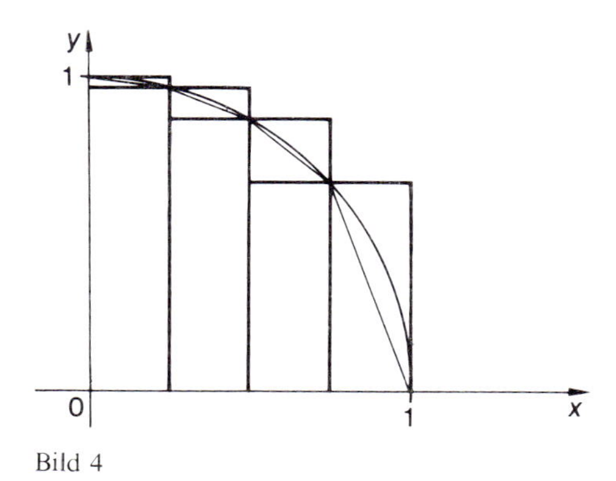

Bild 4

Der Flächeninhalt des Viertelkreises ist im Beispiel 1 als Flächeninhalt „unter" der Funktion $f\colon x \to \sqrt{1-x^2}$; $x \in [0; 1]$ näherungsweise bestimmt worden.
Es ist eine der Hauptaufgaben der Integralrechnung, diese Methode auf andere Funktionen zu verallgemeinern und Verfahren zu entwickeln, die die Berechnung solcher Flächeninhalte erleichtern.

6.2 Intervallteilungen. Beschränkte Mengen und Funktionen

In den folgenden Abschnitten werden die Eigenschaften der oberen und unteren Treppenflächen genauer untersucht. Es ist dazu zweckmäßig, den Begriff der Treppenfläche zu verallgemeinern.

Definition 1 (Teilung eines Intervalls): Sei $[a; b]$ ein abgeschlossenes Intervall in $\mathbb{R}$.
Eine nicht-leere endliche Teilmenge

$T = \{x_0, x_1, \ldots, x_n\}$ von $[a; b]$

heißt **Teilung** von $[a; b]$, wenn gilt:

$a = x_0 \leq x_1 \leq \ldots \leq x_n = b.$

Die Zahlen $x_k \in T$ $(k \in \{0, \ldots, n\})$ heißen **Teilpunkte** von $[a; b]$, die Intervalle $[x_{k-1}; x_k]$ $(k \in \{1, \ldots, n\})$ heißen **Teilintervalle** von $[a; b]$ zur Teilung T.

Gegenüber dem Beispiel 1 wird also hier darauf verzichtet, die Teilintervalle gleichlang zu wählen (Bild 5).
Im Beispiel 1 werden die Teilintervalle halbiert, um durch schmalere Rechtecke bessere Näherungswerte für den Flächeninhalt unter der Funktion zu erhalten.
Verallgemeinerung:

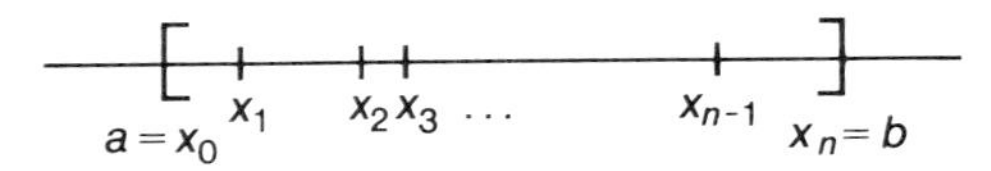

Bild 5

Definition 2 (Verfeinerung einer Teilung): Eine Teilung T' von $[a; b]$ heißt **Verfeinerung** einer Teilung T von $[a; b]$, wenn $T \subseteq T'$.
Man sagt auch: T' ist **feiner** als T.

Es genügt also nicht, daß T' eine größere Anzahl von Teilpunkten als T hat. Vielmehr müssen alle Teilpunkte von T auch in T' vorkommen.

Nunmehr soll der Begriff der Treppenfläche aus Beispiel 1 allgemein gefaßt werden.
Um sicher zu gehen, daß die Funktion $f\colon x \to f(x)$; $x \in [a; b]$ überhaupt zwischen die Begrenzungen einer oberen und unteren Treppenfläche eingeschlossen werden kann, muß vorausgesetzt werden, daß die Menge $f([a; b])$ aller Funktionswerte von f im Intervall $[a; b]$ beschränkt ist.
Dies bedeutet: Es gibt reelle Zahlen s und S, so daß gilt $s \leq f(x) \leq S$ für alle $x \in [a; b]$. Jede Zahl s mit dieser Eigenschaft heißt untere Schranke, jede Zahl S mit dieser Eigenschaft obere Schranke von $f([a; b])$.

Definition 3 (beschränkte Funktion): Eine Funktion $f\colon x \to f(x)$; $x \in [a; b]$ heißt **beschränkt** in $[a; b]$, wenn die Menge $f([a; b])$ ihrer Funktionswerte beschränkt ist.

Ist f in $[a; b]$ beschränkt, dann auch in jedem Teilintervall $[x_{k-1}; x_k] \subseteq [a; b]$ – sogar in jeder Teilmenge von $[a; b]$ –, weil jede obere (untere) Schranke von $f([a; b])$ erst recht obere (untere) Schranke der Teilmenge $f([x_{k-1}; x_k])$ von $f([a; b])$ ist.
Als Höhen der Rechtecke, aus denen die obere (untere) Treppenfläche in Beispiel 1 zusammengesetzt ist, werden die größten (kleinsten) Funktionswerte in den zugehörigen

Teilintervallen gewählt. Solche größten (kleinsten) Funktionswerte existieren nach dem Intervallsatz (Kap. 4.1, Satz 1), wenn f auf $[a; b]$ stetig ist. Wird für f jedoch nur die Beschränktheit in $[a; b]$ vorausgesetzt, braucht es solche größten (kleinsten) Funktionswerte nicht zu geben (Aufgabe 5). In diesem Falle wird man als Höhen der Rechtecke möglichst kleine obere (große untere) Schranken der Mengen $f([x_{k-1}; x_k])$ wählen.
Tatsächlich gibt es sogar eine kleinste obere (größte untere) Schranke für $f([x_{k-1}; x_k])$. Es ist eine wichtige und häufig verwendete Eigenschaft von beschränkten Mengen reeller Zahlen, daß sie eine kleinste obere und eine größte untere Schranke besitzen (vgl. Vorkurs Analysis 3.3).

Satz 1 (Vollständigkeitssatz): Sei M eine nicht-leere beschränkte Teilmenge von $\mathbb{R}$, dann besitzt M eine kleinste obere und eine größte untere Schranke.

Definition 4 (Supremum und Infimum): Die kleinste obere Schranke einer Menge M reeller Zahlen heißt **Supremum** (oder obere Grenze) von M (in Zeichen: $\sup M$), die größte untere Schranke **Infimum** (oder untere Grenze) von M (in Zeichen: $\inf M$).

Beweis von Satz 1: Es sei $a \in M$.
1. Fall: $x \leq a$ für alle $x \in M$.
Dann ist $a = \sup M$; denn a ist eine obere Schranke von M, und jede Zahl z mit $z < a$ ist keine obere Schranke, da z. B. $a > z$ und $a \in M$.
2. Fall: Es gibt $x \in M$ mit $x > a$.
Ist dann S eine obere Schranke von M, so gilt $a < x \leq S$. Daher ist $[a; S]$ ein Intervall.
Die Existenz der kleinsten oberen Schranke wird mit Hilfe des Intervallsatzes (Kapitel 4.1) bewiesen. Dieser Satz lautet:

Das stetige Bild eines abgeschlossenen Intervalls ist wieder ein abgeschlossenes Intervall.

Dazu wird auf $[a; S]$ folgende Funktion definiert:

$$f\colon\ x \to \begin{cases} 1, & \text{falls } x \text{ obere Schranke von } M \text{ ist} \\ 0, & \text{falls } x \text{ keine obere Schranke von } M \text{ ist.} \end{cases}$$

Es ist also $f([a; S]) = \{0, 1\}$ (Bild 6).

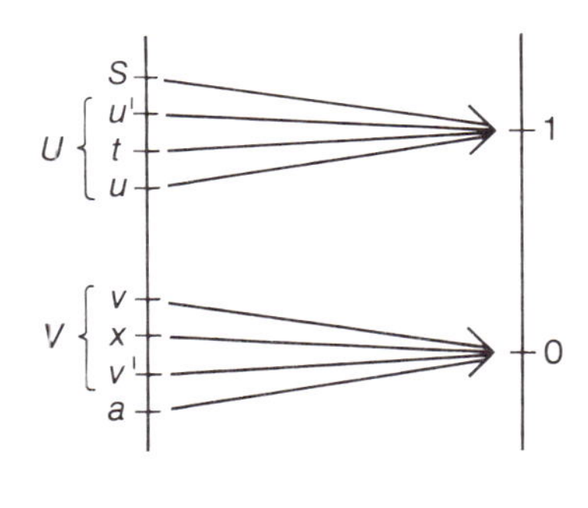

Bild 6

Da f das abgeschlossene Intervall $[a; S]$ auf die Menge $\{0, 1\}$ abbildet, diese Menge aber kein Intervall ist, folgt nach dem Intervallsatz, daß f auf $[a; S]$ nicht stetig ist. Es soll gezeigt werden, daß aus der Nicht-Stetigkeit von f die Existenz der kleinsten oberen Schranke von M folgt.
Angenommen, es gäbe keine kleinste obere Schranke von M. Die folgende Überlegung zeigt, daß dann f an jeder Stelle des Intervalls $[a; S]$ stetig sein müßte.

Ist $t \in [a; S]$ und t eine obere Schranke von M, dann ist $f(t)=1$. Nach Annahme gibt es keine kleinste obere Schranke von M; also gibt es eine obere Schranke u von M mit $u<t$. Ist ferner $u'>t$, dann ist $U=]u; u'[$ eine Umgebung von t, die aus lauter oberen Schranken von M besteht. Also ist $f(U \cap [a; S])=\{1\}$. Daraus folgt: f ist an der Stelle t stetig.

Ist x keine obere Schranke von M, dann ist $f(x)=0$. Ferner gibt es ein Element v von M mit $v>x$. Da nach Annahme M keine kleinste obere Schranke hat, ist auch v keine obere Schranke von M (vgl. Fall 1). Ist ferner $v'<x$, dann ist $V=]v'; v[$ eine Umgebung von x, in der kein Element obere Schranke von M ist. Also ist $f(V \cap [a; S])=\{0\}$. Daraus folgt: f ist an der Stelle x stetig.

Aus der Annahme folgt also, daß f an jeder Stelle von $[a; S]$ stetig ist. Wie oben gezeigt, ist diese Aussage aber falsch. Daher ist die Annahme, es gäbe keine kleinste obere Schranke von M, falsch; die Existenz einer (der) kleinsten oberen Schranke von M ist damit bewiesen.

Für den Fall der größten unteren Schranke vgl. Aufgabe 6.

Der Begriff der Treppenfläche wird durch folgende Definition verallgemeinert.

Definition 5 (Ober- und Untersumme): Es sei $f: x \to f(x); x \in [a; b]$ eine beschränkte Funktion, $T=\{x_0, x_1, \ldots, x_n\}$ eine Teilung von $[a; b]$. Ist $M_k = \sup f([x_{k-1}; x_k])$ und $m_k = \inf f([x_{k-1}; x_k])$ für $k \in \{1, \ldots, n\}$, dann heißt

$$^*S_f(T) = M_1(x_1-x_0)+M_2(x_2-x_1)+\cdots+M_n(x_n-x_{n-1}) = \sum_{k=1}^{n} M_k(x_k-x_{k-1})$$

Obersumme von f zur Teilung T und

$$_*S_f(T) = m_1(x_1-x_0)+m_2(x_2-x_1)+\cdots+m_n(x_n-x_{n-1}) = \sum_{k=1}^{n} m_k(x_k-x_{k-1})$$

Untersumme von f zur Teilung T.

Falls f in $[a; b]$ stetig ist, sind die Zahlen M_k bzw. m_k die größten bzw. kleinsten Funktionswerte von f in $[x_{k-1}; x_k]$.

Man schreibt auch einfach $^*S(T)$ und $_*S(T)$, falls aus dem Zusammenhang klar ist, um welche Funktion f es sich handelt.

Beispiel 2: Es sei $f: x \to x; x \in [0; a]$ mit $a>0$. Ferner sei $T=\{0, \frac{a}{n}, \frac{2a}{n}, \ldots, a\}$ die Teilung von $[0; a]$ in n gleichlange Teilintervalle der Länge $\frac{a}{n}$. Dann ist $\sup f([x_{k-1}; x_k]) = \sup f([\frac{(k-1)a}{n}; \frac{ka}{n}]) = f(\frac{ka}{n}) = \frac{ka}{n}$,
da ja f monoton wachsend ist. Entsprechend ist $\inf f([x_{k-1}; x_k]) = \frac{(k-1)a}{n}$.
Dann berechnen sich die Ober- und Untersumme nach Definition 5 zu

$$^*S(T) = \frac{a}{n}\cdot\frac{a}{n}+\frac{2a}{n}\cdot\frac{a}{n}+\cdots+\frac{na}{n}\cdot\frac{a}{n} = \frac{a^2}{n^2}(1+2+\cdots+n) = \frac{a^2}{n^2}\cdot\frac{n(n+1)}{2} = \frac{a^2}{2}\cdot\left(1+\frac{1}{n}\right) \text{ und}$$

$$_*S(T) = 0\cdot\frac{a}{n}+\frac{a}{n}\cdot\frac{a}{n}+\cdots+\frac{(n-1)a}{n}\cdot\frac{a}{n} = \frac{a^2}{n^2}(0+1+\cdots+(n-1)) = \frac{a^2}{n^2}\cdot\frac{(n-1)n}{2} = \frac{a^2}{2}\cdot\left(1-\frac{1}{n}\right).$$

Bei den letzten Schritten der Umrechnung wird die Summenformel

$$1+2+\cdots+n=\frac{n(n+1)}{2}$$

für alle $n \in \mathbb{N}^*$ benutzt. Man kann die Werte für die Ober- und Untersumme auch unmittelbar geometrisch aus Bild 7 entnehmen. Der Hauptanteil $\frac{a^2}{2}$ der beiden Summen ist der Flächeninhalt des durch f bestimmten rechtwinkligen Dreiecks mit der Grundseite a und der Höhe a.

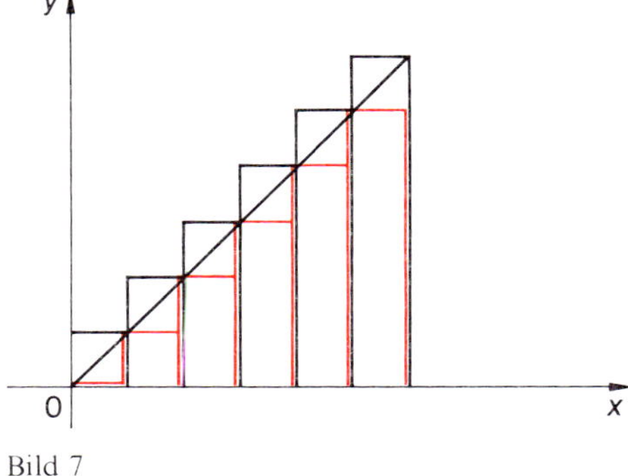

Bild 7

Beispiel 3: Es sei $f\colon x \to x^p$; $x \in [1; 2]$, $p \in \mathbb{N}$ und $p \geq 2$. Ferner sei $T=\{1, q, q^2, \ldots, 2\}$ mit $q=\sqrt[n]{2}$. Die Wahl gerade dieser Teilung ist ein Kunstgriff, der eine gemeinsame Berechnung von Ober- und Untersummen für $f\colon x \to x^p$ mit unterschiedlichem p ermöglicht.

Die Teilintervalle sind hier unterschiedlich lang: $x_k - x_{k-1} = q^k - q^{k-1} = q^{k-1}(q-1)$ für $k \in \{1, \ldots, n\}$. Da f auf $[1; 2]$ monoton wachsend ist (Bild 8), gilt wie im Beispiel 2

$$\sup f([x_{k-1}; x_k]) = f(x_k) = q^{kp},$$
$$\inf f([x_{k-1}; x_k]) = f(x_{k-1}) = q^{(k-1)p}.$$

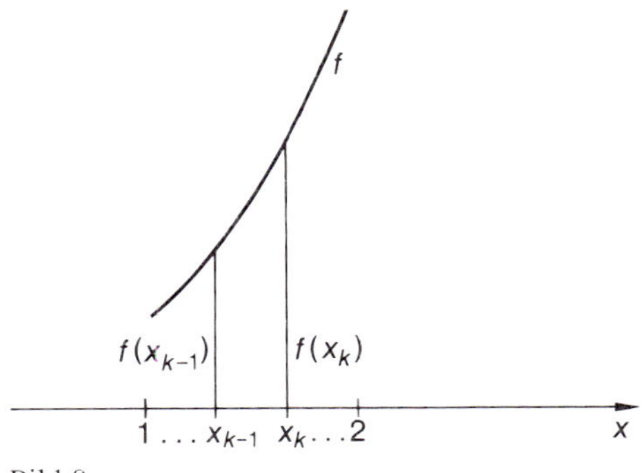

Bild 8

Damit berechnet man

$$\begin{aligned} {}^*S(T) &= q^p \cdot q^0(q-1) + q^{2p} \cdot q^1(q-1) + \cdots + q^{np} \cdot q^{n-1}(q-1) \\ &= q^p(q-1)\,(1 + q^{p+1} + (q^{p+1})^2 + \cdots + (q^{p+1})^{n-1}) \\ &= q^p(q-1)\,\frac{(q^{p+1})^n - 1}{q^{p+1} - 1} = q^p\,\frac{q-1}{q^{p+1}-1}\,(2^{p+1}-1) \end{aligned}$$

und

$$\begin{aligned} {}_*S(T) &= q^0 q^0(q-1) + q^p q^1(q-1) + \cdots + q^{(n-1)p} q^{n-1}(q-1) \\ &= (q-1)\,(1 + q^{p+1} + (q^{p+1})^2 + \cdots + (q^{p+1})^{n-1}) \\ &= (q-1)\,\frac{(q^{p+1})^n - 1}{q^{p+1} - 1} = \frac{q-1}{q^{p+1}-1}\,(2^{p+1}-1). \end{aligned}$$

Bei den letzten Schritten der Umrechnung wird die Summenformel

$$1+q+q^2+\cdots+q^{n-1}=\frac{q^n-1}{q-1} \text{ für alle } n \in \mathbb{N}^* \text{ benutzt.}$$

Die Deutung von Ober- und Untersummen als Flächeninhalte von Treppenflächen ist nur zulässig, wenn die Funktionswerte von f im betrachteten Intervall nicht negativ sind. Anderenfalls können die einzelnen Summanden der Ober- bzw. Untersumme auch negativ sein. Das führt zu einer weiteren Verallgemeinerung des zunächst anschaulich eingeführten Begriffs der Treppenfläche.

Beispiel 4: Es sei $f: x \to 2-x; x \in [-1; 4]$, $T = \{-1, 0, 1, 2, 3, 4\}$ (Bild 9).
Da f monoton fallend ist, gilt
$\sup f([x_{k-1}; x_k]) = f(x_{k-1})$ und
$\inf f([x_{k-1}; x_k]) = f(x_k)$.

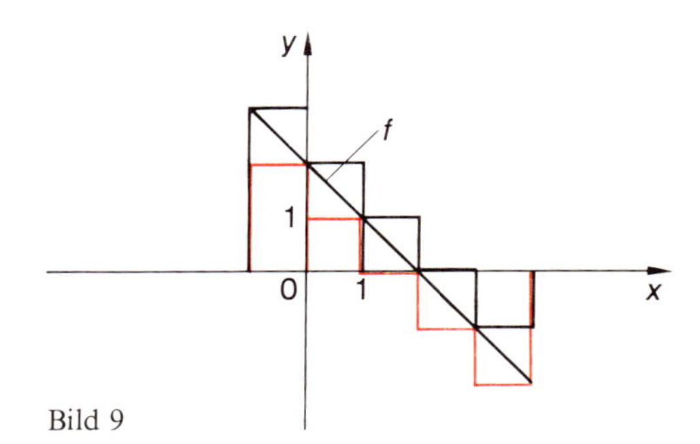

Bild 9

Daher ist

$${}^*S(T) = 3\cdot 1 + 2\cdot 1 + 1\cdot 1 + 0\cdot 1 + (-1)\cdot 1 = 5 \quad \text{und}$$
$${}_*S(T) = 2\cdot 1 + 1\cdot 1 + 0\cdot 1 + (-1)\cdot 1 + (-2)\cdot 1 = 0.$$

Für Ober- und Untersummen gelten einige einfache Sätze.

Satz 2 (Vergleich von Ober- und Untersummen): Sei f in $[a; b]$ beschränkt und T eine Teilung von $[a; b]$.
Dann gilt:

$${}_*S_f(T) \leq {}^*S_f(T).$$

Beweis: Nach Definition gilt für eine beschränkte Teilmenge $A \subseteq \mathbb{R}$

$$\inf A \leq \sup A.$$

Daher ist

$$m_k = \inf f([x_{k-1}; x_k]) \leq \sup f([x_{k-1}; x_k]) = M_k \quad \text{für } k \in \{1, \ldots, n\}.$$

Daraus folgt

$${}_*S_f(T) = \sum_{k=1}^{n} m_k(x_k - x_{k-1}) \leq \sum_{k=1}^{n} M_k(x_k - x_{k-1}) = {}^*S_f(T),$$

wie behauptet.

Satz 3 (Verhalten von Unter- und Obersummen bei Verfeinerungen): Sei f in $[a; b]$ beschränkt und seien T und T' Teilungen von $[a; b]$, $T \subseteq T'$. Dann gilt

$${}^*S_f(T') \leq {}^*S_f(T) \quad \text{und} \quad {}_*S_f(T') \geq {}_*S_f(T).$$

Bei Verfeinerung der Teilung werden also die Obersummen nicht größer und die Untersummen nicht kleiner.

Beweis: Nach Voraussetzung ist $T \subseteq T'$. Sei $T' = T \cup \{x'_1, x'_2, \ldots, x'_m\}$. Zunächst wird die Verfeinerung $T_1 = T \cup \{x'_1\}$ von T untersucht. Der neue Teilpunkt x'_1 liegt in einem Teilintervall $[x_{k-1}; x_k]$ von T (Bild 10).

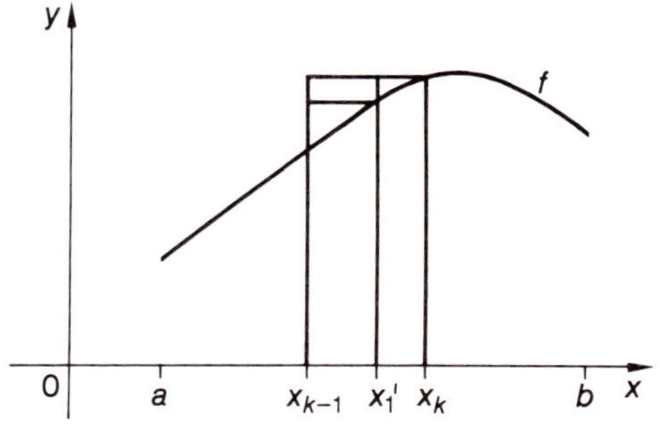

Bild 10

Daher treten in beiden Obersummen ${}^*S_f(T)$ und ${}^*S_f(T_1)$ die Summanden $M_1(x_1 - x_0), \ldots, M_{k-1}(x_{k-1} - x_{k-2}), M_{k+1}(x_{k+1} - x_k), \ldots, M_n(x_n - x_{n-1})$ auf, während in ${}^*S_f(T_1)$ statt des einen Summanden $M_k(x_k - x_{k-1})$ von $*S_f(T)$ die Summe $M_k'(x_1' - x_{k-1}) + M_k''(x_k - x_1')$ auftritt, wobei

$$M_k' = \sup f([x_{k-1}; x_1']),$$
$$M_k'' = \sup f([x_1'; x_k]).$$

M_k ist (kleinste) obere Schranke von $f([x_{k-1}; x_k])$, also erst recht obere Schranke der Teilmengen $f([x_{k-1}; x_1'])$ und $f([x_1'; x_k])$ von $f([x_{k-1}; x_k])$.
Daher ist

$$M_k' \leq M_k \quad \text{und} \quad M_k'' \leq M_k,$$

also

$$M_k'(x_1' - x_{k-1}) + M_k''(x_k - x_1') \leq M_k((x_1' - x_{k-1}) + (x_k - x_1')) = M_k(x_k - x_{k-1}).$$

Hieraus folgt durch Addition der in beiden Obersummen gemeinsamen Summanden

$$*S_f(T_1) \leq *S_f(T).$$

Nun wird das gleiche Verfahren auf die Teilungen

$$T_2 = T_1 \cup \{x_2'\}, \ \ldots, \ T' = T_m = T_{m-1} \cup \{x_m'\}$$

angewandt, von denen jede feiner als die vorhergehende ist. Man erhält

$$*S_f(T') = *S_f(T_m) \leq *S_f(T_{m-1}) \leq \ldots \leq *S_f(T_1) \leq *S_f(T)$$

und damit die Behauptung für die Obersummen.
Für die Untersummen verläuft der Beweis analog.

Satz 4 (Vergleich beliebiger Unter- und Obersummen): Es sei f in $[a; b]$ beschränkt. T und T' seien beliebige Teilungen von $[a; b]$. Dann gilt

$$_*S_f(T) \leq *S_f(T').$$

Anders ausgedrückt: Jede Untersumme ist kleiner oder gleich jeder Obersumme.

Beweis: $T \cup T'$ ist gemeinsame Verfeinerung von T und T'.
Daher gilt:

$$\begin{aligned} _*S_f(T) &\leq {}_*S_f(T \cup T') && \text{(Satz 3)} \\ &\leq *S_f(T \cup T') && \text{(Satz 2)}, \\ &\leq *S_f(T') && \text{(Satz 3)}, \end{aligned}$$

wie behauptet.

Hieraus folgt die für die weiteren Überlegungen grundlegende Eigenschaft der Menge der Obersummen bzw. der Menge der Untersummen.

Satz 5 (Beschränktheit der Menge der Unter- bzw. Obersummen): Es sei f in $[a; b]$ beschränkt. Dann ist die Menge

$$\{*S_f(T) \mid T \text{ Teilung von } [a; b]\}$$

aller Obersummen durch jede Untersumme nach unten beschränkt und die Menge

$$\{_*S_f(T) \mid T \text{ Teilung von } [a; b]\}$$

aller Untersummen durch jede Obersumme nach oben beschränkt.

Aufgaben

1. Berechnen Sie nach der Methode des Beispiels 1 näherungsweise den Flächeninhalt der Fläche unter der Funktion
a) $f\colon x \to x^2;\ x \in [1; 3]$, b) $f\colon x \to \sqrt{x};\ x \in [0; 1]$.
Wählen Sie $n = 1, 2, 4, 8$.

2. Berechnen Sie gemäß Beispiel 1 Näherungswerte für die Flächeninhalte unter der Funktion f im Intervall $[a; b]$, indem Sie das arithmetische Mittel der oberen und unteren Treppenflächeninhalte bilden.

a) $f\colon x \to x^2;\quad x \in [3; 7];\ n=4$
b) $f\colon x \to \frac{1}{4}x^2+2;\quad x \in [0; 3];\ n=3$
c) $f\colon x \to \frac{1}{x};\quad x \in [1; 6];\ n=5$
d) $f\colon x \to x^3-9x;\quad x \in [-3; 0];\ n=3$

Zum Vergleich die wahren Flächeninhalte: a) $\frac{316}{3}$; b) $\frac{33}{4}$; c) 1,792 (gerundet); d) $\frac{81}{4}$.

3. a) Beweisen Sie: Zu je zwei Teilungen T und T' von $[a; b]$ ist $T \cup T'$ gemeinsame Verfeinerung.

b) Beweisen Sie: Die Teilung T'' von $[a; b]$ ist genau dann gemeinsame Verfeinerung der Teilungen T und T' von $[a; b]$, wenn T'' Verfeinerung von $T \cup T'$ ist.

c) Bestimmen Sie die gröbste Teilung von $[a; b]$, d. h. diejenige Teilung, von der alle anderen Teilungen Verfeinerungen sind.

d) Beweisen Sie: Falls $a<b$, gibt es keine feinste Teilung von $[a; b]$.

4. Bestimmen Sie Infimum und Supremum folgender Mengen.

a) $[1; 3]$ b) $[1; 3[$ c) $]1; 3]$ d) $]1; 3[$
e) $\{\frac{1}{n} \mid n \in \mathbb{N}^*\}$ f) $\{x^2 \mid 3 \le x \le 5\}_{\mathbb{R}}$
g) $\{x^2 \mid 3 \le x \le 5 \wedge x \in \mathbb{Q}\}$

5. Bestimmen Sie $\inf f([a; b])$ und $\sup f([a; b])$ für $f\colon x \to f(x);\ x \in [a; b]$.

a) $f\colon x \to 3x^2+4;\quad a=0,\quad b=2$
b) $f\colon x \to -(x-1)^2+2;\quad a=0,\quad b=3$
c) $f\colon x \to \begin{cases} 1, & \text{falls } x<2 \\ x-5, & \text{falls } x \ge 2 \end{cases};\quad a=-1,\quad b=5$
d) $f\colon x \to \begin{cases} 0, & \text{falls } x=1 \\ 1+\frac{1}{x}, & \text{falls } 1<x<4; \\ 1, & \text{falls } x=4 \end{cases}\quad a=1,\quad b=4$
e) $f\colon x \to \begin{cases} x, & \text{falls } 0 \le x<2 \\ -2, & \text{falls } x=2; \\ -x+3, & \text{falls } 2<x \le 4 \end{cases}\quad a=0,\quad b=4$

6. Beweisen Sie die Aussage des Satzes 1 über die größte untere Schranke

a) durch Umformulierung des Beweises für die kleinste obere Schranke;

b) nach folgender Anleitung: Beweisen Sie

α) Ist M nach unten beschränkt, so ist $-M=\{-x \mid x \in M\}$ nach oben beschränkt;
β) $-M$ besitzt eine kleinste obere Schranke S;
γ) $-S$ ist größte untere Schranke von M.

7. Es sei $f\colon x \to -\frac{1}{2}x^2+\frac{5}{2}x;\ x \in [1; 4]$, $T=\{1, \frac{3}{2}, \frac{7}{4}, 2, 3, \frac{7}{2}, 4\}$ (Skizze!).
Berechnen Sie $^*S_f(T)$ und $_*S_f(T)$.

8. Es sei $f\colon x \to x^2-4;\ x \in [1; 3]$, $T=\{1, \frac{3}{2}, 2, \frac{5}{2}, 3\}$.
Berechnen Sie $^*S_f(T)$ und $_*S_f(T)$.

9. Es sei

$$f\colon x \to \begin{cases} 2, \text{ falls } x = 1 \\ 0, \text{ falls } x \neq 1 \end{cases}; \qquad x \in [0; 2]$$

$T_n = \{x_0, x_1, \ldots, x_n\}$ mit $x_k = \frac{2k}{n}$, $n \in \mathbb{N}^*$, $k \in \{1, \ldots, n\}$.
Berechnen Sie $^*S_f(T_n)$, $_*S_f(T_n)$, $\inf\{^*S_f(T_n) \mid n \in \mathbb{N}^*\}$ und $\sup\{_*S_f(T_n) \mid n \in \mathbb{N}^*\}$.

10. Es gilt $1^2 + 2^2 + \cdots + n^2 = \dfrac{n(n+1)(2n+1)}{6}$.

a) Bestätigen Sie die Summenformel für $n = 1, 2, 3, 4$.
b) Beweisen Sie mittels vollständiger Induktion, daß die Formel für alle $n \in \mathbb{N}^*$ gilt.
c) Es sei $f\colon x \to x^2$; $x \in [0; a]$ mit $a > 0$, $\quad T_n = \left\{0, \dfrac{a}{n}, \dfrac{2a}{n}, \ldots, \dfrac{(n-1)a}{n}, a\right\}$.
Beweisen Sie: Es gilt $^*S_f(T_n) = \dfrac{a^3}{3}(1 + c_n)$ und $_*S_f(T_n) = \dfrac{a^3}{3}(1 - d_n)$.
Berechnen Sie c_n und d_n und weisen Sie nach, daß $0 < c_n \leq 2$ und $0 < d_n \leq 1$ für alle $n \in \mathbb{N}^*$ gilt, und daß c_n und d_n nicht von a abhängen.
d) Berechnen Sie $\inf\{^*S_f(T_n) \mid n \in \mathbb{N}^*\}$ und $\sup\{_*S_f(T_n) \mid n \in \mathbb{N}^*\}$.

11. Es gilt $1^3 + 2^3 + \cdots + n^3 = \left(\dfrac{n(n+1)}{2}\right)^2$

a) Bestätigen Sie die Summenformel für $n = 1, 2, 3, 4$.
b) Beweisen Sie mittels vollständiger Induktion, daß die Summenformel für alle $n \in \mathbb{N}^*$ gilt.
c) Es sei $f\colon x \to x^3$; $x \in [0; a]$ mit $a > 0$ und T_n wie in Aufgabe 10c) die Teilungen von $[0; a]$ in gleichlange Teilintervalle.
Berechnen Sie die Ober- und Untersummen zu diesen Teilungen. Formulieren und beweisen Sie entsprechende Aussagen wie in 10c) und d).
d) Berechnen Sie das Infimum der Obersummen und das Supremum der Untersummen zu diesen Teilungen von $[0; a]$.

12. Es sei $f\colon x \to \frac{1}{x}$; $x \in [1; a]$, wobei $a > 1$,
$\qquad g\colon x \to \frac{1}{x}$; $x \in [a; b]$, wobei $b > a$.
Ferner sei $T = \{1, \sqrt[n]{a}, \sqrt[n]{a^2}, \ldots, a\}$ eine Teilung von $[1; a]$ und
$T' = \{a, \sqrt[n]{a} \cdot b, \sqrt[n]{a^2} \cdot b, \ldots, ab\}$ eine Teilung von $[a; b]$.
Berechnen und vergleichen Sie $^*S_f(T)$ und $^*S_g(T')$ sowie $_*S_f(T)$ und $_*S_g(T')$.

13. Es sei $T = \{x_0, x_1, \ldots, x_n\}$ eine Teilung von $[0; 1]$, $T' = \{ax_0, ax_1, \ldots, ax_n\}$ eine zugehörige Teilung von $[0; a]$ $(a > 0)$.
a) Es sei $f\colon x \to \sqrt{a^2 - x^2}$; $x \in [0; a]$,
$\qquad g\colon x \to \sqrt{1 - x^2}$; $x \in [0; 1]$.
Beweisen Sie: Es gilt
$$^*S_f(T') = a^2 \cdot {^*S_g(T)} \text{ und } {_*S_f(T')} = a^2 \cdot {_*S_g(T)}.$$
b) Es sei $f\colon x \to \dfrac{1}{a^2 + x^2}$; $x \in [0; a]$,
$\qquad g\colon x \to \dfrac{1}{1 + x^2}$; $x \in [0; 1]$.
Beweisen Sie: Es gilt
$^*S_f(T') = \frac{1}{a} \cdot {^*S_g(T)}$ und $_*S_f(T') = \frac{1}{a} \cdot {_*S_g(T)}$.

7 Das Integral

7.1 Oberes und unteres Integral

Nach Satz 5, S. 127, ist die Menge der Untersummen einer in $[a; b]$ beschränkten Funktion nach oben beschränkt. Daher existiert das Supremum der Menge der Untersummen. Bei einer Funktion mit positiven Funktionswerten ist dies Supremum anschaulich eine Art von „unterem Flächeninhalt" unter der Funktion f; die Untersummen kommen nämlich dem Flächeninhalt unter der Funktion beliebig nahe, da sich die unteren Treppenflächen mit wachsender Verfeinerung der Teilung des Intervalls immer besser der Funktion anschmiegen. Entsprechend ist die Menge der Obersummen nach unten beschränkt. Daher existiert ihr Infimum.
Falls die Funktionswerte positiv sind, läßt sich das Infimum anschaulich als „oberer Flächeninhalt" unter der Funktion f deuten.
Sind nicht alle Funktionswerte größer oder gleich Null, so können die Vorzeichen der Summanden der Ober- und Untersummen auch negativ sein. Man spricht dann nicht von unterem und oberem Flächeninhalt, sondern von unterem und oberem Integral.

Definition 1 (unteres und oberes Integral): Sei f in $[a; b]$ beschränkt. Dann heißt

$${}^{*}\int_a^b f = \inf\{{}^{*}S_f(T) \mid T \text{ Teilung von } [a; b]\}$$ **oberes Integral** von f in den Grenzen a, b.

Entsprechend heißt

$${}_{*}\int_a^b f = \sup\{{}_{*}S_f(T) \mid T \text{ Teilung von } [a; b]\}$$ **unteres Integral** von f in den Grenzen a, b (oder „von a bis b").

Das Integralzeichen „$\int$" ist ein langgezogenes „S" und soll an die (Ober- und Unter-) Summen erinnern. Eine unmittelbare Folge aus der Definition ist die folgende Aussage.

Satz 1: Ist f in $[a; b]$ beschränkt, so gilt

$${}_{*}\int_a^b f \leq {}^{*}\int_a^b f.$$

Beispiel 1: Es sei f: $x \to x$; $x \in [0; a]$ mit $a > 0$. In Beispiel 2, S. 124, werden spezielle Unter- und Obersummen berechnet, nämlich die zu den Teilungen T_n von $[0; a]$ in gleichlange Teilintervalle.
Da diese Teilungen eine Teilmenge aller Teilungen von $[0; a]$ bilden, bilden auch die zugehörigen Unter- bzw. Obersummen ${}_{*}S(T_n)$ bzw. ${}^{*}S(T_n)$ Teilmengen der Menge aller Unter- bzw. Obersummen. Daher gilt

$$\sup\{{}_{*}S(T_n) \mid n \in \mathbb{N}^*\} \leq {}_{*}\int_0^a f \leq {}^{*}\int_0^a f \leq \inf\{{}^{*}S(T_n) \mid n \in \mathbb{N}^*\}.$$

Die erste Ungleichung der Kette gilt, weil das Supremum einer Teilmenge nicht größer als das Supremum der ganzen Menge sein kann (vgl. die Bemerkungen nach Definition 3, Kap. 6, S. 122). Die zweite Ungleichung gilt nach Satz 1. Die dritte Ungleichung gilt, weil das Infimum einer Teilmenge nicht kleiner als das Infimum der ganzen Menge sein kann.

Nun gilt nach Beispiel 2, S. 124.

$$\sup\{{}_*S(T_n) | n \in \mathbb{N}^*\} = \sup\left\{\frac{a^2}{2}\left(1 - \frac{1}{n}\right) \middle| n \in \mathbb{N}^*\right\} = \frac{a^2}{2} \quad \text{(Beweis?)}$$

und

$$\inf\{{}^*S(T_n) | n \in \mathbb{N}^*\} = \inf\left\{\frac{a^2}{2}\left(1 + \frac{1}{n}\right) \middle| n \in \mathbb{N}^*\right\} = \frac{a^2}{2} \quad \text{(Beweis?).}$$

Also ist

$$\frac{a^2}{2} \leq {}_*\int_0^a f \leq {}^*\int_0^a f \leq \frac{a^2}{2},$$

also

$${}_*\int_0^a f = {}^*\int_0^a f = \frac{a^2}{2}.$$

Unteres und oberes Integral sind also einander gleich und (erwartungsgemäß) gleich dem Flächeninhalt des durch die Funktion bestimmten rechtwinkligen Dreiecks (Bild 7, S. 125).

Beispiel 2: Es sei $f\colon x \longrightarrow x^p$; $x \in [1; 2]$, $p \in \mathbb{N}$ und $p \geq 2$. In Beispiel 3 Kap. 6, S. 125 werden spezielle Unter- und Obersummen ${}_*S(T_n)$ bzw. ${}^*S(T_n)$ berechnet. Für sie gilt wie in Beispiel 1

$$\sup\{{}_*S(T_n) | n \in \mathbb{N}^*\} \leq {}_*\int_1^2 f \leq {}^*\int_1^2 f \leq \inf\{{}^*S(T_n) | n \in \mathbb{N}^*\}.$$

Um weiter wie im Beispiel 1 schließen zu können, soll bewiesen werden, daß

(1) $\quad \sup\{{}_*S(T_n) | n \in \mathbb{N}^*\} = \inf\{{}^*S(T_n) | n \in \mathbb{N}^*\} = \frac{1}{p+1}(2^{p+1} - 1)$ ist.

Dazu wird zunächst bewiesen, daß

(2) $\quad {}_*S(T_n) < \frac{1}{p+1}(2^{p+1} - 1) < {}^*S(T_n)$ für alle $n \in \mathbb{N}^*$ gilt.

Die (von n unabhängige) Zahl in der Mitte der Ungleichungskette ist also sowohl obere Schranke aller ${}_*S(T_n)$ wie auch untere Schranke aller ${}^*S(T_n)$. Die Gleichung (1) sagt dann aus, daß es sich bei dieser Zahl sogar um die kleinste obere bzw. größte untere Schranke handelt.

Beweis: Wie in Beispiel 3, Kapitel 6, S. 125 berechnet, gilt

$${}_*S(T_n) = \frac{q-1}{q^{p+1} - 1}(2^{p+1} - 1) \text{ mit } q = \sqrt[n]{2},$$

also

$${}_*S(T_n) = \frac{1}{1 + q + \cdots + q^p}(2^{p+1} - 1).$$

Nun ist $q = \sqrt[n]{2} > 1$, also

$$1 + q + \cdots + q^p > p + 1.$$

Daraus folgt

(3) $\quad {}_*S(T_n) < \frac{1}{p+1}(2^{p+1} - 1).$

Entsprechend ist

$$\begin{aligned} {}^*S(T_n) &= \frac{q^p(q-1)}{q^{p+1} - 1}(2^{p+1} - 1) \\ &= \frac{q^p}{1 + q + \cdots + q^p}(2^{p+1} - 1) = \frac{1}{1 + \frac{1}{q} + \cdots + (\frac{1}{q})^p}(2^{p+1} - 1). \end{aligned}$$

Da $q > 1$, ist $\frac{1}{q} < 1$, also

$$1 + \frac{1}{q} + \cdots + \left(\frac{1}{q}\right)^p < p + 1.$$

Daraus folgt

$$(4) \quad {}^*S(T_n) > \frac{1}{p+1}(2^{p+1} - 1).$$

Aus (3) und (4) ergibt sich die behauptete Ungleichung (2).

Notwendige Bedingung für die Gültigkeit der Gleichung (1) ist, daß es Elemente von $\{{}_*S(T_n) | n \in \mathbb{N}^*\}$ und von $\{{}^*S(T_n) | n \in \mathbb{N}^*\}$ gibt, die beliebig nahe bei der Zahl $\frac{1}{p+1}(2^{p+1} - 1)$ liegen, also auch sehr nahe beieinander liegen. Daher wird nun

$${}^*S(T_n) - {}_*S(T_n)$$

berechnet. Man erhält

$$\begin{aligned} {}^*S(T_n) - {}_*S(T_n) &= q^p \cdot {}_*S(T_n) - {}_*S(T_n) \quad \text{(Kapitel 6, Beispiel 3)} \\ &= (q^p - 1) \cdot {}_*S(T_n). \end{aligned}$$

Nun gilt ${}_*S(T_n) \leq {}^*S(T_1) = 2^p$ nach Kap. 6, Satz 5, Seite 127

und

$$q^p - 1 = (q - 1)(1 + q + \cdots + q^{p-1}) \leq (q - 1) \cdot p \cdot 2^{p-1}, \text{ da } q = \sqrt[n]{2} \leq 2.$$

Damit ergibt sich

$$\begin{aligned} {}^*S(T_n) - {}_*S(T_n) &\leq (q - 1) \cdot p \cdot 2^{p-1} \cdot 2^p = (q - 1) \cdot p \cdot 2^{2p-1} \\ &= (q - 1) \cdot k \quad \text{mit } k = p \cdot 2^{2p-1}. \end{aligned}$$

Nun soll noch $q - 1$ abgeschätzt werden. Durch vollständige Induktion beweist man die Bernoullische Ungleichung (vgl. Vorkurs Analysis, 2.2, Beispiel 4, Seite 29)

$$(1 + x)^n \geq 1 + nx \text{ für alle } x \in \mathbb{R}_+ \text{ und alle } n \in \mathbb{N}^*.$$

Mit $x = \frac{1}{n}$ ergibt sich

$$\left(1 + \frac{1}{n}\right)^n \geq 1 + n \cdot \frac{1}{n} = 2,$$

also

$$1 + \frac{1}{n} \geq \sqrt[n]{2} = q \text{ für alle } n \in \mathbb{N}^*.$$

Daher ist $q - 1 \leq \frac{1}{n}$.

Faßt man zusammen, so ergibt sich

$${}^*S(T_n) - {}_*S(T_n) \leq \frac{k}{n} \text{ für alle } n \in \mathbb{N}^*.$$

Wegen

$${}_*S(T_n) \leq \sup\{{}_*S(T_n) | n \in \mathbb{N}^*\} \leq \inf\{{}^*S(T_n) | n \in \mathbb{N}^*\} \leq {}^*S(T_n) \text{ für alle n} \in \mathbb{N}^*$$

gilt mit $d = \inf\{{}^*S(T_n) | n \in \mathbb{N}^*\} - \sup\{{}_*S(T_n) | n \in \mathbb{N}^*\}$

$$0 \leq d \leq {}^*S(T_n) - {}_*S(T_n) \leq \frac{k}{n} \text{ für alle } n \in \mathbb{N}^*.$$

Damit ist d eine untere Schranke der Menge $\{\frac{k}{n} | n \in \mathbb{N}^*\}$. Da diese Menge offensichtlich die größte untere Schranke 0 hat, folgt $d \leq 0$, also $d = 0$. Damit ist die erste Gleichung in (1) bewiesen. Die zweite folgt dann unmittelbar aus (2).

Mit der Schlußweise aus Beispiel 1 folgt schließlich:

Ist $f: x \to x^p$; $x \in [1; 2]$, $p \in \mathbb{N}$ und $p \geq 2$, so gilt

$${}_*\int_1^2 f = {}^*\int_1^2 f = \frac{1}{p+1}(2^{p+1} - 1).$$

Mit einer an Kunstgriffen reichen und relativ umfangreichen Überlegung ist damit die Berechnung des unteren und oberen Integrals für die unendlich vielen Potenzfunktionen $f: x \to x^p$; $x \in [1; 2]$, $p \in \mathbb{N}$ und $p \geq 2$ gelungen. Eine Erweiterung auf andere Intervalle ist nicht sehr schwierig, soll aber erst an späterer Stelle erfolgen.

In Bild 1 ist das Intervall $[a;\ c]$ aus den Teilintervallen $[a;\ b]$ und $[b;\ c]$ zusammengesetzt. Die Funktion f sei in $[a;c]$ beschränkt. Dann erwartet man anschaulich, daß sich das obere (untere) Integral von f von a bis c aus den oberen (unteren) Integralen von f von a bis b und von b bis c zusammensetzt.

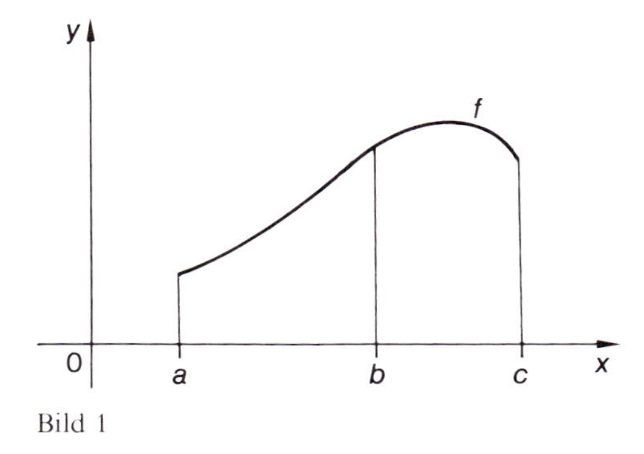

Bild 1

Satz 2 (Intervalladditivität des oberen und unteren Integrals): Die Funktion f sei in $[a;c]$ beschränkt, $b \in [a;c]$. Dann gilt

$$_*\int_a^c f = {}_*\int_a^b f + {}_*\int_b^c f \text{ und}$$

$$^*\int_a^c f = {}^*\int_a^b f + {}^*\int_b^c f.$$

Beweis: Es sei T eine Teilung von $[a;\ b]$ und T' eine Teilung von $[b;\ c]$. Dann ist $T'' = T \cup T'$ eine Teilung von $[a;c]$ mit der speziellen Eigenschaft $b \in T''$.
Offenbar ist nach Definition der Obersumme

$$^*S(T) + {}^*S(T') = {}^*S(T'')$$

und weiter nach Definition des oberen Integrals

$$^*S(T'') \geq {}^*\int_a^c f,$$

also

$$^*S(T) + {}^*S(T') \geq {}^*\int_a^c f.$$

Daher ist, wenn zunächst T' fest vorgegeben ist,

$$^*S(T) \geq {}^*\int_a^c f - \ S(T') \text{ für alle } T.$$

Die rechte Seite der Ungleichung ist eine untere Schranke für die Menge aller Obersummen von f im Intervall $[a;\ b]$. Daher gilt nach Definition des oberen Integrals

$$^*\int_a^b f \geq {}^*\int_a^c f - {}^*S(T').$$

Diese Ungleichung läßt sich umformen zu

$$^*S(T') \geq {}^*\int_a^c f - {}^*\int_a^b f.$$

Die rechte Seite ist von T' unabhängig; die Ungleichung gilt für alle Teilungen T' von $[b;c]$. Daraus folgt wie eben

$$^*\int_b^c f \geq {}^*\int_a^c f - {}^*\int_a^b f,$$

also

(4) $\quad {}^*\int_a^c f \leq {}^*\int_a^b f + {}^*\int_b^c f.$

Sei nun weiter T'' eine Teilung von $[a; c]$. Durch eventuelle Hinzunahme des Punktes b wird T'' zu $T^* = T'' \cup \{b\}$ verfeinert. Die Teilung $T^* = T \cup T'$ ist Vereinigung einer Teilung T von $[a; b]$ und einer Teilung T' von $[b; c]$, nämlich $T = T^* \cap [a; b]$ und $T' = T^* \cap [b; c]$. Dann gilt

$$
\begin{aligned}
{}^*S(T'') &\geq {}^*S(T^*) && \text{(Verfeinerung)} \\
&= {}^*S(T) + {}^*S(T') && \text{(Definition der Obersumme)} \\
&\geq {}^*\int_a^b f + {}^*\int_b^c f && \text{(Definition des oberen Integrals)}
\end{aligned}
$$

Also ist die (von T'' unabhängige) Zahl ${}^*\int_a^b f + {}^*\int_b^c f$ untere Schranke der Menge aller ${}^*S(T'')$.
Also folgt nach der Definition des oberen Integrals

$$(5) \quad {}^*\int_a^c f \geq {}^*\int_a^b f + {}^*\int_b^c f.$$

Aus (4) und (5) ergibt sich die Behauptung des Satzes. Für das untere Integral schließt man entsprechend.

Man möchte sich in Satz 2 von der häufig unbequemen Voraussetzung $a \leq b \leq c$ befreien. Dazu muß definiert werden, was man unter ${}^*\int_a^b f$ bzw. ${}_*\int_a^b f$ versteht, wenn $b \leq a$ ist. Um zu erkennen, wie die Definition zweckmäßig lautet, stellt man zunächst fest, daß

$${}^*\int_a^a f = 0 \quad \text{und} \quad {}_*\int_a^a f = 0;$$

denn die einzige Ober- bzw. Untersumme zu f im Intervall $[a; a]$ hat den Wert 0.
Nimmt man nun an, daß die Gleichung in Satz 2 auch für $a = c$ gilt, so folgt

$$0 = {}^*\int_a^a f = {}^*\int_a^b f + {}^*\int_b^a f.$$

Die Gleichung bleibt also dann richtig, wenn man definiert

$${}^*\int_a^b f = -{}^*\int_b^a f, \text{ falls } b \leq a$$

und entsprechend

$${}_*\int_a^b f = -{}_*\int_b^a f, \quad \text{falls } b \leq a.$$

Mit dieser Definition gilt Satz 3, der hier ohne Beweis mitgeteilt wird (vgl. Aufgabe 5).

Satz 3 (Verallgemeinerte Intervalladditivität des oberen und unteren Integrals): Die Funktion f sei im Intervall I beschränkt, $a, b, c \in I$. Dann gilt

$${}^*\int_a^b f + {}^*\int_b^a f + {}^*\int_c^a f = 0$$

und

$${}_*\int_a^b f + {}_*\int_b^c f + {}_*\int_c^a f = 0.$$

Aufgaben

1. a) Es sei $f: x \to f(x);\ x \in [a;\, b]$ beschränkt und $f(x) \geq 0$ für alle $x \in [a;\, b]$. Beweisen Sie

$$_*\int_a^b f \geq 0 \quad \text{und} \quad {}^*\int_a^b f \geq 0$$

(Untersuchen Sie geeignete Untersummen!)

b) Es seien f und g in $[a;\, b]$ beschränkte Funktionen und $f(x) \leq g(x)$ für alle $x \in [a;\, b]$. Beweisen Sie:

$$_*\int_a^b f \leq {}_*\int_a^b g \quad \text{und} \quad {}^*\int_a^b f \leq {}^*\int_a^b g.$$

2. a) Es sei

$$t: x \to \begin{cases} 2 \text{ für } x \in [1;\, 3[\\ 7 \text{ für } x = 3 \\ 1 \text{ für } x \in]3;\, 6] \end{cases}$$

Berechnen Sie

$$_*\int_1^6 t \text{ und } {}^*\int_1^6 t.$$

b) Eine Treppenfunktion t: $x \to t(x);\ x \in [a;\, b]$ ist folgendermaßen definiert: Sei $T = \{x_0, x_1, \ldots, x_n\}$ mit $a = x_0 < x_1 < \ldots < x_n = b$ eine Teilung von $[a;\, b]$. Ferner seien $t_1, t_2, \ldots, t_n,\ u_0, u_1, \ldots, u_n \in \mathbb{R}$. Dann ist $t(x_k) = u_k$ für $k \in \{0, \ldots, n\}$ und $t(x) = t_k$ für alle $k \in \{1, \ldots, n\}$ und $x \in]\, x_{k-1};\, x_k\, [$

Skizzieren sie die Funktion für $n = 4$,

$T = \{-2, 1, 2, 4, 5\}$,

$t_1 = 3,\ t_2 = 1,\ t_3 = -1,\ t_4 = -1,$

$u_0 = 2,\ u_1 = 3,\ u_2 = -1,\ u_3 = -1,\ u_4 = 2.$

Beweisen Sie: Ist t eine Treppenfunktion in $[a;\, b]$, so gilt:

$$_*\int_a^b t = {}^*\int_a^b t = \sum_{k=1}^{n} t_k (x_k - x_{k-1}).$$

3. a) Berechnen Sie mit der Methode des Beispiels 1

$$_*\int_0^a f \quad \text{und} \quad {}^*\int_0^a f$$

für $f: x \to x^2;\ x \in [0;\, a]$. (Vergl. Aufgabe 10, Kapitel 6, Seite 129).

b) Berechnen Sie entsprechend

$$_*\int_0^a f \quad \text{und} \quad {}^*\int_0^a f$$

für $f: x \to x^3;\ x \in [0;\, a]$. (Vergl. Aufgabe 11, Kapitel 6, Seite 129).

4. Es sei $f: x \to f(x);\ x \in [0;\, 1]$ mit

$$f(x) = \begin{cases} \frac{1}{n} \text{ für } x = \frac{1}{n} \\ 0 \text{ für } x \neq \frac{1}{n} \end{cases} \quad (n \in \mathbb{N}^*)$$

Beweisen Sie:

$$_*\int_0^1 f = {}^*\int_0^1 f = 0.$$

5. Beweisen Sie Satz 3. Welche Fälle sind außer $a \leq b \leq c$ noch zu unterscheiden?

7.2 Der Mittelwertsatz für Integrale

Die anschauliche Deutung des oberen bzw. unteren Integrals einer in $[a;\ b]$ nicht-negativen beschränkten Funktion f legt es nahe, diesen Flächeninhalt als Inhalt eines Rechtecks über der Grundseite mit der Länge $b-a$ aufzufassen (Bild 2).

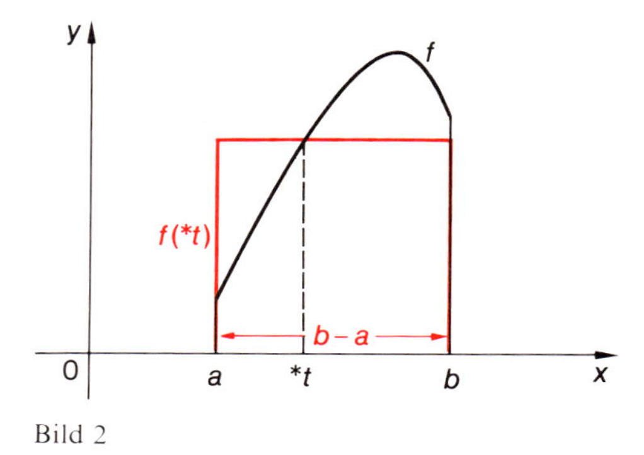

Bild 2

Die Höhe $^*h$ bzw. $_*h$ des Rechtecks berechnet sich aus

$$^*h\cdot(b-a)={}^*\int_a^b f \quad \text{bzw.} \quad {}_*h\cdot(b-a)={}_*\int_a^b f$$

zu

$$^*h=\frac{1}{b-a}\,{}^*\int_a^b f \quad \text{bzw.} \quad {}_*h=\frac{1}{b-a}\,{}_*\int_a^b f, \text{ falls } a<b.$$

Da f unstetig sein kann, brauchen $^*h$ und $_*h$ nicht unter den Funktionswerten von f vorzukommen. Für stetige Funktionen gilt dies jedoch, wie der folgende Satz zeigt.

Satz 4 (Mittelwertsatz für das obere und untere Integral): Sei $a<b$ und die Funktion f in $[a;b]$ stetig. Dann gibt es Zahlen $^*t$, $_*t\in[a;b]$, so daß

$$f(^*t)=\frac{1}{b-a}\,{}^*\int_a^b f \quad \text{und} \quad f(_*t)=\frac{1}{b-a}\,{}_*\int_a^b f.$$

Beweis: Da f stetig ist, nimmt f in $[a;\ b]$ nach dem Intervallsatz (Kapitel 4.1) einen kleinsten Funktionswert m und einen größten Funktionswert M an, und es gilt sogar

$$(6)\quad f([a;b])=[m;M].$$

Bildet man die Unter- bzw. Obersumme zur gröbsten Teilung $T=\{a,\ b\}$ von $[a;\ b]$, so folgt aus den Sätzen des Kapitels 6 unmittelbar

$$_*S(T)\le {}_*\int_a^b f\le {}^*\int_a^b f\le {}^*S(T).$$

Da $_*S(T)=m(b-a)$ und $^*S(T)=M(b-a)$, folgt

$$m(b-a)\le {}_*\int_a^b f\le {}^*\int_a^b f\le M(b-a),$$

also

$$m\le\frac{1}{b-a}\,{}_*\int_a^b f\le\frac{1}{b-a}\,{}^*\int_a^b f\le M.$$

Daher sind $\frac{1}{b-a}\,{}_*\int_a^b f$ und $\frac{1}{b-a}\,{}^*\int_a^b f$ Elemente von $[m;\ M]$, also nach (6) Funktionswerte von f. Es gibt also Zahlen $_*t$, $^*t\in[a;b]$, so daß

$$f(_*t)=\frac{1}{b-a}\,{}_*\int_a^b f \quad \text{und} \quad f(^*t)=\frac{1}{b-a}\,{}^*\int_a^b f,$$

wie behauptet.

Aufgaben zu diesem Abschnitt siehe Seite 142.

7.3 Das Integral stetiger Funktionen und der Hauptsatz der Differential- und Integralrechnung

Bei einem anschaulich sinnvollen Flächeninhalt wird man erwarten, daß er unabhängig davon ist, ob man ihn mittels Obersummen oder Untersummen bestimmt, d. h. daß

$$_*\int_a^b f = {}^*\int_a^b f$$

gilt. Diese Gleichung ist bei allen bisher behandelten Beispielen erfüllt.
Dennoch kann

$$_*\int_a^b f < {}^*\int_a^b f \text{ sein.}$$

Beispiel 3: Sei $f: x \to f(x);\ x \in [a; b],\ a < b$, mit

$$f(x) = \begin{cases} 0, \text{ wenn } x \text{ rational} \\ 1, \text{ wenn } x \text{ irrational} \end{cases}$$

Offenbar ist f beschränkt, da $f([a; b]) = \{0, 1\}$. In jedem Teilintervall von $[a; b]$ von positiver Länge liegen sowohl rationale als auch irrationale Zahlen.
Daher gilt

$$M_k = \sup f([x_{k-1}; x_k]) = 1$$

und

$$m_k = \inf f([x_{k-1}; x_k]) = 0$$

für alle Intervalle $[x_{k-1}; x_k]$ einer Teilung T von $[a; b]$. Damit berechnet sich die Obersumme zur Teilung T zu

$$^*S(T) = \sum_{k=1}^{n} M_k(x_k - x_{k-1}) = \sum_{k=1}^{n} 1 \cdot (x_k - x_{k-1}) = x_n - x_0 = b - a$$

und die Untersumme zu

$$_*S(T) = \sum_{k=1}^{n} m_k(x_k - x_{k-1}) = \sum_{k=1}^{n} 0 \cdot (x_k - x_{k-1}) = 0.$$

Daraus folgt

$$^*\int_a^b f = \inf \{b - a\} = b - a, \qquad _*\int_a^b f = \sup \{0\} = 0$$

und damit

$$_*\int_a^b f < {}^*\int_a^b f,$$

wie behauptet.
Dieses Beispiel macht einen recht gekünstelten Eindruck. Man sollte erwarten, daß für „zahmere" Funktionen, wie sie in den übrigen Beispielen untersucht wurden, oberes und unteres Integral gleich sind. Solche Funktionen nennt man integrierbar.

Definition 2 (Integrierbare Funktion): Eine beschränkte Funktion $f: x \to f(x);\ x \in [a; b]$ heißt **integrierbar,** wenn

$$_*\int_a^b f = {}^*\int_a^b f.$$

Der gemeinsame Wert heißt **Integral** von f in den Grenzen a und b (oder „von a bis b").

Man schreibt: $\int_a^b f$ oder auch $\int_a^b f(x)\,dx$.

Anmerkung: $\int_a^b f(x)\,dx$ hängt nur von f, a und b, nicht aber von x ab. Man kann daher für x auch jede andere Variable setzen. Die Schreibweise ist zweckmäßig und darum weit verbreitet, weil es in vielen Problemen näher liegt, mit dem Funktionsterm anstelle des Funktionsnamens zu arbeiten.

Nunmehr können die in Kapitel 6.1 gestellten Fragen in wesentlichen Teilen beantwortet werden. Es soll nämlich gezeigt werden, daß jede in $[a; b]$ stetige Funktion integrierbar ist. Der Nachweis benutzt einen zunächst unerwarteten Zusammenhang zwischen den Begriffen Integral und Differenzierbarkeit, der zu den bedeutendsten Entdeckungen der Mathematik der Neuzeit gehört. Dadurch wird zugleich ein Verfahren entwickelt, daß in vielen Fällen die Berechnung des Integrals ohne die mühsame Berechnung von Ober- und Untersummen ermöglicht. Während schon *Archimedes* (ca. 287–212 v. Chr.) in einzelnen Fällen Integrale (Flächeninhalte) durch ähnliche Hilfsmittel wie Ober- und Untersummen berechnen konnte, sind die allgemeinen Zusammenhänge erst in der 2. Hälfte des 17. Jahrhunderts fast gleichzeitig und unabhängig voneinander durch *Isaac Newton* (1642–1727) und *Gottfried Wilhelm Leibniz* (1646–1716) entwickelt worden.
Zur Sache: Zunächst ist zu bemerken, daß nach dem Intervallsatz eine in $[a; b]$ stetige Funktion beschränkt ist. Daher existiert das obere und untere Integral für stetige Funktionen.

Es werden nun die Funktionen

$$^*I_f: x \rightarrow {}^*\int_a^x f;\ x \in [a; b]$$

und

$$_*I_f: x \rightarrow {}_*\int_a^x f;\ x \in [a; b]$$

untersucht. $^*I_f(x)$ gibt im Fall $f(x) \geq 0$ für $x \in [a; b]$ den „oberen Flächeninhalt unter der Funktion“ f im Intervall $[a; x]$ an (Bild 3).

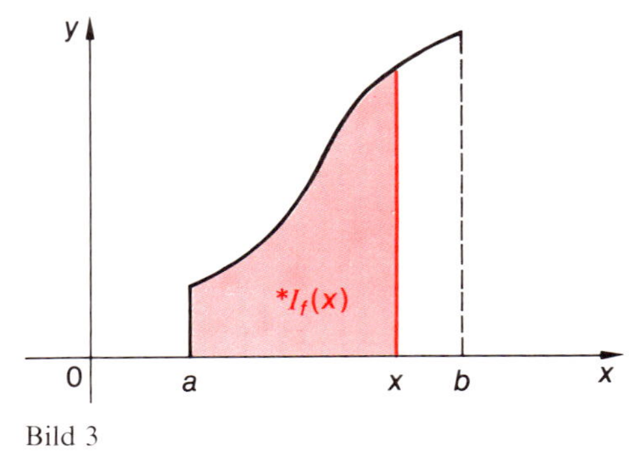

Bild 3

Sei nun $z > x$. Dann unterscheidet sich $^*I_f(z)$ von $^*I_f(x)$ durch den Flächeninhalt des in Bild 4 hervorgehobenen Streifens. Dieser Flächeninhalt ist $^*\int_x^z f$. Liegt z in der Nähe von x, so liegen alle Funktionswerte $f(z)$ in der Nähe von $f(x)$, da ja f nach Voraussetzung stetig ist. Das Integral $^*\int_x^z f$ unterscheidet sich daher wenig vom Rechteck mit der Grundseite $z - x$ und der Höhe $f(x)$. Daher gilt

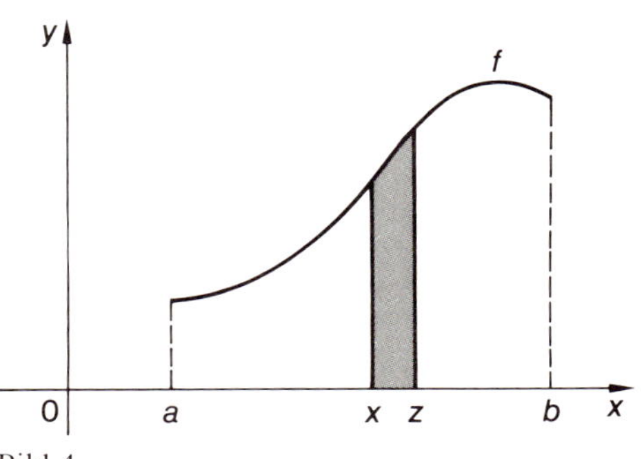

Bild 4

$$\frac{^*I_f(z) - {}^*I_f(x)}{z - x} = \frac{1}{z - x}\,{}^*\int_x^z f \approx f(x).$$

Links steht der Differenzenquotient der Funktion ${}^*I_f$ für z und x. Es ist daher zu vermuten, daß ${}^*I_f$ an der Stelle x differenzierbar ist und daß ${}^*I_f'(x) = f(x)$ gilt.
Es scheint aus heutiger Sicht nicht besonders schwierig, diesen Zusammenhang zwischen Integral und Ableitung zu entdecken. Man muß aber bedenken, daß dazu zunächst ein hinreichend klarer Funktionsbegriff und die Darstellung von Funktionen im Koordinatensystem entwickelt werden mußten. Beides ist erst im 17. Jahrhundert geschehen.
Die eben anschaulich durchgeführten Überlegungen werden im Beweis des folgenden Satzes verallgemeinert und präzisiert.

Satz 5 (Differenzierbarkeit der Integralfunktionen): Die Funktion f sei in $[a; b]$ $(a < b)$ stetig. Dann sind die Funktionen

$$ {}^*I_f : x \to {}^*\int_a^x f;\ x \in [a; b] $$

und

$$ {}_*I_f : x \to {}_*\int_a^x f;\ x \in [a; b] $$

differenzierbar und es gilt

$$ {}^*I_f' = {}_*I_f' = f. $$

Beweis: Es ist zunächst zu beweisen, daß die Funktion ${}^*I_f$ an jeder Stelle $x \in [a; b]$ differenzierbar ist. Dazu wird gezeigt, daß die Funktion

$$ d_x : z \to \begin{cases} \dfrac{{}^*I_f(z) - {}^*I_f(x)}{z - x} & \text{für } z \in [a; b] \setminus \{x\} \\ f(x) & \text{für } z = x \end{cases} $$

bei x stetig ist, also die Differenzenquotientenfunktion stetig nach x fortsetzt.
Sei V eine beliebige Umgebung von $d_x(x) = f(x)$. Um die Stetigkeit von d_x bei x zu beweisen, muß eine Umgebung U von x mit $d_x(U \cap [a; b]) \subseteq V$ gefunden werden.
Da f bei x stetig ist, gibt es jedenfalls eine Umgebung U von x mit $f(U \cap [a; b]) \subseteq V$.
Es soll gezeigt werden, daß für *diese* Umgebung U sogar $d_x(U \cap [a; b]) \subseteq V$ ist.
Dazu werden drei Fälle unterschieden:
a) $z \in U \cap [a; b]$ und $z > x$,
b) $z \in U \cap [a; b]$ und $z < x$,
c) $z = x$.
a) Für $z > x$ gilt

$$ d_x(z) = \frac{{}^*I_f(z) - {}^*I_f(x)}{z - x} = \frac{{}^*\int_a^z f - {}^*\int_a^x f}{z - x} $$

$$ = \frac{1}{z - x}\, {}^*\int_x^z f, \quad \text{da nach Satz 2 } {}^*\int_a^x f + {}^*\int_x^z f = {}^*\int_a^z f \text{ gilt.} $$

Da f stetig ist, gibt es nach dem Mittelwertsatz für das obere Integral (Satz 4) ein t in $[x; z]$ mit

$$ f(t) = \frac{1}{z - x}\, {}^*\int_x^z f, $$

d.h. mit $d_x(z) = f(t)$. Es ist $z \in U \cap [a; b]$ und $z > x$. Daher ist auch $t \in U \cap [a; b]$, also $f(t) \in V$ nach Wahl von U, also $d_x(z) \in V$.

b) Für $z < x$ gilt

$$d_x(z) = \frac{{}^*I_f(z) - {}^*I_f(x)}{z-x} = \frac{{}^*\int\limits_a^z f - {}^*\int\limits_a^x f}{z-x} = \frac{-\left({}^*\int\limits_a^x f - {}^*\int\limits_a^z f\right)}{z-x} = \frac{1}{x-z}\,{}^*\int\limits_z^x f.$$

Da $z < x$ ist, kann wieder der Mittelwertsatz angewandt werden und man schließt wie in a). Es ergibt sich auch hier $d_x(z) \in V$.

c) Für $z = x$ ist $d_x(z) = f(x) \in V$.

Faßt man die drei Fälle zusammen, so ergibt sich: Ist U wie oben festgelegt, so ist $d_x(U \cap [a; b]) \subseteq V$. Also ist d_x bei x stetig. Dies wiederum bedeutet nach Definition der Ableitung: ${}^*I_f$ ist an der Stelle x differenzierbar mit der Ableitung ${}^*I_f'(x) = f(x)$. Für die untere Integralfunktion verläuft der Beweis genauso.

Die Funktionen ${}^*I_f$ und ${}_*I_f$ nennt man Stammfunktionen von f. Sie haben also die gleiche Ableitung f.

Definition 3 (Stammfunktion): Eine differenzierbare Funktion F mit $F' = f$ heißt **Stammfunktion** von f.

Satz 6 (Menge der Stammfunktionen einer Funktion): Seien F_1 und F_2 Stammfunktionen von f: $x \rightarrow f(x)$; $x \in [a; b]$. Dann ist $F_1 - F_2$ $(= c)$ eine konstante Funktion.
Ist F eine Stammfunktion von f, dann ist $\{F + c \mid c \in \mathbb{R}\}$ die Menge aller Stammfunktionen von f.

Beweis: Es gilt $(F_1 - F_2)'(x) = F_1'(x) - F_2'(x) = f(x) - f(x) = 0$ für alle $x \in [a; b]$. Nach dem Monotoniesatz der Differentialrechnung (Kap. 4, Satz 8 S. 71), der aus dem Mittelwertsatz der Differentialrechnung folgt, ist dann $(F_1 - F_2)(x) = c$ für alle $x \in [a; b]$, wobei $c \in \mathbb{R}$ eine Konstante ist.

Die zweite Behauptung von Satz 6 ist nur eine Umformulierung der ersten.

Wendet man Satz 6 auf die Funktionen ${}^*I_f$ und ${}_*I_f$ an, so ergibt sich

$$({}^*I_f - {}_*I_f)(x) = c \text{ mit } c \in \mathbb{R} \text{ für alle } x \in [a; b].$$

Setzt man $x = a$, so folgt

$$c = ({}^*I_f - {}_*I_f)(a) = {}^*I_f(a) - {}_*I_f(a) = {}^*\int\limits_a^a f - {}_*\int\limits_a^a f = 0 - 0 = 0.$$

Also ist

$${}^*I_f = {}_*I_f.$$

Insbesondere ist

$${}^*I_f(b) = {}_*I_f(b),$$

anders geschrieben

$${}^*\int\limits_a^b f = {}_*\int\limits_a^b f.$$

Damit ist der folgende Satz bewiesen:

Satz 7 (Integrierbarkeit stetiger Funktionen): Eine im Intervall $[a; b]$ stetige Funktion ist integrierbar.

Die Differenzierbarkeitsaussage des Satzes 5 überträgt sich unmittelbar auf die Funktion

$$I_f : x \longrightarrow \int_a^x f \quad \left(= \int_a^x f(t)\,dt\right);\ x \in [a; b].$$

Damit ist der folgende zentrale Satz bewiesen:

Satz 8 (Hauptsatz der Differential- und Integralrechnung):
Ist $f: x \longrightarrow f(x);\ x \in [a; b]$ mit $a < b$ stetig, so ist

$$I_f : x \longrightarrow \int_a^x f;\ x \in [a; b]$$

eine Stammfunktion von f.

I_f hat die spezielle Eigenschaft $I_f(a) = \int_a^a f = 0$.

Ist F eine beliebige Stammfunktion von f, so gilt
$F - I_f = c$ mit $c = (F - I_f)\,(a) = F(a) - 0 = F(a)$.
Also ist $I_f(x) = \int_a^x f = F(x) - F(a)$.

Satz 9 (Integral und beliebige Stammfunktion): Ist F eine Stammfunktion der auf $[a; b]$ stetigen Funktion f, so gilt

$$\int_a^b f = F(b) - F(a).$$

Anmerkung: Für $F(b) - F(a)$ schreibt man auch $[F(x)]_a^b$, so daß die Gleichung in Satz 9 häufig auch in der Form

$$\int_a^b f(x)\,dx = [F(x)]_a^b$$

geschrieben wird.

Mittels Satz 9 kann man Integrale in vielen Fällen leicht berechnen.

Beispiel 4: Es sei $f: x \longrightarrow x;\ x \in [0; a]$ mit $a > 0$. Wie man durch Differenzieren leicht bestätigt, ist $F: x \longrightarrow \frac{1}{2}x^2$ eine Stammfunktion von f.
Nach Satz 9 folgt $\int_0^a x\,dx = [\frac{1}{2}x^2]_0^a = \frac{a^2}{2} - 0 = \frac{a^2}{2}$ (vergl. Beispiel 1).

Beispiel 5: Es sei $f: x \longrightarrow x^p;\ x \in [1; 2],\ p \in \mathbb{N}$ und $p \geq 2$. Durch Differenzieren bestätigt man, daß jeweils $F: x \longrightarrow \frac{1}{p+1}\,x^{p+1}$ eine Stammfunktion von f ist.
Daher gilt $\int_1^2 x^p\,dx = \left[\frac{1}{p+1}\,x^{p+1}\right]_1^2 = \frac{1}{p+1}\,2^{p+1} - \frac{1}{p+1}\,1^{p+1}$

$= \frac{1}{p+1}\,(2^{p+1} - 1)$ (vgl. Beispiel 2).
Vergleicht man Beispiel 4 mit Beispiel 1 und besonders Beispiel 5 mit Beispiel 2, so erkennt man, welche außerordentliche Erleichterung der Hauptsatz der Differential- und Integralrechnung für die Berechnung von Integralen bietet. Dies wird in den folgenden Abschnitten weiter ausgeführt.

Aufgaben zum Abschnitt 7.2

6. a) Beweisen Sie: Ist $a < b < c$ und f in $[a;\, c]$ beschränkt mit $f(x) \geq 0$ für alle $x \in [a;\, c]$, so gilt

$$\frac{1}{c-a}\,{}^*\!\int_a^c f \leq \frac{1}{b-a}\,{}^*\!\int_a^b f + \frac{1}{c-b}\,{}^*\!\int_b^c f$$

b) Formulieren und beweisen Sie eine entsprechende Aussage für das untere Integral.

7. Es sei $f\colon x \to f(x);\ x \in [a;\, b]$ eine monoton wachsende Funktion.
a) Beweisen Sie: f ist auf $[a;\, b]$ beschränkt.
b) Beweisen Sie: Es gilt

$$\frac{1}{t-a}\,{}^*\!\int_a^t f \leq \frac{1}{b-a}\,{}^*\!\int_a^b f \text{ für alle } t \in\,]\, a;\, b\, [.$$

Aufgaben zum Abschnitt 7.3

8. Berechnen Sie

a) $\int_a^b x^p\, dx$ für $p \in \mathbb{N}$

b) $\int_2^4 (x+1)^2\, dx$

c) $\int_1^2 \sqrt{x}\, dx$

d) $\int_0^a (1 + 2x + 3x^2 + \ldots + nx^{n-1})\, dx$

9. Beweisen Sie: Sind f und g in $[a;\, b]$ stetig,
so ist $\int_a^b f+g = \int_a^b f + \int_a^b g$.

10. Bestätigen Sie die in der Anmerkung zu Aufgabe 2, Kapitel 6, Seite 128 angegebenen „wahren" Werte für die Flächeninhalte bei a), b) und d).

11. Begründen Sie:

a) $\int_0^a \sqrt{a^2 - x^2}\, dx = a^2 \cdot \int_0^1 \sqrt{1-x^2}\, dx$

b) $\int_0^a \frac{1}{a^2+x^2}\, dx = \frac{1}{a} \int_0^1 \frac{1}{1+x^2}\, dx$

12. Eine Funktion f heißt stückweise stetig auf $[a;\, b]$, wenn es eine auf $[a;\, b]$ stetige Funktion g und eine Treppenfunktion t auf $[a;\, b]$ (vergl. Aufgabe 2, S. 135) gibt, so daß $f = g + t$.

a) Weisen Sie nach, daß die Funktion

$$f\colon x \to \begin{cases} x-1, & \text{falls } -2 \leq x < 0 \\ 4 & \text{, falls } x = 0 \\ x^2 & \text{, falls } 0 < x < 2 \\ 3 & \text{, falls } 2 \leq x \leq 4 \end{cases}$$

eine auf $[-2;\, 4]$ stückweise stetige Funktion ist.

b) Berechnen Sie $\int_{-2}^4 f$.

c) Beweisen Sie, daß allgemein f integrierbar ist und daß
$\int_a^b f = \int_a^b g + \int_a^b t$ gilt.

7.4 Integrationsregeln

Der mit dem Hauptsatz dargestellte Zusammenhang zwischen der Differential- und der Integralrechnung eröffnet die Möglichkeit, einige der Ableitungsregeln als Integrationsregeln zu formulieren.

Über die Definitionsmengen und die Differenzierbarkeit der Potenzfunktionen
$p_s\colon x \longrightarrow x^s$ mit $s \in \mathbb{Q}$
gelten folgende Aussagen:
Ist $s \in \mathbb{N}$, dann ist p_s auf $\mathbb{R}$ definiert und auf $\mathbb{R}$ differenzierbar;
ist $s = -n$ mit $n \in \mathbb{N}$,
p_s also die Verkettung der ganzrationalen Funktion p_n mit der Reziprokfunktion, dann ist p_s auf $\mathbb{R}^*$ definiert und auf $\mathbb{R}^*$ differenzierbar;
ist $s \in \mathbb{Q}\setminus\mathbb{Z}$, p_s also eine Wurzelfunktion, dann gilt:
für $0 < s < 1$ ist p_s auf $\mathbb{R}_+$ definiert und auf $\mathbb{R}_+^*$ differenzierbar;
für $s > 1$ ist p_s auf $\mathbb{R}_+$ definiert und auf $\mathbb{R}_+$ differenzierbar;
für $s < 0$ ist p_s auf $\mathbb{R}_+^*$ definiert und auf $\mathbb{R}_+^*$ differenzierbar.
Die Ableitungen der Potenzfunktionen erhält man nach der Regel

$$p_s'(x) = s \cdot x^{s-1}.$$

Es folgt: Ist $s = r + 1$, dann ist für $r \neq -1$

$$\frac{1}{r+1}\, p_{r+1}'(x) = x^r.$$

Demnach gilt:
Die Funktion $\frac{1}{r+1}\, p_{r+1}$ ist eine Stammfunktion von $p_r\colon x \longrightarrow x^r$. Da jede Funktion p_r auf ihrer Definitionsmenge stetig ist, ergibt sich folgende Aussage.

Satz 10: Ist $p_r\colon x \longrightarrow x^r$ auf $[a;b]$ definiert, dann ist

$$\int_a^b x^r dx = \left[\frac{x^{r+1}}{r+1}\right]_a^b = \frac{b^{r+1}}{r+1} - \frac{a^{r+1}}{r+1} \quad \text{für alle } r \in \mathbb{Q} \text{ mit } r \neq -1.$$

Beispiel 6: $\int_1^2 \frac{1}{\sqrt[3]{x}}\, dx = \int_1^2 x^{-\frac{1}{3}} dx = \left[\frac{3}{2} \cdot x^{\frac{2}{3}}\right]_1^2 = \frac{3}{2}(\sqrt[3]{4} - 1).$

Nach den Ableitungsregeln des Abschnitts 3.3 gilt:
Sind die Funktionen G und H auf einer Menge M differenzierbar, dann ist auch jede Funktion

$$F = c_1 G + c_2 H \text{ mit } c_1, c_2 \in \mathbb{R}$$

auf M differenzierbar, und es ist $F' = c_1 G' + c_2 H'$.
Dieser Aussage entspricht folgende Integrationsregel.

Satz 11 (Linearität des Integrals): Sind die Funktionen g und h in $[a;b]$ stetig, dann ist jede Funktion $f = c_1 g + c_2 h$ mit $c_1, c_2 \in \mathbb{R}$ über $[a;b]$ integrierbar, und es ist

$$\int_a^b [c_1 g(x) + c_2 h(x)]\, dx = c_1 \int_a^b g(x) dx + c_2 \int_a^b h(x) dx.$$

Beweis: $G\colon t \longrightarrow \int_a^t g(x)\, dx$ und $H\colon t \longrightarrow \int_a^t h(x)\, dx$ mit $t \in [a;b]$ sind Stammfunktionen von g und h, und es sei

$$F = c_1 G + c_2 H.$$

Nach den Regeln der Differentialrechnung und nach dem Hauptsatz gilt

$$F'(t) = c_1\, G'(t) + c_2\, H'(t) = c_1\, g(t) + c_2\, h(t) \text{ für alle } t \in [a;\, b].$$

Demnach ist F eine Stammfunktion von $f = c_1 g + c_2 h$, und es folgt:

$$\int_a^b [c_1\, g(x) + c_2\, h(x)]\, dx = [F(x)]_a^b = c_1\, G(b) + c_2\, H(b) = c_1 \int_a^b g(x)\, dx + c_2 \int_a^b h(x)\, dx,$$

da $G(a) = H(a) = 0$.

Beispiel 7: $\int_0^1 (3x^2 - 2\sqrt{x})\, dx = 3 \int_0^1 x^2\, dx - 2 \int_0^1 \sqrt{x}\, dx = 3\left[\frac{x^3}{3}\right]_0^1 - 2\left[\frac{2}{3} x^{\frac{3}{2}}\right]_0^1 = -\frac{1}{3}.$

Integration durch Substitution: Aus der Kettenregel der Differentialrechnung ergibt sich eine Integrationsregel, mit der es in vielen Fällen möglich ist, ein gegebenes Integral durch ein anderes Integral zu ersetzen, das einfacher zu berechnen ist. Das Verfahren wird zunächst mit folgendem Sonderfall erläutert.

Beispiel 8: Zu berechnen ist $\int_0^1 \sqrt{3x+1}\, dx$.

Der Integrand ist der Term der Verkettung $f \circ \varphi$, wobei

$$f\colon t \to \sqrt{t} \quad \text{und} \quad \varphi\colon x \to 3x+1 \text{ ist.}$$

Von f ist eine Stammfunktion bekannt, nämlich $F\colon t \to \frac{2}{3} t^{\frac{3}{2}}$.

Bildet man die Verkettung $F \circ \varphi$ und bestimmt die Ableitung nach der Kettenregel, so erhält man $(F \circ \varphi)'(x) = F'(\varphi(x)) \cdot \varphi'(x) = f(\varphi(x)) \cdot 3$.

Daraus ergibt sich: $\frac{1}{3}(F \circ \varphi)$ ist eine Stammfunktion von $f \circ \varphi$.

Demnach gilt

$$\int_0^1 \sqrt{3x+1}\, dx = \tfrac{1}{3}\left[\tfrac{2}{3}\sqrt{3x+1}^{\,3}\right]_0^1 = \tfrac{14}{9}.$$

Dieser Sachverhalt kann auch wie folgt dargestellt werden:

Setzt man $t = \varphi(x) = 3x + 1$, dann ist

$$\int_0^1 \sqrt{\varphi(x)}\, dx = \tfrac{1}{3}\left[\tfrac{2}{3}\sqrt{\varphi(x)}^{\,3}\right]_0^1 = \tfrac{1}{3}\left[\tfrac{2}{3}\sqrt{t}^{\,3}\right]_{\varphi(0)}^{\varphi(1)} = \tfrac{1}{3}\int_{\varphi(0)}^{\varphi(1)} \sqrt{t}\, dt.$$

Man sagt, daß das gegebene Integral $\int_0^1 \sqrt{\varphi(x)}\, dx$ durch die Substitution (Ersetzung) von $\varphi(x)$ durch t in das Integral $\frac{1}{3}\int_{\varphi(0)}^{\varphi(1)} \sqrt{t}\, dt$ übergeht.

Beispiel 8 ist insofern ein Sonderfall, als der substituierte Term $\varphi(x)$ linear ist. Die allgemeine Substitutionsregel stellt die Integralumformung bei beliebiger Substitution dar. Die Herleitung dieser Regel ergibt sich aufgrund folgender Überlegung:

Gegeben sei eine Funktion f, die auf einem Intervall I stetig ist.

Dann ist jede Funktion

$$F\colon t \to \int_{t_0}^{t} f(x)\, dx \text{ mit } t_0 \in I$$

auf I eine Stammfunktion von f.

F wird verkettet mit einer Funktion φ; dabei wird über φ folgende Voraussetzung gemacht:

φ ist auf einem Intervall $[a;\, b]$ mit $\varphi([a;\, b]) \subseteq I$ differenzierbar. Dann ist $F \circ \varphi$ auf $[a;\, \mathrm{b}]$ differenzierbar, und es ist

$(F \circ \varphi)'(x) = F'(\varphi(x)) \cdot \varphi'(x) = f(\varphi(x)) \cdot \varphi'(x)$ für alle $x \in [a;\, b]$.

Demnach gilt: Ist φ' auf $[a; b]$ stetig, dann ist $F \circ \varphi$ eine Stammfunktion der stetigen Funktion $x \to f(\varphi(x)) \cdot \varphi'(x)$, und es folgt:

$$\int_a^b f(\varphi(x)) \cdot \varphi'(x)dx = [(F \circ \varphi)(x)]_a^b = F(\varphi(b)) - F(\varphi(a)) = \int_{\varphi(a)}^{\varphi(b)} f(t)dt.$$

Satz 12 (Substitutionsregel): Ist die Funktion f auf dem Intervall I stetig, die Funktion φ mit $\varphi([a; b]) \subseteq I$ auf $[a; b]$ differenzierbar und φ' auf $[a; b]$ stetig, dann ist

$$\int_a^b f(\varphi(x)) \cdot \varphi'(x)dx = \int_{\varphi(a)}^{\varphi(b)} f(t)dt.$$

Die Substitutionsregel kann auf zweifache Weise angewendet werden, nämlich „von links nach rechts" und „von rechts nach links".

Beispiel 9: Zu berechnen ist $\int_0^1 \frac{x^2}{(x^3+1)^4}dx$.

Die Regel wird „von links nach rechts" angewendet; das bedeutet: Es werden zunächst eine Substitution $t = \varphi(x)$ und eine Funktion f bestimmt, mit denen das gegebene Integral die Form der linken Seite der Substitutionsregel erhält.
Setzt man $\varphi(x) = x^3 + 1$, dann ist $\varphi'(x) = 3x^2$. Damit ergibt sich die Darstellung

$$\frac{x^2}{(x^3+1)^4} = \tfrac{1}{3}\left(\frac{1}{[\varphi(x)]^4} \cdot \varphi'(x)\right).$$

Mit $f\colon t \to \frac{1}{t^4}$ ist dann $\int_0^1 \frac{x^2}{(x^3+1)^4}dx = \frac{1}{3}\int_0^1 f(\varphi(x)) \cdot \varphi'(x)dx$.
Nun kann die Substitutionsregel angewendet werden:
Mit $\varphi(0) = 1$ und $\varphi(1) = 2$ erhält man

$$\int_0^1 \frac{x^2}{(x^3+1)^4}dx = \tfrac{1}{3}\int_0^1 f(\varphi(x)) \cdot \varphi'(x)dx = \tfrac{1}{3}\int_1^2 f(t)dt = \tfrac{1}{3}\int_1^2 \frac{1}{t^4}dt = \tfrac{1}{3}\left[-\frac{t^{-3}}{3}\right]_1^2 = \tfrac{7}{72}.$$

Anmerkung: Mit Hilfe der angegebenen Substitution kann auch eine Stammfunktion von $g\colon x \to \frac{x^2}{(x^3+1)^4}$ bestimmt werden.

Nach dem Hauptsatz ist

$$G_a\colon x \to \int_a^x \frac{z^2}{(z^3+1)^4}dz \text{ für jedes } a \in \mathbb{R} \text{ eine Stammfunktion von } g.$$

Mit den im Beispiel 9 angegebenen Funktionen φ und f erhält man:

$$\int_a^x \frac{z^2}{(z^3+1)^4}dz = \tfrac{1}{3}\int_a^x f(\varphi(z))\,\varphi'(z)\,dz = \tfrac{1}{3}\int_{\varphi(a)}^{\varphi(x)} f(t)dt = \tfrac{1}{3}\int_{\varphi(a)}^{\varphi(x)} \frac{1}{t^4}dt = -\tfrac{1}{9}\left[\frac{1}{t^3}\right]_{\varphi(a)}^{\varphi(x)}$$

Daraus ergibt sich: Eine spezielle Stammfunktion von g ist

$$G\colon x \to -\frac{1}{9}\,\frac{1}{(x^3+1)^3}.$$

Beispiel 10: Zu berechnen ist $\int_1^2 x^3\sqrt{x^2+2}\,dx$.

Die Substitutionsregel wird diesmal „von rechts nach links" angewendet. Zur Verdeutlichung schreiben wir daher das gegebene Integral in der Form

$$\int_1^2 f(t)dt \text{ mit } f(t) = t^3\sqrt{t^2+2}.$$

Ersetzt man nun t durch einen Term $\varphi(x)$, so tritt an die Stelle von $f(t)$ der Integrand $f(\varphi(x)) \cdot \varphi'(x)$. Bei geeigneter Wahl von $\varphi(x)$ erhält man im vorliegenden Fall für den Integranden den Term einer Funktion, von der eine Stammfunktion bekannt ist.

$\varphi(x)$ wird so gewählt, daß $[\varphi(x)]^2 + 2 = x$ gilt. Demnach ist $\varphi(x) = \sqrt{x-2}$, und man erhält

$$f(\varphi(x)) \cdot \varphi'(x) = (\sqrt{x-2}^{\,3} \sqrt{x}) \cdot \frac{1}{2\sqrt{x-2}} = \tfrac{1}{2}(x-2)\sqrt{x}.$$

Es wird nun nachträglich untersucht, ob die Voraussetzungen über φ erfüllt sind. Dazu muß zunächst das Intervall $[a; b]$ mit $\varphi([a; b]) = [1; 2]$ bestimmt werden:

Aus $\varphi(a) = \sqrt{a-2} = 1$ und $\varphi(b) = \sqrt{b-2} = 2$ ergibt sich $a = 3$ und $b = 6$.

Man stellt fest: $\varphi\colon x \to \sqrt{x-2}$ ist auf $[3; 6]$ differenzierbar,

und $\varphi'\colon x \to \dfrac{1}{2\sqrt{x-2}}$ ist auf $[3; 6]$ stetig.

Die Substitutionsregel liefert nun:

$$\int_1^2 t^3 \sqrt{t^2+2}\, dt = \int_{\varphi(a)}^{\varphi(b)} f(t)\, dt = \int_a^b f(\varphi(x))\varphi'(x)\, dx = \tfrac{1}{2}\int_3^6 (x-2)\sqrt{x}\, dx$$

$$= \tfrac{1}{2}\int_3^6 x^{\frac{3}{2}} dx - \int_3^6 x^{\frac{1}{2}} dx = \tfrac{1}{5}[x^{\frac{5}{2}}]_3^6 - \tfrac{2}{3}[x^{\frac{3}{2}}]_3^6 = \tfrac{16}{5}\sqrt{6} + \tfrac{1}{5}\sqrt{3}.$$

Anmerkung: Mit Hilfe der angegebenen Substitution kann auch eine Stammfunktion von $f\colon x \to x^3\sqrt{x^2+2}$ bestimmt werden. Setzt man bei dem gegebenen Integral $\varphi(z) = \sqrt{z-2}$ als obere Grenze, dann gilt nach Beispiel 10:

$$\int_1^{\varphi(z)} f(t)\, dt = \int_3^z \tfrac{1}{2}(t-2)\sqrt{t}\, dt.$$

Setzt man nun $\varphi(z) = \sqrt{z-2} = x$, dann ist $z = x^2 + 2$, und man erhält als Stammfunktion von f:

$$F_1\colon x \to \int_1^x f(t)\, dt = \int_3^{x^2+2} \tfrac{1}{2}(t-2)\sqrt{t}\, dt = \left[\tfrac{1}{5}t^{\frac{5}{2}} - \tfrac{2}{3}t^{\frac{3}{2}}\right]_3^{x^2+2}$$

Daraus ergibt sich: Eine spezielle Stammfunktion von f ist

$$F\colon x \to \tfrac{1}{5}(x^2+2)^{\frac{5}{2}} - \tfrac{2}{3}(x^2+2)^{\frac{3}{2}}.$$

Schreibt man die Gleichung der Substitutionsregel in der Form

$$\int_{\varphi(a)}^{\varphi(b)} f(t)\, dt = \int_a^b f(\varphi(x)) \cdot \varphi'(x)\, dx,$$

dann kann die Anwendung der Regel formal in drei Schritten ausgeführt werden:

1. Setze $t = \varphi(x)$.
2. Ersetze dt durch $\varphi'(x) \cdot dx$.
3. Bestimme die Grenzen a und b. Prüfe, ob φ in $[a; b]$ differenzierbar und φ' auf $[a; b]$ stetig ist.

Beispiel 11: Zu berechnen ist $\displaystyle\int_0^1 \frac{1}{(\sqrt{t}+1)^3}\, dt$.

1. $t = \varphi(x)$ wird so gewählt, daß $\sqrt{t} + 1 = x$ ist; also:
   Setze $t = \varphi(x) = (x-1)^2$.
2. $dt = \varphi'(x)\, dx = 2(x-1)\, dx$.
3. $\varphi(a) = (a-1)^2 = 0 \Leftrightarrow a = 1$ und $\varphi(b) = (b-1)^2 = 1 \Leftrightarrow b = 2$ (da $b > 0$).

Es folgt:

$$\int_0^1 \frac{1}{(\sqrt{t}+1)^3}\,dt = \int_1^2 \frac{2(x-1)}{x^3}\,dx = 2\int_1^2 \left(\frac{1}{x^2}-\frac{1}{x^3}\right)dx = \frac{1}{4}.$$

Ist der substituierte Term $\varphi(x)$ linear, dann nennt man die Umformung eine lineare Substitution. In diesem Fall kann die Substitutionsregel in vereinfachter Form dargestellt werden:

Ist $\varphi(x) = mx + n$ mit $m \neq 0$, dann ist $\varphi'(x) = m$. Da m eine Konstante ist, gilt

$$\int_a^b f(mx+n)\,dx = \tfrac{1}{m}\int_{ma+n}^{mb+n} f(t)\,dt.$$

Beispiel 12: Mit $\varphi(x) = 2x - 1$ und $f(t) = t^{10}$ ergibt sich:

$$\int_0^1 (2x-1)^{10}\,dx = \tfrac{1}{2}\int_{2\cdot 0-1}^{2\cdot 1-1} t^{10}\,dt = \tfrac{1}{2}\left[\frac{t^{11}}{11}\right]_{-1}^{1} = \tfrac{1}{11}.$$

Aufgaben

13. Berechnen Sie mit Hilfe von Satz 10 folgende Integrale.

a) $\int_0^2 x^3\,dx$ b) $\int_{-1}^2 x^3\,dx$ c) $\int_1^2 x^4\,dx$ d) $\int_0^1 x^{10}\,dx$

e) $\int_0^1 \sqrt{x}\,dx$ f) $\int_1^4 \sqrt{x}\,dx$ g) $\int_0^1 \sqrt[3]{x}\,dx$ h) $\int_0^1 \sqrt[4]{x}\,dx$

i) $\int_1^2 \frac{1}{x^3}\,dx$ k) $\int_1^2 \frac{1}{\sqrt{x}}\,dx$ l) $\int_1^2 \frac{\sqrt[3]{x}}{x}\,dx$ m) $\int_1^8 \frac{1}{\sqrt[4]{x}}\,dx$

14. Berechnen Sie mit Hilfe von Satz 11 und Satz 10 folgende Integrale.

a) $\int_0^2 (3x+2)\,dx$ b) $\int_0^1 (x^3-x^2)\,dx$ c) $\int_0^1 (x+1)^2\,dx$

d) $\int_0^2 (x-2)^2\,dx$ e) $\int_1^3 (x^2-x)\,dx$ f) $\int_{-1}^1 (x^3-2x^2+4x+3)\,dx$

g) $\int_{-1}^2 x(x-1)^2\,dx$ h) $\int_0^1 (x+\sqrt{x})\,dx$ i) $\int_1^2 (3\sqrt{x}-4\sqrt[3]{x})\,dx$

k) $\int_1^2 \left(\frac{1}{x^2}-\frac{1}{x^3}\right)dx$ l) $\int_1^3 \left(\frac{1}{\sqrt{x}}+\frac{2}{x^3}\right)dx$ m) $\int_1^2 \frac{(x+1)^2}{x^4}\,dx$

15. Es ist $\left|\int_0^3 (x-2)\,dx\right| = \left|\frac{3^2}{2} - 2\cdot 3\right| = \frac{3}{2}$,

aber $\int_0^3 \left|x-2\right|dx = \int_0^2 |x-2|\,dx + \int_2^3 |x-2|\,dx = \int_0^2 (2-x)\,dx + \int_2^3 (x-2)\,dx$

$= 2 + \frac{1}{2} = \frac{5}{2}$.

Berechnen Sie entsprechend.

a) $\left|\int_0^2 (x^2-1)\,dx\right|$ und $\int_0^2 \left|x^2-1\right|dx$.

b) $\left|\int_0^3 (x^2 - 3x + 2)\,dx\right|$ und $\int_0^3 \left|x^2 - 3x + 2\right| dx$

c) $\left|\int_1^3 (x^2 - 2)\,dx\right|$ und $\int_1^3 \left|x^2 - 2\right| dx$

d) $\left|\int_0^4 (x^3 - 2x^2)\,dx\right|$ und $\int_0^4 \left|x^3 - 2x^2\right| dx$

16. Berechnen Sie mit Hilfe der Substitutionsregel folgende Integrale.

a) $\int_0^2 x(x^2 - 1)\,dx$

b) $\int_0^1 x^4 (1 + x^5)^5\,dx$

c) $\int_0^1 x\sqrt{1 + x^2}\,dx$

d) $\int_0^1 \frac{x}{\sqrt[3]{1 + x^2}}\,dx$

e) $\int_0^1 \frac{x^2}{(1 + x^3)^2}\,dx$

f) $\int_1^2 \frac{x + 1}{\sqrt{x^2 + 2x}}\,dx$

g) $\int_0^1 x\sqrt{2x + 1}\,dx$

h) $\int_0^1 \frac{2x + 3}{(6x + 7)^3}\,dx$

i) $\int_0^1 \frac{x^2}{\sqrt{x + 1}}\,dx$

k) $\int_0^1 x^3 \sqrt{1 - x^2}\,dx$

l) $\int_0^1 \sqrt{\sqrt{x} + 1}\,dx$

m) $\int_0^1 x^5 \sqrt[3]{1 + x^3}\,dx$

17. Berechnen Sie folgende Integrale.

a) $\int_0^1 (2x - 1)(x - 1)^4\,dx$

b) $\int_0^1 x(x - 1)^5\,dx$

c) $\int_0^1 \frac{x}{(x + 2)^3}\,dx$

d) $\int_0^1 x\sqrt{x + 1}\,dx$

e) $\int_0^1 \frac{x^2}{(x + 1)^5}\,dx$

f) $\int_0^1 x(1 - x)^8\,dx$

g) $\int_0^1 x^2 (x + 1)^6\,dx$

h) $\int_0^1 x^2 \sqrt{x + 1}\,dx$

18. Eine Funktion f ist gegeben durch ihren Term $f(x)$. Bestimmen Sie jeweils eine Stammfunktion F.

a) $f(x) = (x + 3)^2$

b) $f(x) = (x - 4)^3$

c) $f(x) = (3x - 2)^4$

d) $f(x) = \frac{1}{(x + 1)^2}$

e) $f(x) = \frac{1}{(2x - 1)^3}$

f) $f(x) = -\frac{4}{(1 - 3x)^4}$

g) $f(x) = \sqrt{x + 3}$

h) $f(x) = \sqrt{3x + 2}$

i) $f(x) = \sqrt[3]{x - 5}$

k) $f(x) = x\sqrt{x + 1}$

l) $f(x) = \frac{2x + 1}{\sqrt{x - 1}}$

m) $f(x) = \frac{x}{(3x - 1)^3}$

n) $f(x) = x\sqrt{x^2 + 2}$

o) $f(x) = x^2 \sqrt[3]{x^3 + 1}$

p) $f(x) = \frac{x}{(x^2 + 1)^3}$

19. a) Es sei $a>0$ und f auf $[-a;a]$ stetig. Begründen Sie mit Hilfe der Substitution $\varphi(x)=-x$ folgende Aussagen:

1. Ist $f(-x)=f(x)$ für alle $x\in[-a;a]$, dann ist $\int\limits_{-a}^{a} f(x)\,dx=2\int\limits_{0}^{a} f(x)\,dx$;

2. Ist $f(-x)=-f(x)$ für alle $x\in[-a;a]$, dann ist $\int\limits_{-a}^{a} f(x)\,dx=0$.

b) Veranschaulichen Sie geometrisch die Aussagen

$$\int\limits_{-2}^{2} x^2\,dx=2\int\limits_{0}^{2} x^2\,dx \quad \text{und} \quad \int\limits_{-2}^{2} x^3\,dx=0.$$

c) Berechnen Sie mit Hilfe von (a) möglichst einfach folgende Integrale.

$\int\limits_{-1}^{1}(x^3+x^2-x)\,dx$, $\int\limits_{-2}^{2}(1+x^2)\,dx$, $\int\limits_{-3}^{3}(x^3+x)\,dx$,

$\int\limits_{-1}^{1}(x+2)^2\,dx$, $\int\limits_{-1}^{1}(x-1)^3\,dx$, $\int\limits_{-1}^{1}\frac{x}{x^2+1}\,dx$.

20. a) Beweisen Sie:

Ist $n\in\mathbb{N}^*$, dann ist $\int\limits_{0}^{1}(1-x)^n\,dx=\int\limits_{0}^{1}x^n\,dx$.

Veranschaulichen Sie die Aussage geometrisch für $n=2$ und $n=3$.

b) Es sei $a>1$ und $b>0$. Beweisen Sie mit Hilfe der Substitution $\varphi(x)=bx$:

$$\int\limits_{1}^{a}\tfrac{1}{x}\,dx=\int\limits_{b}^{ab}\tfrac{1}{x}\,dx.$$

Veranschaulichen Sie die Aussage für $a=2$ und $b=3$.

c) Es sei $a>0$. Beweisen Sie mit Hilfe der Substitution $\varphi(x)=\frac{1}{x}$:

$$\int\limits_{1}^{a}\frac{1}{1+x^2}\,dx=\int\limits_{\frac{1}{a}}^{1}\frac{1}{1+x^2}\,dx.$$

Veranschaulichen Sie die Aussage für $a=3$.

Uneigentliche Integrale

Beispiel 13: Es sei $f\colon x\longrightarrow\frac{x^2}{x}$

f ist an der Stelle 0 nicht definiert und daher nicht integrierbar über einem Intervall $[a;b]$, das 0 als Element enthält. Insbesondere existiert nicht $\int\limits_{0}^{1} f(x)\,dx$.

Nun ist jedoch $f(x)=x$ für alle $x\neq 0$, und daher gilt für $z>0$:

$$\int\limits_{z}^{1} f(x)\,dx=\int\limits_{z}^{1} x\,dx=\tfrac{1}{2}-\tfrac{1}{2}z^2.$$

Die Funktion $F\colon z\longrightarrow\int\limits_{z}^{1} f(x)\,dx=-\int\limits_{1}^{z} f(x)\,dx$ mit $z\in\mathbb{R}_+^*$ ist nach 0 stetig fortsetzbar, und es ist

$$\lim_{z\to 0} F(z)=\tfrac{1}{2}.$$

Für $\lim\limits_{z\to 0}\int\limits_{z}^{1} f(x)\,dx$ schreibt man kurz $\int\limits_{0}^{1} f(x)\,dx$ und nennt den Grenzwert das uneigentliche Integral von f über $[0;1]$.

Definition 4: Die stetige Funktion f sei an einer Stelle b nicht definiert, jedoch sei

$$F: z \longrightarrow \int_a^z f(x)\,dx \text{ nach } b \text{ stetig fortsetzbar.}$$

Dann ist

$$\lim_{z \to b} \int_a^z f(x)\,dx = \int_a^b f(x)\,dx$$

das uneigentliche Integral von f über $[a, b]$.

Beispiel 14: Es sei $f(x) = \frac{1}{x^2}$. Dann ist $\int_1^z \frac{1}{x^2}\,dx = 1 - \frac{1}{z}$ für $z > 0$.

Es folgt

$$\int_1^\infty \frac{1}{x^2}\,dx = \lim_{z \to \infty} \int_1^\infty \frac{1}{x^2}\,dx = \lim_{z \to \infty} \left(1 - \frac{1}{z}\right) = 1.$$

Beispiel 15: Es sei $f(x) = \frac{1}{\sqrt{1-x^2}}$. Es ist $D_f =]-1; 1[$, so daß z. B. $\int_0^1 f(x)\,dx$ zunächst nicht definiert ist.

Für $0 \leq x < 1$ gilt $f(x) = \frac{1-x^2+x^2}{\sqrt{1-x^2}} = \sqrt{1-x^2} + \frac{x^2}{\sqrt{1-x^2}}$.

Ist $g(x) = x\sqrt{1-x^2}$, dann ist $g'(x) = \sqrt{1-x^2} - \frac{x^2}{\sqrt{1-x^2}}$.

Also ist $\frac{x^2}{\sqrt{1-x^2}} = \sqrt{1-x^2} - g'(x)$, und man erhält für $0 \leq z < 1$:

$$\int_0^z f(x)\,dx = 2\int_0^z \sqrt{1-x^2}\,dx - [x\sqrt{1-x^2}]_0^z = 2\int_0^z \sqrt{1-x^2}\,dx - z\sqrt{1-z^2}.$$

Die Funktion $x \longrightarrow \sqrt{1-x^2}$ ist auf $[0; 1]$ stetig; demnach ist $z \longrightarrow \int_0^z \sqrt{1-x^2}\,dx$ auf $[0; 1]$ differenzierbar, so daß $F: z \longrightarrow 2\int_0^z \sqrt{1-x^2}\,dx - z\sqrt{1-z^2}$ auf $[0; 1]$ stetig ist.

Es folgt: $\lim_{z \to 1} F(z) = F(1) = 2\int_0^1 \sqrt{1-x^2}\,dx$.

Ergebnis: $\int_0^1 \frac{1}{\sqrt{1-x^2}}\,dx = 2\int_0^1 \sqrt{1-x^2}\,dx$.

Anmerkung 1: Während der Integrand links bei 1 nicht definiert ist, ist der Integrand rechts bei 1 definiert. Das uneigentliche Integral ist damit durch ein (eigentliches) Integral dargestellt.

Anmerkung 2: Die Funktion $x \longrightarrow \sqrt{1-x^2}$ mit $0 \leq x \leq 1$ ist ein Viertel des Einheitskreises. Demnach ist $\int_0^1 \frac{1}{\sqrt{1-x^2}}\,dx = 2 \cdot \frac{\pi}{4} = \frac{\pi}{2}$.

Beispiel 16 (Vgl. Beispiel 10 von Seite 145):

Zu berechnen ist $\int\limits_0^1 t^3 \sqrt{t^2+2}\ dt$ mit Hilfe der Substitutionsregel.

Bei formaler Anwendung der Regel „von rechts nach links" erhält man mit $t = \varphi(x) = \sqrt{x-2}$, $\varphi'(x) = \frac{1}{2\sqrt{x-2}}$, $\varphi(2) = 0$ und $\varphi(3) = 1$:

$$\int\limits_0^1 t^3 \sqrt{t^2+2}\,dt = \int\limits_2^3 (\sqrt{x-2}^3 \sqrt{x}) \frac{1}{2\sqrt{x-2}}\,dx.$$

Das Integral auf der rechten Seite der Gleichung ist uneigentlich, weil der Integrand an der Stelle 2 nicht definiert ist. Für $2 < x \leq 3$ ist jedoch

$(\sqrt{x-2}^3 \sqrt{x}) \frac{1}{2\sqrt{x-2}} = \frac{1}{2}(x-2)\sqrt{x}$, also gilt:

$$\int\limits_2^3 (\sqrt{x-2}^3 \sqrt{x}) \frac{1}{2\sqrt{x-2}}\,dx = \lim_{z \to 2} \int\limits_z^3 \frac{1}{2}(x-2)\sqrt{x}\,dx = \int\limits_2^3 \frac{1}{2}(x-2)\sqrt{x}\,dx,$$

da $x \longrightarrow \frac{1}{2}(x-2)\sqrt{x}$ an der Stelle 2 stetig ist.

Das letzte Integral hat den Wert:

$$\tfrac{1}{2}\left[\tfrac{2}{5}x^{\frac{5}{2}} - \tfrac{4}{3}x^{\frac{3}{2}}\right]_2^3 = \tfrac{8}{15}\sqrt{2} - \tfrac{1}{5}\sqrt{3}.$$

Aufgaben

21. Bestimmen Sie folgende uneigentliche Integrale.

a) $\int\limits_0^1 \frac{x^2+x}{x}\,dx$ b) $\int\limits_0^1 \frac{x^2-3x+2}{x-1}\,dx$ c) $\int\limits_0^1 \frac{x-1}{\sqrt{x-1}}\,dx$

d) $\int\limits_1^\infty \frac{1}{x^r}\,dx$ für $r \in \mathbb{Q}$ mit $r > 1$ e) $\int\limits_{-\infty}^{-1} \frac{1}{x^r}\,dx$ für $r \in \mathbb{Q}$ mit $r > 1$ f) $\int\limits_0^1 \frac{1}{\sqrt{x}}\,dx$

g) $\int\limits_0^1 \frac{1}{\sqrt[3]{x}}\,dx$ h) $\int\limits_0^1 \frac{1}{\sqrt{1-x}}\,dx$ i) $\int\limits_1^2 \frac{1}{\sqrt{x-1}}\,dx$

k) $\int\limits_0^1 \frac{x}{\sqrt{1-x^2}}\,dx$ l) $\int\limits_0^1 \frac{x^2}{\sqrt{1-x^3}}\,dx$

22. Begründen Sie mit Hilfe von Aufgabe 20 (Seite 149):

a) $F\colon z \longrightarrow \int\limits_1^z \frac{1}{x}\,dx$ ist nach oben unbeschränkt;

b) $\int\limits_1^\infty \frac{1}{1+x^2}\,dx = \int\limits_0^1 \frac{1}{1+x^2}\,dx.$

23. Bei den folgenden Integralen führt die Anwendung der Substitutionsregel „von rechts nach links" zu uneigentlichen Integralen. Bestimmen Sie die Integrale wie in Beispiel 15 oder 16.

a) $\int\limits_0^1 t\sqrt{2+t^2}\,dt$ b) $\int\limits_0^1 t^3\sqrt{3+t^2}\,dt$ c) $\int\limits_0^1 t^5\sqrt{1+t^2}\,dt$

d) $\int\limits_0^1 t^2\sqrt[3]{1+t^3}\,dt$ e) $\int\limits_0^1 t^5\sqrt[3]{1+t^3}\,dt$ f) $\int\limits_0^1 \frac{t^3}{\sqrt{4+t^2}}\,dt$

8 Anwendungen der Integralrechnung

8.1 Flächeninhalt

In Kapitel 6 wird der Integralbegriff mit der Absicht entwickelt, eine brauchbare Definition für den Inhalt einer Fläche zu erhalten. Danach ist für den Fall, daß eine auf einem Intervall $[a; b]$ nicht-negative Funktion f über $[a; b]$ integrierbar ist, das Integral $\int_a^b f(x)\,dx$ der Inhalt $A_f(a; b)$ der Fläche zwischen der x-Achse und der Funktion f über dem Intervall $[a; b]$. Man sagt kurz:

$$A_f(a; b) = \int_a^b f(x)\,dx$$

ist der Flächeninhalt von f über $[a; b]$.

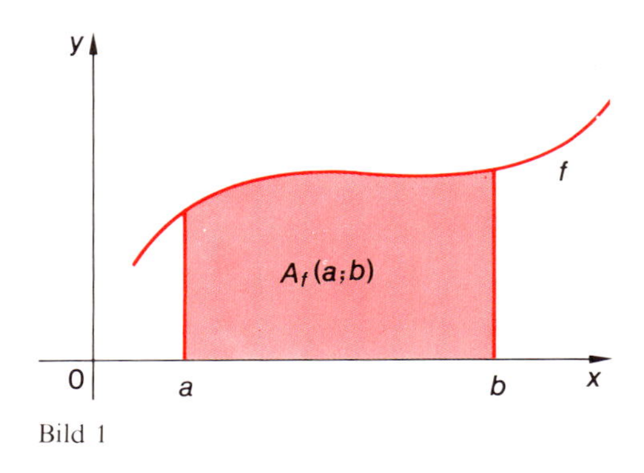

Bild 1

Ist die Funktion f auf $[a; b]$ nicht-positiv, dann ist $-f$ auf $[a; b]$ nicht-negativ. Nach Bild 2 sind die Flächen zwischen f und der x-Achse über $[a; b]$ bzw. zwischen $-f$ und der x-Achse über $[a; b]$ kongruent, so daß ihnen gleiche Inhalte zugeordnet sind. Demnach ist

$$A_f(a; b) = A_{-f}(a; b) = \int_a^b (-f(x))\,dx.$$

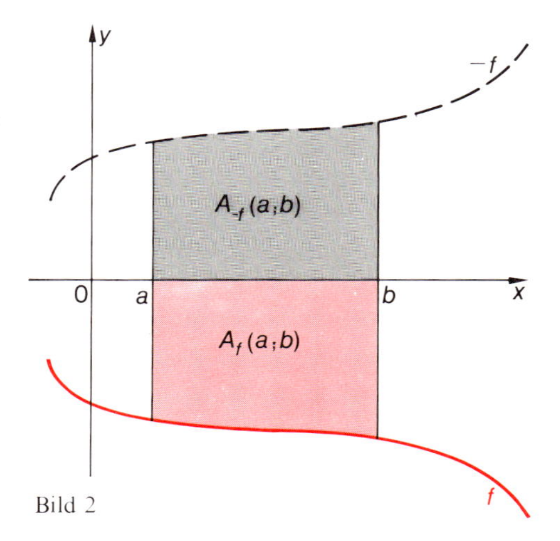

Bild 2

Da $f(x) \leq 0$ für $x \in [a; b]$, ist $-f(x) = |f(x)|$ auf $[a; b]$. Andererseits ist mit $-f(x) \geq 0$ auch $\int_a^b (-f(x))\,dx \geq 0$, so daß gilt:

$$\int_a^b (-f(x))\,dx = \left|\int_a^b (-f(x))\,dx\right| = \left|-\int_a^b (-f(x))\,dx\right| = \left|\int_a^b f(x)\,dx\right|.$$

Demnach kann der Flächeninhalt auch wie folgt dargestellt werden:

$$A_f(a; b) = \int_a^b |f(x)|\,dx = \left|\int_a^b f(x)\,dx\right|.$$

Diese Darstellungen gelten offenbar auch, wenn f auf $[a; b]$ nicht-negativ ist.

Ist weder $f(x) \geq 0$ noch $f(x) \leq 0$ für alle $x \in [a; b]$, dann sei vorausgesetzt, daß $f(x)$ nur an endlich vielen Stellen im Intervall $[a; b]$ das Vorzeichen wechselt. Bei einer Funktion wie in Bild 3 ergibt sich aufgrund der vorhergehenden Ausführungen: Der Inhalt der roten Fläche ist

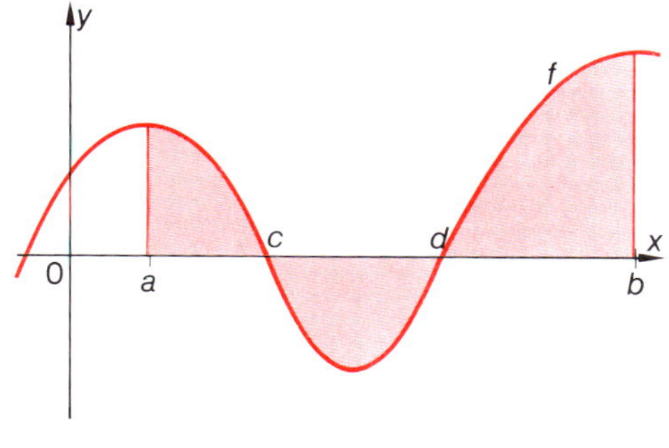

Bild 3

$$A_f(a; b) = \int_a^c f(x)\,dx + \int_c^d (-f(x))\,dx + \int_d^b f(x)\,dx.$$

Da $f(x) \geq 0$ auf $[a; c]$ und auf $[d; b]$ und $f(x) \leq 0$ auf $[c; d]$, gilt

$$A_f(a; b) = \left|\int_a^c f(x)\,dx\right| + \left|\int_c^d f(x)\,dx\right| + \left|\int_d^b f(x)\,dx\right|$$

$$= \int_a^c |f(x)|\,dx + \int_c^d |f(x)|\,dx + \int_d^b |f(x)|\,dx = \int_a^b |f(x)|\,dx.$$

Die letzte Darstellung des Flächeninhalts gilt auch für die beiden zuerst genannten Fälle, so daß sie zur allgemeinen Definition verwendet werden kann.

Definition 1: Ist eine Funktion f über $[a; b]$ integrierbar, dann ist der Flächeninhalt von f über $[a; b]$

$$A_f(a; b) = \int_a^b |f(x)|\,dx.$$

Beispiel 1: Zu berechnen ist der Flächeninhalt $A(0; 3)$ der Funktion
$f\colon\ x \to x^2 - 3x + 2.$
Es ist $f(x) \geq 0$ für $x \in [0; 1] \cup [2; 3]$ und $f(x) \leq 0$ für $x \in [1; 2]$.
Demnach ist der Flächeninhalt von f über $[0; 3]$ (Bild 4):

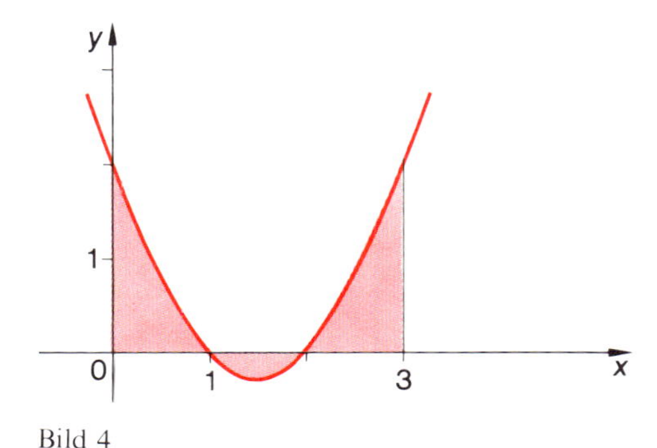

Bild 4

$$A(0; 3) = \int_0^3 |f(x)|\,dx$$

$$= \left|\int_0^1 (x^2 - 3x + 2)\,dx\right| + \left|\int_1^2 (x^2 - 3x + 2)\,dx\right| + \left|\int_2^3 (x^2 - 3x + 2)\,dx\right| = \left|\tfrac{5}{6}\right| + \left|-\tfrac{1}{6}\right| + \left|\tfrac{5}{6}\right| = \tfrac{11}{6}.$$

Haben die Funktionen g und h (mindestens) zwei Schnittpunkte, so schließen sie eine Fläche ein. Angenommen, g und h haben genau zwei Schnittpunkte mit den Abszissen a und b $(a < b)$, und es ist $0 \leq h(x) \leq g(x)$ für alle $x \in [a; b]$.
Nach Bild 5 ist es dann sinnvoll, die Differenz von $A_g = \int_a^b g(x)\,dx$ und $A_h = \int_a^b h(x)\,dx$ als Inhalt A der eingeschlossenen Fläche festzusetzen, also

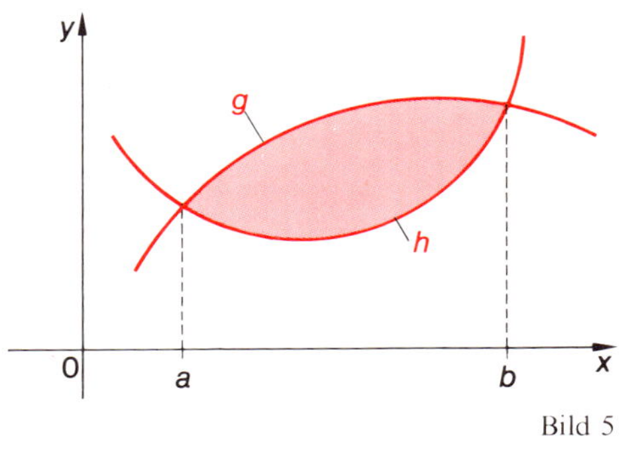

Bild 5

$$A = \int_a^b g(x)\,dx - \int_a^b h(x)\,dx = \int_a^b (g(x) - h(x))\,dx.$$

Wäre nicht $h(x) \leq g(x)$, sondern $g(x) \leq h(x)$ für alle $x \in [a; b]$, dann müßte gesetzt werden

$$A = \int_a^b (h(x) - g(x))\,dx.$$

Beide Fälle werden durch die folgende Darstellung erfaßt:

$$A = \left| \int_a^b (g(x) - h(x))\,dx \right|.$$

Liegt die eingeschlossene Fläche ganz oder teilweise unterhalb der x-Achse, so kann durch eine Parallelverschiebung in Richtung der y-Achse erreicht werden, daß die Fläche vollständig oberhalb der x-Achse liegt. Ist c der Betrag der Verschiebung, dann gehen die Funktionen g und h über in die Funktionen $g_1 = g + c$ bzw. $h_1 = h + c$ (Bild 6). Da jedoch $g_1 - h_1 = g - h$ ist, ist

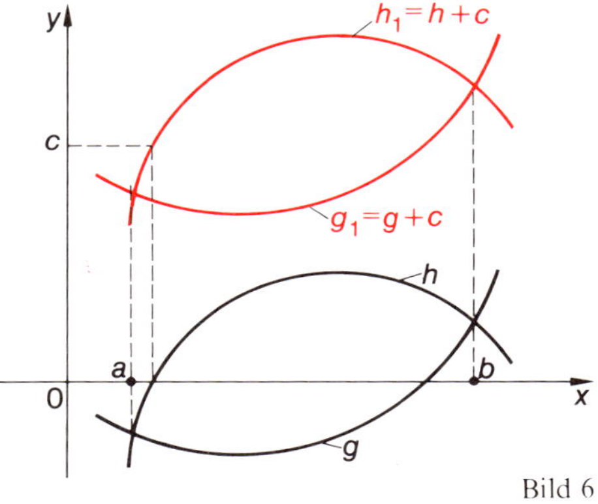

Bild 6

$$A = \left| \int_a^b (g_1(x) - h_1(x))\,dx \right| = \left| \int_a^b (g(x) - h(x))\,dx \right|$$

der Inhalt der eingeschlossenen Fläche.

Schließlich ist noch der Fall zu betrachten, bei dem mehr als zwei Schnittpunkte vorhanden sind.
Angenommen, zwischen den Schnittpunkten mit den Abszissen a und b liegen zwei weitere Schnittpunkte mit den Abszissen c_1 und c_2 $(c_1 < c_2)$.
Nach Bild 7 ist der Inhalt der eingeschlossenen Fläche gleich der Summe der Inhalte von den Teilflächen, die über den Intervallen $[a; c_1]$, $[c_1; c_2]$ und $[c_2; b]$ liegen,

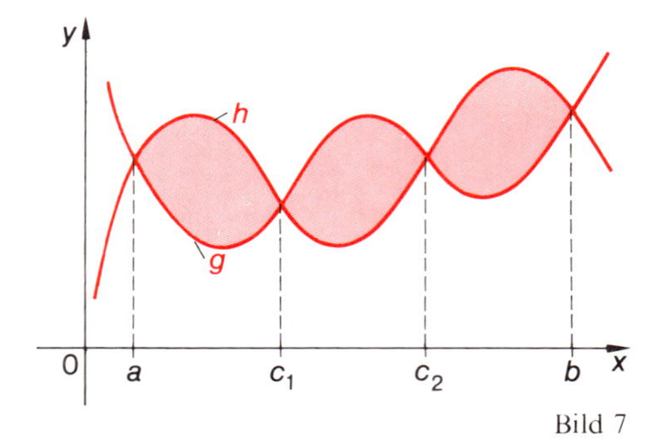

Bild 7

also

$$A = \left|\int_a^{c_1}(g(x)-h(x))\,dx\right| + \left|\int_{c_1}^{c_2}(g(x)-h(x))\,dx\right| + \left|\int_{c_2}^{b}(g(x)-h(x))\,dx\right|$$

$$= \int_a^b |g(x)-h(x)|\,dx.$$

Definition 2: Die Funktionen g und h seien über einem Intervall I integrierbar. Haben g und h auf I zwei Schnittpunkte mit den Abszissen a und b $(a \leq b)$, dann ist der Inhalt der Fläche, die über $[a; b]$ von den Funktionen g und h eingeschlossen wird,

$$A = \int_a^b |g(x)-h(x)|\,dx.$$

Beispiel 2: $g(x)=x^3-x$; $h(x)=3x$.
Bestimmung der Abszissen der Schnittpunkte:

$g(x)=h(x) \Leftrightarrow g(x)-h(x)=0$
$\Leftrightarrow x^3-4x=0 \Leftrightarrow x=-2 \vee x=0 \vee x=2.$

Die von g und h eingeschlossene Fläche liegt über dem Intervall $[-2; 2]$; ein weiterer Schnittpunkt ist an der Stelle 0 (Bild 8). Demnach ist der Inhalt der eingeschlossenen Fläche

$$A = \left|\int_{-2}^{0}(x^3-4x)\,dx\right| + \left|\int_0^2(x^3-4x)\,dx\right|$$
$$= |4| + |-4| = 8$$

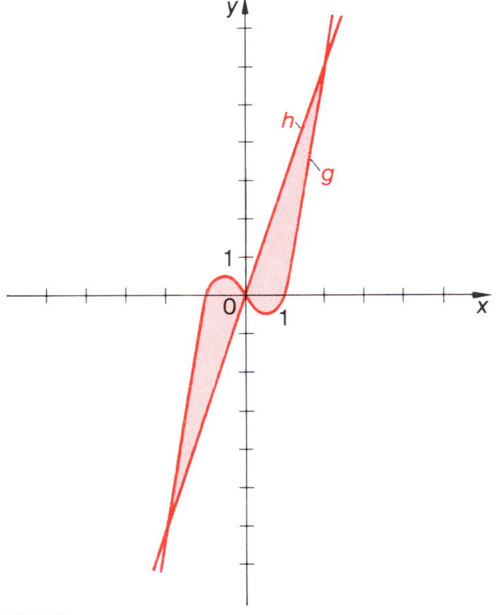

Bild 8

Aufgaben

1. Berechnen Sie den Flächeninhalt A der Funktion f über dem Intervall I.

a) $f(x)=x$, $I=[-1;2]$
b) $f(x)=x^2+1$, $I=[0;2]$
c) $f(x)=x^2-4$, $I=[0;3]$
d) $f(x)=x(x^2-9)$, $I=[-1;1]$
e) $f(x)=x^3-2x^2-4x+8$, $I=[-3;4]$
f) $f(x)=x^3-2x^2-x+2$, $I=[0;2]$
g) $f(x)=(x-2)\sqrt{x}$, $I=[0;3]$
h) $f(x)=\frac{1}{4}-\frac{1}{x^2}$, $I=[1;3]$
i) $f(x)=\sqrt{x}-\sqrt[3]{x}$, $I=[0;2]$

2. Berechnen Sie den Inhalt der Fläche, die von der Funktion f und der x-Achse eingeschlossen wird.

a) $f(x)=x^3-4x^2$
b) $f(x)=x^3-4x$
c) $f(x)=x(x-1)^4$
d) $f(x)=x\sqrt{4-x}$
e) $f(x)=x^2\sqrt{4-x}$
f) $f(x)=x\sqrt{4-x^2}$
g) $f(x)=x(x^2-9)^3$
h) $f(x)=x^2\sqrt{1-x^3}$

3. Berechnen Sie den Inhalt der Fläche, die von den Funktionen g und h eingeschlossen wird.

a) $g(x)=x^2$, $h(x)=x+2$
b) $g(x)=x^2$, $h(x)=2-x^2$
c) $g(x)=2x^2-2x$, $h(x)=x^2+4x$
d) $g(x)=x^2$, $h(x)=x^3$
e) $g(x)=x^3-9x+1$, $h(x)=1$
f) $g(x)=\sqrt{x}$ $h(x)=x$
g) $g(x)=\frac{1}{x^2}$, $h(x)=-\frac{5}{2}x+\frac{21}{4}$
h) $g(x)=x^2\sqrt{x}$, $h(x)=\sqrt[4]{x^3}$
i) $g(x)=\frac{1}{2}x^2$, $h(x)=\sqrt{2x}$
k) $g(x)=x^2-2x+1$, $h(x)=\sqrt{1-x}$
l) $g(x)=\frac{1}{(2x+1)^2}$, $h(x)=-\frac{8}{9}x+1$

4. a) Eine ganzrationale Funktion 4. Grades, die zur y-Achse symmetrisch ist, berührt die x-Achse in $(-2;0)$ und $(2;0)$. Die Funktion schließt zwischen den Berührstellen mit der x-Achse den Flächeninhalt $\frac{128}{15}$ ein. Bestimmen Sie die Funktionsgleichung.
b) Eine ganzrationale Funktion 3. Grades berührt in $(0;0)$ die x-Achse, hat bei 2 eine Wendestelle und schließt mit der x-Achse den Flächeninhalt 13,5 ein. Bestimmen Sie die Funktionsgleichung.
Anmerkung zu a) und b): Beachten Sie die Anzahl der Lösungen.

5. Durch den Hochpunkt der Funktion $f\colon x \to \frac{1}{3}x^3-3x^2+6x;\ x\in[0;3]$ wird eine Parallele zur y-Achse gezogen, die die Fläche, welche f mit der x-Achse einschließt, in zwei Teilflächen zerlegt. In welchem Verhältnis stehen die Flächeninhalte der beiden Teilflächen zueinander?

6. Durch den Punkt $(u; f(u))$ mit $0<u<2$ der Funktion $f\colon x \to -x^3+3x^2;\ x\in[0;2]$ wird eine Parallele zur x-Achse gezogen. Die Funktion f schließt mit der Parallelen zwei Flächenstücke ein (Skizze!).
Wie muß u gewählt werden, damit
a) die Flächeninhalte beider Flächenstücke gleich sind;
b) die Summe beider Flächeninhalte minimal ist?

7. Die Fläche, die die Funktion $f\colon x \rightarrow -x^2+6x$ mit der x-Achse einschließt, werde durch eine Ursprungsgerade in zwei Teilflächen zerlegt.
Bestimmen Sie die Funktionsgleichung derjenigen Ursprungsgeraden, für die die Flächeninhalte beider Teilflächen a) gleich sind; b) sich wie 1 : 2 verhalten (2 Lösungen).

8. Es sei $a>0$ und $f(x)=x^2-a$.
Bestimmen Sie a so, daß f mit der x-Achse eine Fläche mit dem Inhalt $\frac{9}{2}$ einschließt.

9. Es sei $g(x)=9-x^2$ und A der Inhalt der Fläche, die von g und der x-Achse eingeschlossen wird.
Bestimmen Sie eine Parallele zur x-Achse, die mit g eine Fläche vom Inhalt $\frac{A}{2}$ einschließt.

10. Es sei $f(x)=2x^3-3x^2+1$ und t die Tangente von f in deren Hochpunkt. Wie groß ist die Fläche, die von f und t eingeschlossen wird?

11. Es sei $f(x)=x^3-27x$ und g die Gerade durch den Hoch- und Tiefpunkt von f. Wie groß ist die Fläche, die von f und g eingeschlossen wird?

12. Es sei $f(x)=x^2$ und t die Tangente im Kurvenpunkt $(2;4)$.
Wie groß ist die Fläche, die von f, t und der x-Achse eingeschlossen wird?

13. Es sei $f(x)=a-x^2$ mit $a>0$. Aus dem Parabelsegment, das von f und der x-Achse begrenzt wird, soll durch Schnitte parallel zur x-Achse und parallel zur y-Achse ein Rechteck mit möglichst großen Flächeninhalt ausgeschnitten werden. Wieviel Prozent beträgt dabei der Abfall?

14. Es sei $a>0$. Von allen Parabeln f mit $f(x)=c-ax^2$, die durch $(1;1)$ gehen, soll diejenige bestimmt werden, die mit der x-Achse die kleinste Fläche einschließt. Wie groß ist der Inhalt dieser Fläche?

15. Es sei $a>0$ und $g(x)=ax^2$, $h(x)=1-\frac{1}{a}x^2$.
Bei welchem Wert von a hat die von g und h eingeschlossene Fläche den größten Inhalt?

16. Es sei f eine ganzrationale Funktion zweiten Grades mit der Tangente $t\colon x \rightarrow x$ im Punkt $(1;1)$. Der Inhalt der Fläche zwischen f, t und der y-Achse ist 1. Bestimmen Sie f.

17. Es sei $f(x)=x^2$ und $S=(0;1)$. Begründen Sie: Von allen Geraden, die durch S gehen, schließt die Parallele zur x-Achse mit f die kleinste Fläche ein.

18. Es sei $f(x)=ax^3+bx^2+cx+d$ und $a>0$. Jede der Funktionen f habe im Punkt $(0;0)$ einen Extrempunkt und gehe durch den Punkt $(1;-1)$. Bestimmen Sie die Funktion, die mit der x-Achse die kleinste Fläche einschließt.

8.2 Volumen von Drehkörpern

Hat ein Körper eine Symmetrieachse und ist jeder Querschnitt senkrecht zur Achse ein Kreis, dann nennt man den Körper drehsymmetrisch zur Achse. Alle Längsschnitte durch die Achse sind kongruente Flächen, die zur Achse symmetrisch sind. Man sagt auch, der Körper entsteht durch Drehung eines Längsschnittes um seine Symmetrieachse, und nennt den Körper daher einen Drehkörper.

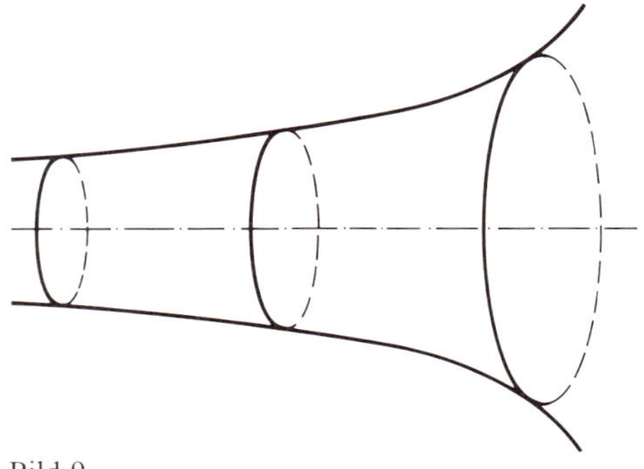

Bild 9

Beispiele sind Zylinder, Kegel und Kugel.
Es wird die Aufgabe gestellt, einem Drehkörper eine reelle Zahl als Volumen zuzuordnen:
In der Ebene eines Längsschnittes wird ein Koordinatensystem festgelegt, so daß die x-Achse die Symmetrieachse ist. Liegt der Längsschnitt über dem Intervall $[a; b]$, dann ist die Begrenzungslinie in der oberen Halbebene eine Funktion f mit $f(x) \geq 0$ für alle $x \in [a; b]$.

Sei T eine Zerlegung von $[a; b]$ und $[x_{k-1}; x_k]$ das k-te Teilintervall. Dann gilt:
Der größte Zylinder über $[x_{k-1}; x_k]$, der völlig innerhalb des Körpers liegt, hat den Grundkreisradius $r_k = \inf f([x_{k-1}; x_k])$ und die Höhe $(x_k - x_{k-1})$;
der kleinste Zylinder über dem Intervall, der den Körper umschließt, hat den Grundkreisradius $R_k = \sup f([x_{k-1}; x_k])$ und die Höhe $(x_k - x_{k-1})$ (Bild 10).

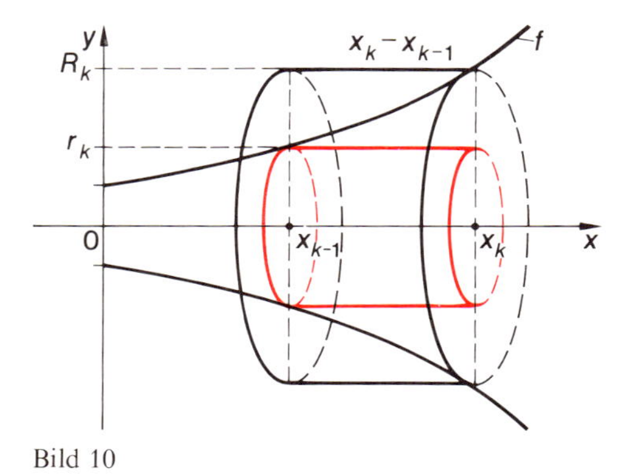

Bild 10

Daher verlangt man für das Volumen V_k des Teilkörpers über $[x_{k-1}; x_k]$ die Bedingung

$$\pi \cdot r_k^2 (x_k - x_{k-1}) \leq V_k \leq \pi R_k^2 (x_k - x_{k-1}).$$

Die Schranken von V_k sind offensichtlich die k-ten Summanden in den Unter- bzw. Obersummen der Funktion h: $x \to \pi(f(x))^2$, so daß für das Volumen V des gesamten Körpers gilt:

$${}_*S_h(T) \leq V \leq {}^*S_h(T) \text{ für jede Zerlegung } T \text{ von } [a; b].$$

Daraus ergibt sich für V folgende Aussage.

> **Definition 3:** Ist eine Funktion f über $[a; b]$ integrierbar und ist $f(x) \geq 0$ für alle $x \in [a; b]$, dann ist das Volumen des Körpers, der durch Drehung von $\{(x; y) | 0 \leq y \leq f(x) \wedge x \in [a; b]\}$ um die x-Achse entsteht,
>
> $$V = \pi \int_a^b (f(x))^2 \, dx.$$

Beispiel 3: Zu bestimmen ist das Volumen eines Kegels mit dem Grundkreisradius r und der Höhe h.
Wählt man das Koordinatensystem wie in Bild 11 angegeben, dann ist f die lineare Funktion durch $(0;0)$ und $(h;r)$, also $f(x)=\frac{r}{h}x$.

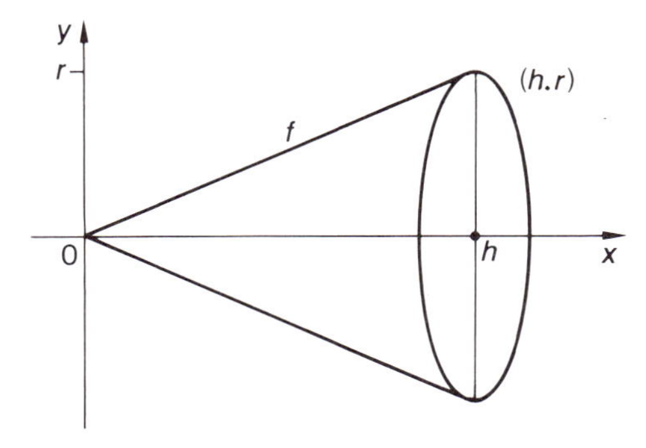

Bild 11

Es folgt: $V=\pi\int\limits_0^h\left(\frac{r}{h}x\right)^2 dx=\frac{\pi r^2}{h^2}\left[\frac{x^3}{3}\right]_0^h=\frac{\pi}{3}r^2h.$

Beispiel 4: Ein **Torus** entsteht durch Drehung eines oberhalb der x-Achse gelegenen Kreises um die x-Achse. (Ein Beispiel für einen Torus ist ein aufgepumpter Fahrradschlauch.) Sei r der Radius des zu drehenden Kreises mit dem Mittelpunkt $(0;R)$ $(R>r)$. Man erhält das Volumen des Torus, indem man das Volumen des von der Funktion
$g\colon\ x\to R-\sqrt{r^2-x^2};\ x\in[-r;r]$
erzeugten Drehkörpers von dem Volumen des durch
$f\colon\ x\to R+\sqrt{r^2-x^2};\ x\in[-r;r]$
erzeugten Drehkörpers subtrahiert.

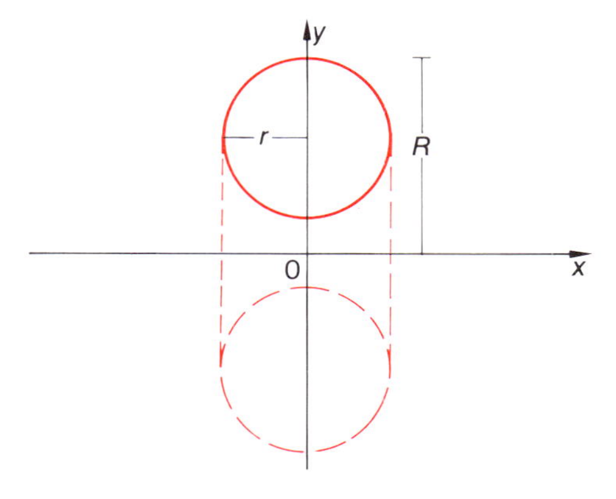

Bild 12

Man erhält

$$\begin{aligned}V&=V_f(-r,r)-V_g(-r,r)\\&=\pi\int\limits_{-r}^{r}f^2(x)\,dx-\pi\int\limits_{-r}^{r}g^2(x)\,dx\\&=\pi\int\limits_{-r}^{r}(f^2(x)-g^2(x))\,dx\\&=\pi\int\limits_{-r}^{r}[(R^2+2R\sqrt{r^2-x^2}+r^2-x^2)-(R^2-2R\sqrt{r^2-x^2}+r^2-x^2)]\,dx\\&=4\pi R\int\limits_{-r}^{r}\sqrt{r^2-x^2}\,dx\end{aligned}$$

Leider können wir das Integral $\int\limits_{-r}^{r}\sqrt{r^2-x^2}\,dx$ mit unseren Hilfsmitteln noch nicht berechnen. Wir können uns jedoch mit einem Blick auf die ebene Geometrie weiterhelfen: Die Funktion $x\to\sqrt{r^2-x^2};\ x\in[-r;r]$ ist der oberhalb der x-Achse gelegene Halbkreis mit dem Radius r und dem Mittelpunkt $(0;0)$, so daß das Integral $\int\limits_{-r}^{r}\sqrt{r^2-x^2}\,dx$ gleich dem Flächeninhalt des Halbkreises, also $\frac{1}{2}\pi r^2$ ist.
Für das Volumen des Torus erhält man also

$$V=2\pi^2Rr^2.$$

Aufgaben

19. Die Funktion f werde über dem Intervall I um die x-Achse gedreht. Bestimmen Sie das Volumen des entstehenden Drehkörpers.

a) $f: x \to \frac{1}{2}x+1$, $\quad I=[-1;5]$

b) $f: x \to 4x-x^2$, $\quad I=[0;4]$

c) $f: x \to \begin{cases} x & \text{für } 0 \le x \le 1 \\ \frac{1}{x} & \text{für } 1 \le x \le 4 \end{cases}$, $\quad I=[0;4]$

d) $f: x \to 2-|2x|$, $\quad I=[-1;1]$

e) $f: x \to \sqrt{4-x^2}$, $\quad I=[-2;2]$

20. a) Berechnen Sie das Volumen des Drehkörpers, der durch Drehung der Reziprokfunktion $r: x \to \frac{1}{x}$; $x \in \mathbb{R}_+^*$ über dem Intervall $[a; x]$ mit $a>0$ um die x-Achse entsteht.
b) Welche Zahl kann man dem Drehkörper, der durch Drehung von r über dem unendlichen Intervall $[a; \infty[$ um die x-Achse entsteht, sinnvoll als Volumen zuschreiben?

21. Berechnen Sie das Volumen einer Kugel mit dem Radius r.

22. Ein **Doppelkegel** setze sich zusammen aus zwei Kegeln mit den Höhen h_1 und h_2 und einer gemeinsamen Grundfläche mit dem Radius r. Geben Sie eine Funktion an, aus der durch Drehung um die x-Achse der Doppelkegel entsteht. Berechnen Sie das Volumen des Doppelkegels.

23. Ein **Kegelstumpf** habe die Höhe h, den Grundflächenradius r_1 und den Deckflächenradius r_2. Geben Sie eine lineare Funktion an, aus der durch Drehung um die x-Achse der Kegelstumpf entsteht. Zeigen Sie, daß für das Volumen des Kegelstumpfes gilt $V=\frac{\pi h}{3}(r_1^2+r_1 r_2+r_2^2)$.

24. a) Ein **Kugelabschnitt** mit der Höhe h $(0 \le h \le 2r)$ einer Kugel vom Radius r entsteht durch Drehung des Teilkreises $k: x \to \sqrt{r^2-x^2}$; $x \in [r-h; r]$ um die x-Achse. Zeigen Sie, daß für das Volumen des Kugelabschnitts gilt $V=\frac{\pi}{3}h^2(3r-h)$.
b) Ein **Kugelausschnitt** mit der Höhe h einer Kugel vom Radius r setzt sich zusammen aus einem Kugelabschnitt mit der Höhe h und einem Kegel, der mit dem Kugelabschnitt die Grundfläche gemeinsam hat und dessen Spitze im Mittelpunkt der Kugel liegt. Geben Sie (für $h<r$) eine Funktion an, aus der durch Drehung um die x-Achse der Kugelausschnitt entsteht. Zeigen Sie, daß für das Volumen des Kugelausschnitts gilt $V=\frac{2\pi}{3}r^2 h$.

25. Es sei $f(x)=c\sqrt{x}$ mit $x \in [0; h]$. Durch Drehung von f um die x-Achse entsteht ein Paraboloid mit dem Grundkreisradius $r=f(h)$ und der Höhe h. Berechnen Sie sein Volumen, wenn r und h gegeben sind.

26. Ist $0<b<a$ und $f(x)=\dfrac{b}{a}\sqrt{a^2-x^2}$ mit $x \in [-a; a]$, dann ist f eine Halbellipse mit den Halbachsen a und b. Der durch Drehung um die x-Achse entstehende Körper ist ein Rotationsellipsoid. Berechnen Sie sein Volumen.

27. Zeigen Sie, daß die Funktionen $f: x \to x^2$ und $g: x \to \sqrt{18-x}$ über $\mathbb{R}_+$ nur eine Schnittstelle besitzen. Sei s diese Schnittstelle und sei
$h: x \to \begin{cases} f(x) & \text{für } 0 \le x \le s \\ g(x) & \text{für } s \le x \le 18 \end{cases}$. Die Funktion h werde um die x-Achse gedreht; berechnen Sie das Volumen des von h erzeugten Drehkörpers.

28. Eine Funktion f setze sich zusammen aus einer Viertelellipse mit den Halbachsen a und b und dem Bogen einer Parabel mit dem Scheitelpunkt $(0; b)$, die durch den Punkt $(c; 0)$ geht. Durch Drehung von f um die x-Achse entsteht ein „Stromlinienkörper".

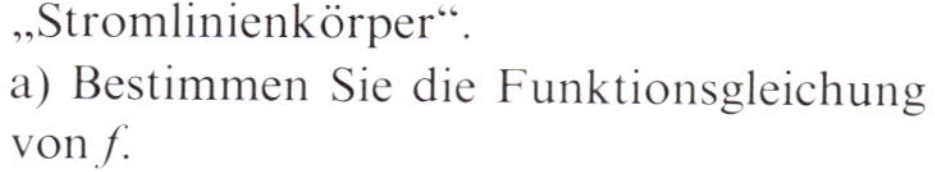

a) Bestimmen Sie die Funktionsgleichung von f.

b) Zeigen Sie: Der Stromlinienkörper hat das Volumen $V = \frac{2}{3}\pi b^2 (a + \frac{4}{5}c)$.

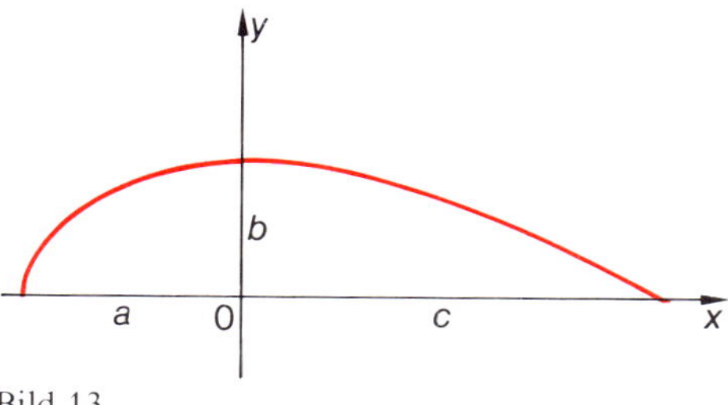

Bild 13

29. a) Durch Drehung der Hyperbel $r: x \to \frac{1}{x}$; $x \in \mathbb{R}_+^*$ in der x-y-Ebene um 45° um dem Koordinatenursprung erhält man die Funktion $f: x \to \sqrt{x^2+2}$; $x \in \mathbb{R}$. Dreht man f über dem Intervall $[-4; 4]$ um die x-Achse, so entsteht ein **einschaliges Hyperboloid.** Berechnen Sie das Volumen des Hyperboloids.

b) Die Funktion $f: x \to \sqrt{x^2-2}$; $x \in]-\infty; -\sqrt{2}] \cup [\sqrt{2}; \infty[$ ist eine Halbhyperbel mit zwei Ästen. Durch Drehung von f über $[-4; -\sqrt{2}] \cup [\sqrt{2}; 4]$ um die x-Achse entsteht ein **zweischaliges Hyperboloid.** Berechnen Sie dessen Volumen.

8.3 Anwendungen der Differential- und Integralrechnung in der Physik

Bewegung eines Massenpunktes

Zur Beschreibung der Bahn eines Massenpunktes wird ein Koordinatensystem (Bezugssystem) gewählt. Betrachtet man nur Bewegungen, die innerhalb einer Ebene verlaufen, dann kann das Koordinatensystem so gewählt werden, daß jeder Punkt der Bahn durch ein Zahlenpaar $(x; y)$ festgelegt ist. Ist t die Zeitdauer seit Beginn der Beobachtung, so wird jedem $t \in \mathbb{R}_+$ ein Punkt $(x(t); y(t))$ als Ort des Massenpunktes zur Zeit t zugeordnet. Demnach ist eine Bewegung eindeutig gekennzeichnet durch ein Funktionenpaar $x\colon t \to x(t)$; $y\colon t \to y(t)$ mit $t \in \mathbb{R}_+$.

Anmerkung: x, y und t sind physikalische Größen und daher durch die Angabe einer reellen Zahl und einer Einheit bestimmt. Eine Angabe der Art „$t \in \mathbb{R}_+$" bedeutet daher nur, daß die Maßzahl von t eine nicht-negative reelle Zahl ist.

Faßt man $\mathbb{R}^2$ als Vektorraum auf, dann nennt man $\vec{r}(t) = (x(t);\ y(t))$ den Ortsvektor des Massenpunktes zur Zeit t.

Aus der Theorie der Vektorräume wird folgender Begriff übernommen. Der Betrag eines Vektor $\vec{a} = (a_1; a_2)$ ist $a = \sqrt{a_1^2 + a_2^2}$.

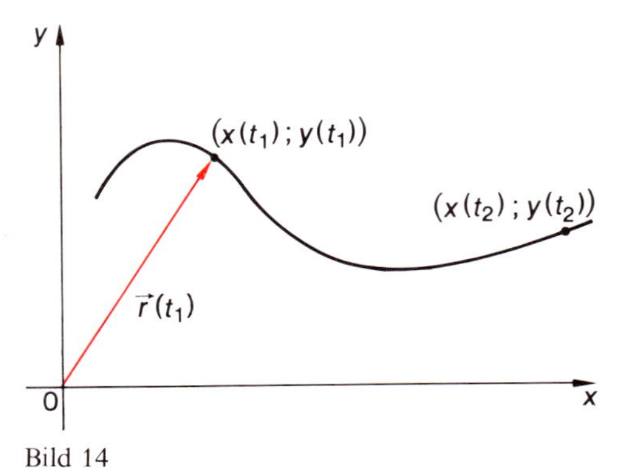

Bild 14

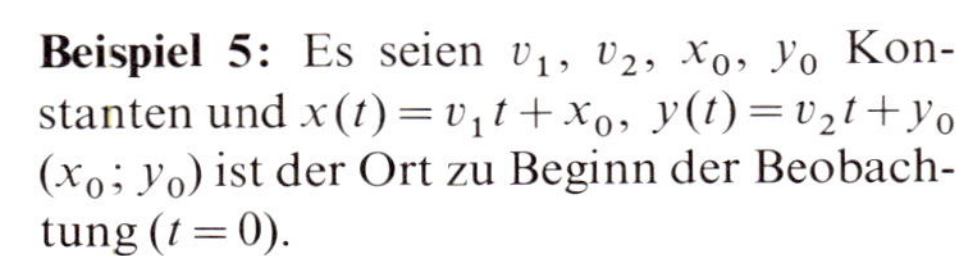

Beispiel 5: Es seien v_1, v_2, x_0, y_0 Konstanten und $x(t) = v_1 t + x_0$, $y(t) = v_2 t + y_0$ $(x_0; y_0)$ ist der Ort zu Beginn der Beobachtung $(t = 0)$.

Ist $v_1 = 0$, dann ist $x(t) = x_0$ für alle $t \in \mathbb{R}_+$; in diesem Fall ist die Bahn die Parallele zur y-Achse durch $(x_0; y_0)$.

Ist $v_1 \neq 0$, dann erhält man mit $t = \dfrac{x - x_0}{v_1}$ für y die Gleichung

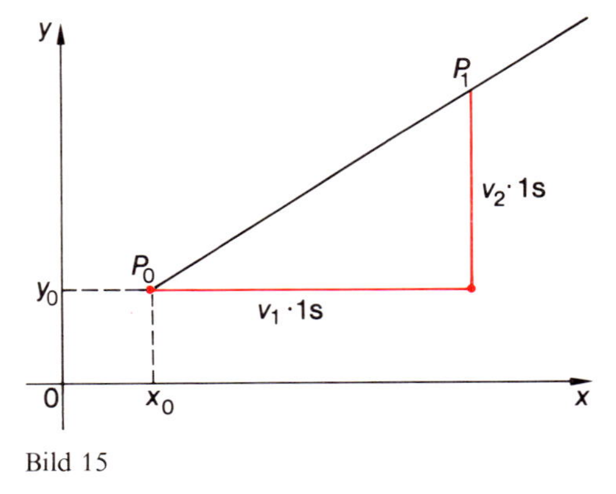

Bild 15

$y = \dfrac{v_2}{v_1}(x - x_0) + y_0$; es ist also $x \to y(x)$ eine lineare Funktion, die Bahn demnach eine Gerade; ihre Steigung ist $\dfrac{v_2}{v_1}$.

Zwei Punkte der Bahn sind z. B. $P_0 = (x_0;\ y_0)$ und $P_1 = (v_1 \cdot 1\,\text{s} + x_0;\ v_2 \cdot 1\,\text{s} + y_0)$.

Beispiel 6: Es seien r und ω Konstanten und $x(t) = r\cos\omega t$; $y(t) = r\sin\omega t$.
Da $x^2(t) + y^2(t) = r^2$ für alle $t \in \mathbb{R}_+$ gilt, ist die Bahn der Kreis um O mit dem Radius r. Die Zeit T für einen Umlauf (Umlaufzeit) ist festgelegt durch $\omega T = 2\pi$.

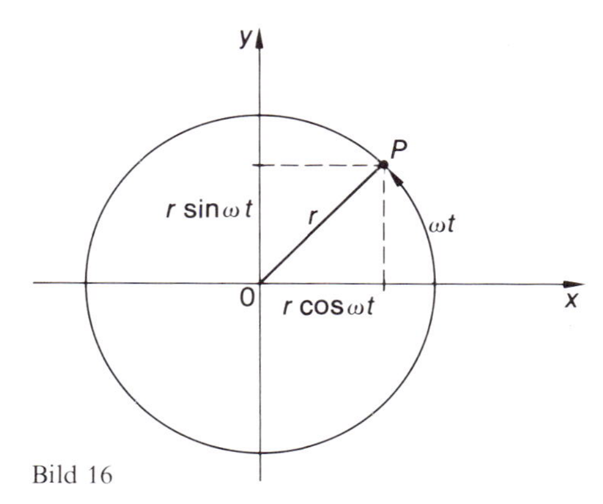

Bild 16

Es sei $t_2 > t_1$, dann ist $\vec{r}(t_2) - \vec{r}(t_1)$ der „Verschiebungsvektor" im Zeitintervall $[t_1; t_2]$. Den Vektor

$$\frac{1}{t_2 - t_1}(\vec{r}(t_2) - \vec{r}(t_1)) = \left(\frac{x(t_2) - x(t_1)}{t_2 - t_1}; \frac{y(t_2) - y(t_1)}{t_2 - t_1}\right)$$

nennt man Durchschnittsgeschwindigkeit im Zeitintervall $[t_1; t_2]$.

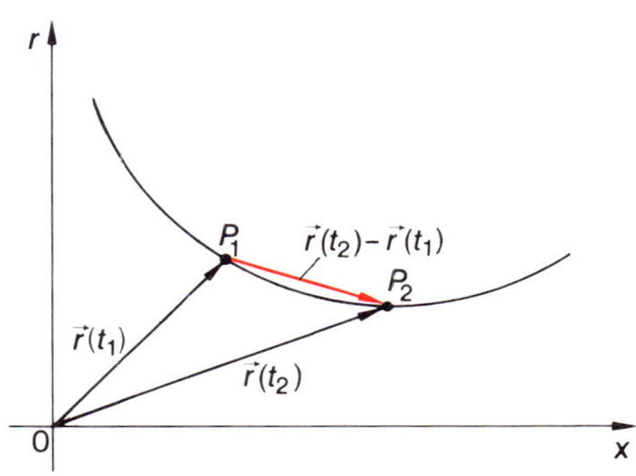

Bild 17

Sind $(t \to x(t))$ und $(t \to y(t))$ differenzierbare Funktionen, und ist

$$\lim_{t_2 \to t_1} \frac{x(t_2) - x(t_1)}{t_2 - t_1} = \dot{x}(t_1) \text{ und}$$

$$\lim_{t_2 \to t_1} \frac{y(t_2) - y(t_1)}{t_2 - t_1} = \dot{y}(t_1),$$

dann ist $\vec{v}(t_1) = (\dot{x}(t_1); \dot{y}(t_1))$ die Geschwindigkeit des Massenpunktes zur Zeit t_1.

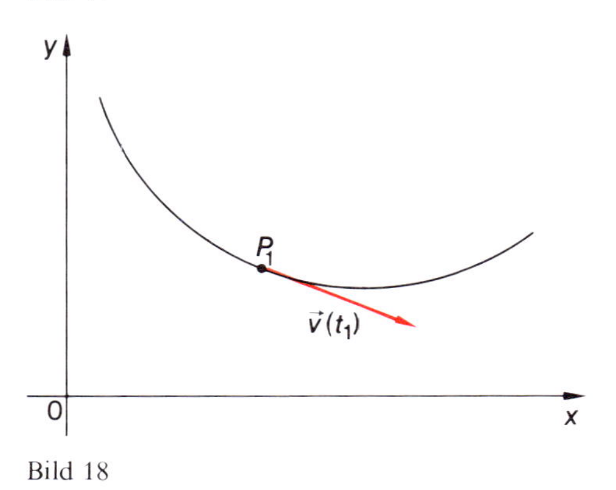

Bild 18

Die Ableitungen der Funktionen $t \to x(t)$ und $t \to y(t)$ bezeichnet man auch mit v_x bzw. v_y, also

$$v_x: t \to \dot{x}(t) \text{ und } v_y: t \to \dot{y}(t).$$

Damit ist dann $\vec{v}(t) = (v_x(t); v_y(t))$.

Beispiel 7: In Beispiel 5 sind v_x und v_y konstante Funktionen:

$v_x(t) = v_1$ und $v_y(t) = v_2$ für alle $t \in R_+$.

Also ist auch $\vec{v} = (v_1; v_2)$ eine Konstante.
(Die Bewegung heißt „gleichförmige Bewegung").

Die Ursache für das Zustandekommen einer Bewegung ist das Einwirken einer Kraft. *Newton* hat erkannt, daß zwischen der Kraft $\vec{F}$, der Masse m und der Beschleunigung $\vec{a}$ ein einfacher gesetzmäßiger Zusammenhang besteht:

$\vec{F} = m \cdot \vec{a}$ (*Newton*sche Grundgleichung).

Dabei ist die Beschleunigung wie folgt definiert: Sind v_x und v_y differenzierbare Funktionen, dann ist

$a_x\colon t \to a_x(t) = \dot{v}_x(t) = \ddot{x}(t)$; $\quad a_y\colon t \to a_y(t) = \dot{v}_y(t) = \ddot{y}(t)$

und

$\vec{a}(t) = (a_x(t);\ a_y(t))$.

Beispiel 8: Bei einer gleichförmigen Bewegung sind v_x und v_y konstante Funktionen. Also ist $a_x(t) = a_y(t) = 0$ für alle $t \in \mathbb{R}_+$, und nach der *Newton*schen Grundgleichung folgt: $\vec{F} = \vec{0}$. Es gilt auch die Umkehrung:
Ist $\vec{F} = 0$, dann ist $\vec{a} = \vec{0}$ (da $m \neq 0$).
Also sind die Stammfunktionen v_x, v_y von a_x bzw. a_y konstante Funktionen.
Es sei $v_x(t) = v_1$, $v_y(t) = v_2$ für alle $t \in \mathbb{R}_+$, dann sind die Stammfunktionen von v_x, v_y die Funktionen x, y mit $x(t) = v_1 t + x_0$, $y(t) = v_2 t + y_0$ mit $x_0, y_0 \in \mathbb{R}$.
Es gilt also: Eine Bewegung ist genau dann gleichförmig, wenn keine Kraft wirkt.

Beispiel 9: Die Beschleunigung sei für alle Massenpunkte konstant. Diese Bedingung ist z. B. annähernd erfüllt, wenn sich die Massenpunkte in geringer Höhe über der Erdoberfläche befinden. Wird das Bezugssystem wie in Bild 19 gewählt, dann ist $\vec{a} = (0; -g)$ mit $g \approx 9{,}81\ \frac{\text{m}}{\text{s}^2}$.

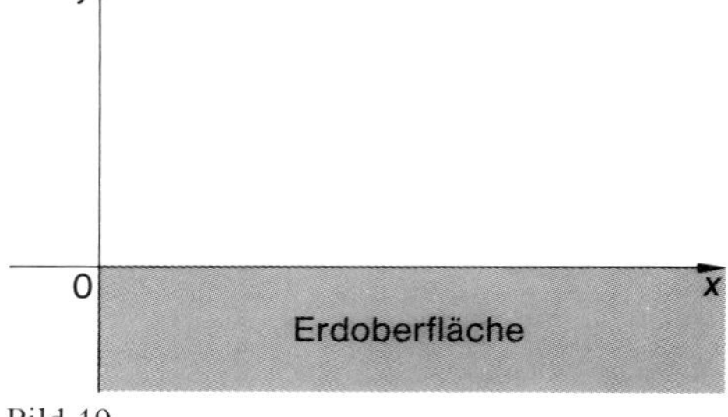

Bild 19

Es folgt:

1. Für die Stammfunktionen v_x und v_y von a_x und a_y gilt:

$v_x(t) = v_1$ für alle $t \in \mathbb{R}_+$

$v_y(t) = -gt + v_2$;

dabei sind v_1 und v_2 Konstanten.

2. Für die Stammfunktionen x und y von v_x und v_y gilt:

$x(t) = v_1 t + x_0$

$y(t) = -\frac{g}{2} t^2 + v_2 t + h$; dabei sind x_0 und h Konstanten.

1. Fall: $v_1 = v_2 = 0$. Dann ist $\vec{v}(0) = \vec{0}$, d. h. die Bewegung beginnt aus der Ruhelage in der Höhe h über der Erdoberfläche (freier Fall).

2. Fall: $v_1 \neq 0$, $v_2 = 0$.
Es erfolgt ein waagerechter Wurf in der Höhe h mit einer Anfangsgeschwindigkeit vom Betrag v_1 (Bild 20).

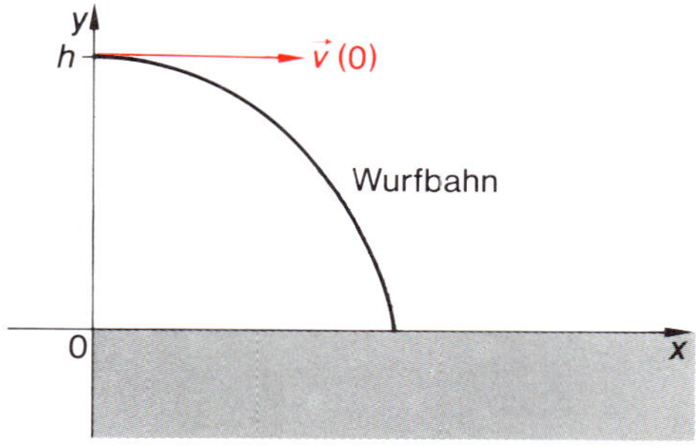

Bild 20

3. Fall: $v_1 \neq 0$, $v_2 \neq 0$, $x_0 = h = 0$.
Es erfolgt ein schiefer Wurf von $O = (0; 0)$ aus mit der Anfangsgeschwindigkeit $\vec{v}(0) = (v_1, v_2)$ (Bild 21).

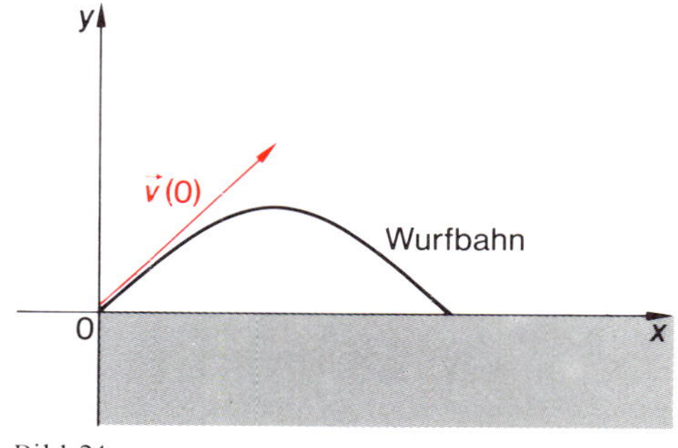

Bild 21

Kraftstoß, Impuls, Impulssatz
Auf einen Körper wirke in einem Zeitintervall $[t_1; t_2]$ eine Kraft $\vec{F}(t)$, z.B. bei einem Stoß. Zur Bestimmung der dadurch hervorgerufenen Wirkung untersucht man den sogenannten „Kraftstoß"

$$\int_{t_1}^{t_2} \vec{F}(t)\,dt = \left(\int_{t_1}^{t_2} F_x(t)\,dt\,;\ \int_{t_1}^{t_2} F_y(t)\,dt\right).$$

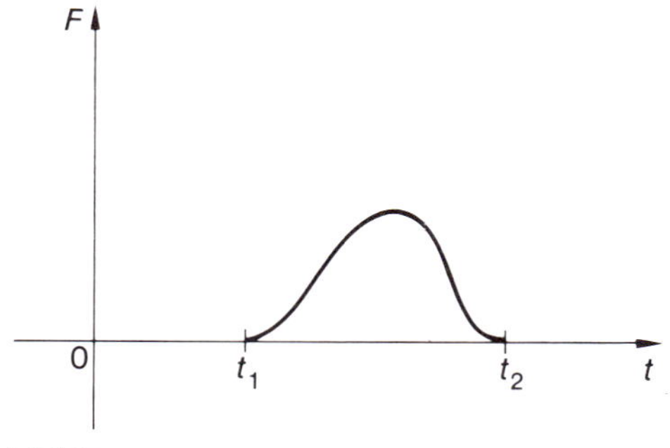

Bild 22

Nach dem Beschleunigungsgesetz ergibt sich

$$\int_{t_1}^{t_2} F_x(t)\,dt = \int_{t_1}^{t_2} m\dot{v}_x(t)\,dt = m\,[v_x(t)]_{t_1}^{t_2} = mv_x(t_2) - mv_x(t_1),$$

$$\int_{t_1}^{t_2} F_y(t)\,dt = \int_{t_1}^{t_2} m\dot{v}_y(t)\,dt = m\,[v_y(t)]_{t_1}^{t_2} = mv_y(t_2) - mv_y(t_1).$$

Also gilt: $\int_{t_1}^{t_2} \vec{F}(t)\,dt = m\vec{v}(t_2) - m\vec{v}(t_1)$.

Man nennt die Größe $m \cdot \vec{v}$ den **Impuls** des Körpers; mit dieser Bezeichnung lautet das Ergebnis:
Der Kraftstoß ist gleich der Änderung des Impulses.

Angenommen, zwei Körper (1) und (2) mit den Massen m_1 bzw. m_2 stoßen zusammen; dann üben sie wechselseitig Kräfte aufeinander aus. Es sei $\vec{F}_{12}$ die Kraft, die von (1) auf (2) ausgeübt wird, und $\vec{F}_{21}$ die Kraft, mit der (2) auf (1) einwirkt. Nach dem Wechselwirkungsgesetz (Aktio gleich Reaktio) ist zu jedem Zeitpunkt t: $\vec{F}_{12}(t) = -\vec{F}_{21}(t)$. Bezeichnet man die Geschwindigkeit von (1) mit $\vec{v}$, die Geschwindigkeit von (2) mit $\vec{u}$, dann gilt demnach

$$\int_{t_1}^{t_2} \vec{F}_{12}(t)\,dt = m_2\vec{u}(t_2) - m_2\vec{u}(t_2) = -\int_{t_1}^{t_2} \vec{F}_{21}(t)\,dt = -(m_1\vec{v}(t_2) - m_1\vec{v}(t_1)).$$

Daraus folgt: $m_1\vec{v}(t_2) + m_2\vec{u}(t_2) = m_1\vec{v}(t_1) + m_2\vec{u}(t_1)$.

Diese Gleichung sagt aus:

Die Summe der Impulse nach dem Stoß ist gleich der Summe der Impulse vor dem Stoß, kurz: Der Gesamtimpuls ist eine Konstante.

Diese Aussage ist das Gesetz von der Erhaltung des Impulses **(Impulssatz).**

Arbeit, Energie, Energiesatz

Wird ein Körper unter Einwirkung einer Kraft verschoben, so sagt man, es wird an dem Körper Arbeit verrichtet. Ist die Kraft konstant mit dem Betrag F, und erfolgt die Verschiebung in Richtung der Kraft auf einem Weg der Länge s, dann ist $W = F \cdot s$ das Maß für die Arbeit.

Die folgende Überlegung führt zu einer Definition des Begriffs „Arbeit", die auch dann anwendbar ist, wenn nicht der angegebene Sonderfall vorliegt. Es wird jedoch vorausgesetzt, daß in jedem Punkt des Raumes die Kraft auf einen Körper eindeutig bestimmt ist; man sagt dann, daß ein zeitlich unabhängiges Kraftfeld vorliegt.

Der Verschiebungsweg sei die Wertemenge einer Funktion

$$\tau \longrightarrow (x(\tau);\ y(\tau)) \text{ mit } \tau \in [a; b].$$

Dabei ist τ nicht unbedingt die Variable für die Zeit; man nennt τ den Kurvenparameter.

Bei einer Zerlegung T von $[a; b]$ sei $[\tau_{k-1}; \tau_k]$ das k-te Teilintervall. Die Verschiebung von $P_{k-1} = P(\tau_{k-1})$ nach $P_k = P(\tau_k)$ auf der Kurve wird ersetzt durch die Verschiebung von P_{k-1} über P'_k nach P_k (vgl. Bild 23).

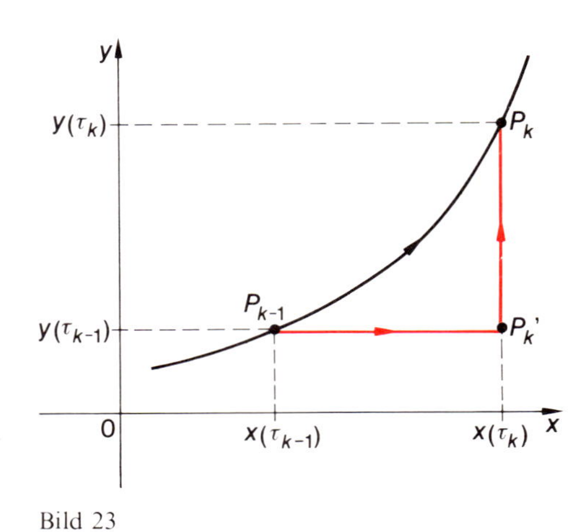

Bild 23

Ist die Zerlegung hinreichend fein, d.h. liegen P_{k-1} und P_k nahe beeinander, dann ist die Arbeit $W(k)$ bei der Verschiebung von P_{k-1} nach P_k auf der Kurve etwa gleich der Summe $W_x(k) + W_y(k)$, wobei $W_x(k)$ die Arbeit auf dem Weg von P_{k-1} nach P'_k und $W_y(k)$ die Arbeit auf dem Weg von P'_k nach P_k ist. Bei konstanter Kraft $\vec{F} = (F_x; F_y)$ setzt man entsprechend dem in der Einleitung angegebenen Sonderfall

$$W_x(k) = F_x \cdot (x(\tau_k) - x(\tau_{k-1})) \text{ und } W_y(k) = F_y \cdot (y(\tau_k) - y(\tau_{k-1})).$$

Sind $\tau \to x(\tau)$ und $\tau \to y(\tau)$ differenzierbare Funktionen, dann gibt es nach dem Mittelwertsatz der Differentialrechnung ϱ und σ aus $]\tau_{k-1}; \tau_k[$ mit

$$\frac{x(\tau_k) - x(\tau_{k-1})}{\tau_k - \tau_{k-1}} = x'(\varrho) \quad \text{bzw.} \quad \frac{y(\tau_k) - y(\tau_{k-1})}{\tau_k - \tau_{k-1}} = y'(\sigma)$$

Damit ergibt sich für die Arbeit bei der Verschiebung von P_{k-1} nach P_k:

$$W(k) \approx (F_x \cdot x'(\varrho) + F_y \cdot y'(\sigma)) \cdot (\tau_k - \tau_{k-1}) \text{ mit } \varrho, \sigma \in]\tau_{k-1}; \tau_k[.$$

Ist nun die Kraft nicht unbedingt konstant und $\vec{F} = (F_x(\tau); F_y(\tau))$ die Kraft auf den Körper im Kurvenpunkt $(x(\tau); y(\tau))$, dann sei h die Funktion

$$h: \tau \to F_x(\tau) \cdot x'(\tau) + F_y(\tau) \cdot y'(\tau).$$

Aufgrund der vorhergehenden Ausführungen liegt es nahe, für $W(k)$ nun folgende Bedingung festzusetzen:

$$m_k \cdot (\tau_k - \tau_{k-1}) \leq W(k) \leq M_k \cdot (\tau_k - \tau_{k-1});$$

dabei ist $m_k = \inf h([\tau_{k-1}; \tau_k])$ und $M_k = \sup h([\tau_{k-1}; \tau_k])$. Die gesamte Arbeit $W(P_a; P_b)$ bei der Verschiebung von $P(a)$ nach $P(b)$ ist die Summe aller $W(k)$ mit $k \in \{1, \ldots, n\}$, wobei n die Anzahl der Teilintervalle der Zerlegung T ist. Da die Schranken von $W(k)$ die k-ten Summanden der Unter- bzw. Obersumme von h bei der Zerlegung T sind, gilt dann

$${}_*S_h(T) \leq W(P_a; P_b) \leq {}^*S_h(T) \text{ für jede Zerlegung } T \text{ von } [a; b].$$

Damit erhält man folgende Definition.

Definition 4: Sei $K = \{P | P = (x(\tau); y(\tau)) \text{ mit } \tau \in [a; b]\}$ ein Weg und $\vec{F}(\tau)$ die Kraft im Punkt $(x(\tau); y(\tau))$ auf einen Körper. Sind die Funktionen $\tau \to x(\tau)$ und $\tau \to y(\tau)$ differenzierbar auf $[a; b]$ und ist $\tau \to F_x(\tau)x'(\tau) + F_y(\tau)y'(\tau)$ integrierbar über $[a; b]$, dann ist

$$W(P_a, P_b) = \int_a^b [F_x(\tau) \cdot x'(\tau) + F_y(\tau) y'(\tau)]\, d\tau$$

die Arbeit, die bei Verschiebung des Körpers auf K verrichtet wird.

Beispiel 10: Verschiebung eines Körpers der Masse m auf einem Weg in der Nähe der Erdoberfläche.
Bei dem in Bild 24 dargestellten Bezugssystem ist $\vec{F} = (0; -mg)$.
Demnach ist
$F_x \cdot x'(\tau) + F_y y'(\tau) = -mg \cdot y'(\tau)$,
und es folgt:

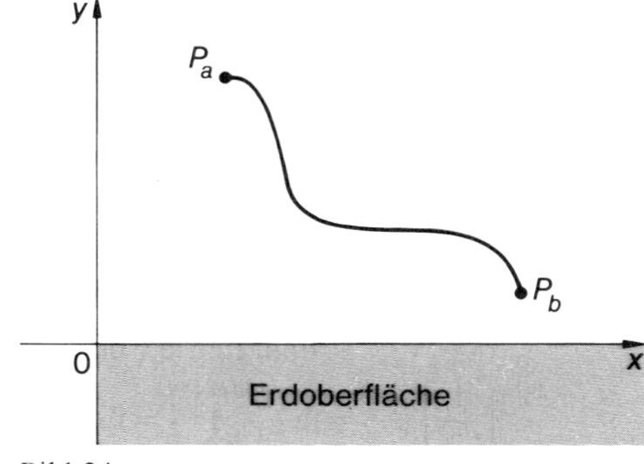

Bild 24

$$W(P_a, P_b) = \int_a^b (-mg y'(\tau))\, d\tau = -mg[y(\tau)]_a^b = mg \cdot y(a) - mg \cdot y(b).$$

y ist die Höhe des Punktes $(x; y)$ über der Erdoberfläche; schreibt man „h" statt „y", dann ist also

$$W(P_a, P_b) = mgh_a - mgh_b.$$

Man beachte: Für einen bestimmten Körper ist die Arbeit unabhängig von der Wahl des Weges, sondern nur abhängig von der Höhendifferenz zwischen Anfangs- und Endpunkt des Weges.

Beispiel 11: Verschiebung in einem Gravitationsfeld. Ein Massenpunkt m werde im Gravitationsfeld der Masse M verschoben. Ist r der Abstand der Massenmittelpunkte, dann hat die Kraft $\vec{F}$, die auf m wirkt, den Betrag $F = G\,\frac{M \cdot m}{r^2}$ und eine Richtung, die zum Mittelpunkt O von M weist. Dabei ist $G = 6{,}670 \cdot 10^{-11}\,\frac{\mathrm{m}^3}{\mathrm{kg} \cdot \mathrm{s}^2}$ die Gravitationskonstante.

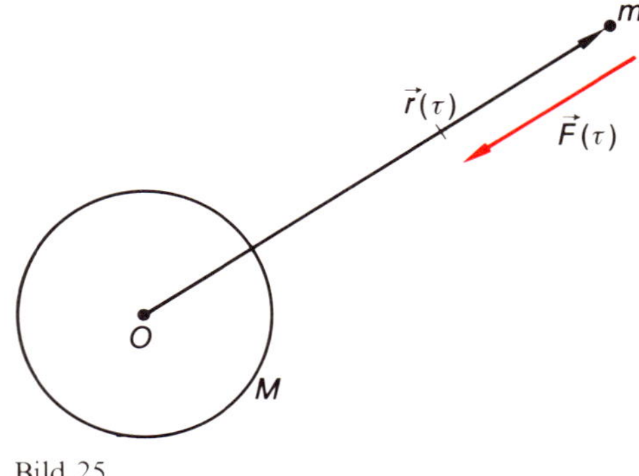

Bild 25

Ist $\vec{r}$ der Ortsvektor von O zum Ort von m, dann ist $-\frac{1}{r}\,\vec{r}$ der Vektor in Richtung $\vec{F}$ mit dem Betrag 1; also ist $\vec{F} = -G\,\frac{Mm}{r^3}\,\vec{r}$

Es folgt:

$$F_x(\tau) \cdot x'(\tau) + F_y(\tau) \cdot y'(\tau) = -G\,\frac{M \cdot m}{\sqrt{x^2(\tau) + y^2(\tau)}^{\,3}}\,(x(\tau) \cdot x'(\tau) + y(\tau) \cdot y'(\tau)).$$

Setzt man $\varphi(\tau) = x^2(\tau) + y^2(\tau)$, dann ist

$$\varphi'(\tau) = 2 \cdot x(\tau) \cdot x'(\tau) + 2 \cdot y(\tau) \cdot y'(\tau).$$

Mit Hilfe der Substitutionsregel erhält man:

$$\begin{aligned} W(P_a, P_b) &= \int_a^b (F_x(\tau) \cdot x'(\tau) + F_y(\tau) \cdot y'(\tau))\,d\tau = -G\,\frac{Mm}{2}\int_a^b \frac{\varphi'(\tau)}{\sqrt{\varphi(\tau)}^{\,3}}\,d\tau \\ &= -G\,\frac{M \cdot m}{2}\int_{\varphi(a)}^{\varphi(b)} z^{-\frac{3}{2}}\,dz = -G\,\frac{M \cdot m}{2}\left[-2 \cdot z^{-\frac{1}{2}}\right]_{\varphi(a)}^{\varphi(b)} \\ &= G\,Mm \cdot \left(\frac{1}{\sqrt{\varphi(b)}} - \frac{1}{\sqrt{\varphi(a)}}\right). \end{aligned}$$

Wegen $\varphi(\tau) = r^2(\tau)$ ergibt sich schließlich

$$W(P_a, P_b) = G\,Mm \cdot \left(\frac{1}{r_b} - \frac{1}{r_a}\right).$$

Dabei sind r_a bzw. r_b die Entfernungen der Punkte $P(a)$ bzw. $P(b)$ von O.
Analog zum Beispiel 10 gilt auch hier: Für einen bestimmten Körper ist die Arbeit unabhängig von der Wahl des Weges, sondern nur abhängig von den Entfernungen, die Anfangs- und Endpunkt vom Gravitationszentrum haben.

Beispiel 12: Wird ein Körper verschoben, so ist er in Bewegung. Der Verschiebungsweg ist demnach identisch mit der Bahn des Körpers, so daß der Weg durch die Funktionen $t \to x(t)$ und $t \to y(t)$ beschrieben werden kann; dabei ist t Variable für die Zeitdauer seit Beginn der Beobachtung. Sei $P_a = P(t_1)$ der Anfangspunkt und $P_b = P(t_2)$ der Endpunkt des Verschiebungsweges. Ist $\vec{F}(t)$ die Resultierende aller Kräfte, die im Punkt $(x(t); y(t))$ auf den Körper mit der Masse m einwirken, dann ist nach dem Beschleunigungsgesetz $(F_x; F_y) = m(\ddot{x}(t); \ddot{y}(t))$, und die Arbeit auf dem Weg von P_a nach P_b ist

$$W(P_a, P_b) = \int_{t_1}^{t_2} [m\ddot{x}(t) \cdot \dot{x}(t) + m\ddot{y}(t) \cdot \dot{y}(t)]\, dt$$

$$= \frac{m}{2} [\dot{x}^2(t) + \dot{y}^2(t)]_{t_1}^{t_2}.$$

Mit $(\dot{x}(t))^2 + (\dot{y}(t))^2 = (v(t))^2$ erhält man:

$$W(P_a, P_b) = \frac{m(v(t_2))^2}{2} - \frac{m(v(t_1))^2}{2}$$

Man nennt die Größe $W_{\text{kin}} = \frac{mv^2}{2}$ die **kinetische Energie** des Körpers. Mit dieser Bezeichnung erhält man:

$$W(P_a, P_b) = W_{\text{kin}}(P_b) - W_{\text{kin}}(P_a),$$

wobei $W_{\text{kin}}(P)$ die kinetische Energie des Körpers im Punkt P ist.

Wirken auf einen Körper nur die Kräfte eines Kraftfeldes, so erhält man mit Beispiel 10 und Beispiel 12

$$W_{\text{kin}}(P_b) - W_{\text{kin}}(P_a) = mgh_a - mgh_b, \text{ bzw.}$$

$$W_{\text{kin}}(P_b) + mgh_b = W_{\text{kin}}(P_a) + mgh_a.$$

Im Kraftfeld des Beispiels 10 nennt man $W_{\text{pot}}(P) = mgh$ die **potientielle Energie** des Körpers im Punkt $P = (x; h)$.

Demnach gilt: $W_{\text{kin}}(P) + W_{\text{pot}}(P)$ ist eine Konstante.

Mit Beispiel 11 und Beispiel 12 erhält man

$$W_{\text{kin}}(P_b) - W_{\text{kin}}(P_a) = G\frac{Mm}{r_b} - \frac{Mm}{r_a}, \text{ bzw.}$$

$$W_{\text{kin}}(P_b) - G\frac{Mm}{r_b} = W_{\text{kin}}(P_a) - G\frac{Mm}{r_a}.$$

Für das Gravitationsfeld setzt man $W_{\text{pot}}(P) = -G\,\frac{Mm}{r}$, wobei r der Betrag des Vektors $\vec{r}$ vom Gravitationszentrum zum Ort des Massenpunktes m ist.

Damit gilt dann ebenfalls:

$W_{\text{kin}}(P) + W_{\text{pot}}(P)$ ist eine Konstante.

Diese Aussage nennt man das Gesetz von der Erhaltung der mechanischen Energie (kurz **Energiesatz der Mechanik**).

Aufgaben

30. Bei der Bewegung eines Massenpunktes sei $x(t)=v_1 t,\ y(t)=v_2 t$ mit $v_1=4\,\frac{\text{m}}{\text{s}},\ v_2=3\,\frac{\text{m}}{\text{s}}$.
a) Skizzieren Sie die Bahn.
b) Berechnen Sie den Betrag der Geschwindigkeit.

31. (Vgl. Beispiel 9) Bei einem waagerechten Wurf in der Höhe $h=180$ m sei $v_x(0)=v_1=40\,\frac{\text{m}}{\text{s}}$.
a) Die Bewegung ist beendet zur Zeit t_e mit $y(t_e)=0$. Die Wurfweite ist $x(t_e)$.
Berechnen Sie t_e und $x(t_e)$. $\left(\text{Setzen Sie } g\approx 10\,\frac{\text{m}}{\text{s}^2}\right)$.
b) Skizzieren Sie die Wurfbahn. Bestimmen Sie die Geschwindigkeiten $\vec{v}(t_n)$ mit $n\in\mathbb{N}$ und $t_n=n\cdot 1\,\text{s}\le t_e$, und zeichnen Sie die Vektorpfeile zu $\vec{v}(t_n)$ mit $P(t_n)$ als Anfangspunkten.

32. (Vgl. Beispiel 9) Bei einem schiefen Wurf sei $\vec{v}(0)=(v_1;\,v_2)$ mit $v_1=v_2=40\,\frac{\text{m}}{\text{s}}$ und $x(t)=v_1 t,\ y(t)=-\frac{g}{2}t^2+v_2 t$ mit $g\approx 10\,\frac{\text{m}}{\text{s}^2}$.
a) Bestimmen Sie die Dauer der Bewegung, die Wurfweite und die größte Höhe der Wurfbahn.
b) Skizzieren Sie die Wurfbahn.

33. Ein Massenpunkt m bewege sich auf einer schiefen Ebene reibungsfrei. Die Ebene habe die Neigung $\varphi=30°$ und die Länge $l=40$ m. Da die Kraft $\vec{F}_2$, die von der Unterlage auf m ausgeübt wird, senkrecht zur Ebene ist, ergibt sich für den Betrag der resultierenden Kraft (Hangabtrieb) $F=mg\sin\varphi$.
a) Bestimmen Sie bei dem in Bild 26 angegebenen Bezugssystem $\vec{a}=(a_x;\,a_y)$, $v_x(t)$, $v_y(t)$ und $x(t)$, $y(t)$.
b) Wie lange dauert die Bewegung auf der Ebene und welchen Betrag hat die Endgeschwindigkeit?

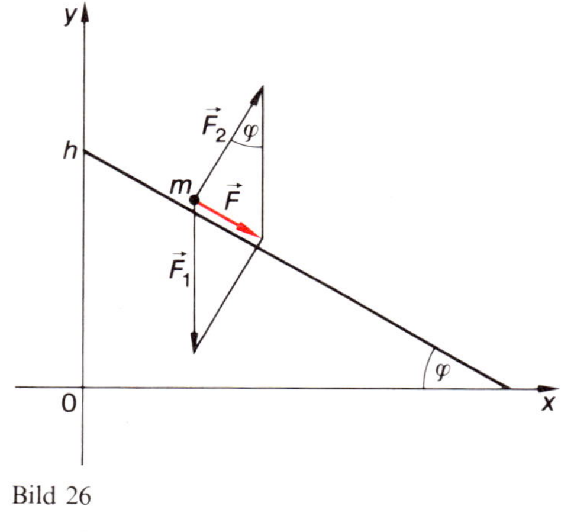

Bild 26

34. Auf einen Körper der Masse $m=1$ kg wirkt im Zeitintervall $[0;\,2\,\text{s}]$ eine Kraft in x-Richtung; dabei ist

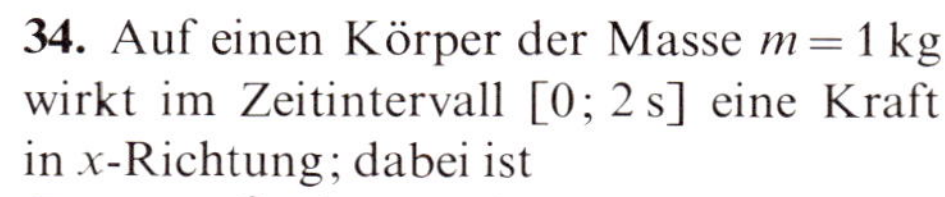

$F_x\colon\ t\longrightarrow at^2+bt+c$ mit $F_x(0)=F_x(2\,\text{s})=0$.
Der Körper erfährt eine Impulsänderung vom Betrag $4\,\text{kg}\,\frac{\text{m}}{\text{s}}$.
a) Bestimmen Sie das Maximum der Funktion F_x.
b) Wie groß müßte der Betrag F_2 einer konstanten Kraft sein, die in 2s die gleiche Impulsänderung bewirkt?

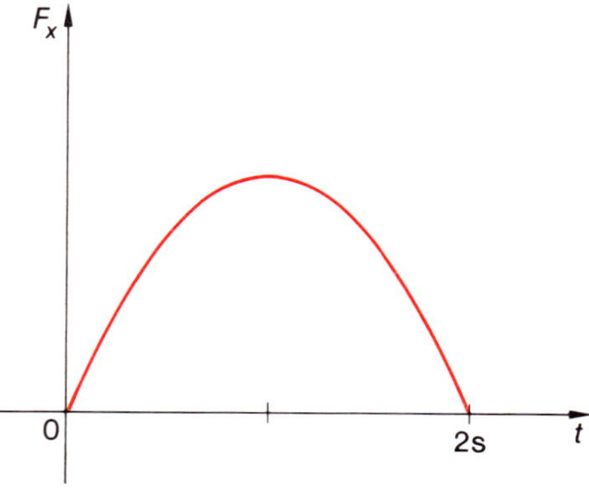

Bild 27

35. Beim Start einer Rakete wird Gas, das durch die Verbrennung des Treibstoffs entsteht, mit konstanter Geschwindigkeit nach unten ausgestoßen. Es sei v der Betrag der Geschwindigkeit, mit der das Verbrennungsgas die Rakete verläßt, und $m(t)$ die Masse des im Zeitintervall $[0; t]$ verbrannten Treibstoffs.
a) Begründen Sie: Ist zur Zeit t der Treibstoff noch nicht vollständig verbrannt, dann ist $F(t) = \dot{m}(t) \cdot v$ der Betrag der Kraft, die zur Zeit t auf die Rakete wirkt ($F(t)$ heißt „Schubkraft").
b) Bei der 1. Stufe der Saturn-V-Rakete strömten die Gase mit $v = 4{,}6\ \frac{\text{km}}{\text{s}}$ in der Zeit 2,5 min aus; dabei war die Schubkraft konstant, nämlich $F = 3{,}4 \cdot 10^7$ N.
Wieviel Treibstoff wurde verbrannt? Wie lautet die Funktion $t \to m(t)$?

36. Ein Körper der Masse m bewege sich mit konstanter Geschwindigkeit vom Betrag v_0. Von einem bestimmten Zeitpunkt an beginnt die Einwirkung einer konstanten Kraft mit dem Betrag F entgegengesetzt zur Bewegungsrichtung; dadurch wird der Körper bis zur Ruhelage abgebremst.
a) Begründen Sie: Die Länge des Bremsweges ist $s = \frac{m \cdot v_0^2}{2 \cdot F}$.
b) Prallt ein Auto gegen ein festes Hindernis, so sollte der Fahrer durch seinen Haltegurt von der Fahrzeuggeschwindigkeit bis zur Ruhelage abgebremst werden, ohne gegen die Frontscheibe zu stoßen. Der Bremsweg einschließlich Knautschzone des Fahrzeugs werde mit 1,5 m angesetzt; der Haltegurt wirke mit konstanter Kraft. Wie groß ist der Betrag der Kraft, wenn $m = 80$ kg und $v_0 = 45\ \frac{\text{km}}{\text{h}}$ ist?

37. Ein Körper hängt an einer Schraubenfeder; dabei sei P_0 sein Ort. Wird der Körper auf einer Vertikalen bis zu einem Punkt P gebracht, dann wirkt die Schraubenfeder auf ihn mit einer Kraft in Richtung P_0; ihr Betrag ist $F = Ds$, wobei s die Entfernung der Punkte P, P_0 und D eine Konstante ist.
Begründen Sie: Die bei der Verschiebung von P nach P_0 durch die Schraubenfeder verrichtete Arbeit ist $W = \frac{D}{2} s^2$.

38. Befindet sich eine (punktförmige) Probeladung q in einem elektrischen Feld, so wirkt eine Kraft $\vec{F}$ auf q. $\vec{E}=\frac{1}{q}\vec{F}$ heißt elektrische Feldstärke am Ort der Probeladung. Wird bei Verschiebung von P_a nach P_b die Arbeit $W(P_a, P_b)$ verrichtet, dann ist $U(P_a, P_b)=\frac{1}{q}W(P_a, P_b)$ die elektrische Spannung zwischen P_a und P_b.

a) Im elektrischen Feld eines geladenen Plattenkondensates ist die Feldstärke $\vec{E}$ konstant (d.h. in jedem Punkt des Feldes gleich). Begründen Sie für die drei Punkte in Bild 28:

$U(P_1, P_2)=0$; $U(P_1, P_3)=U(P_2, P_3)=E\cdot d$, wobei d der Plattenabstand ist.

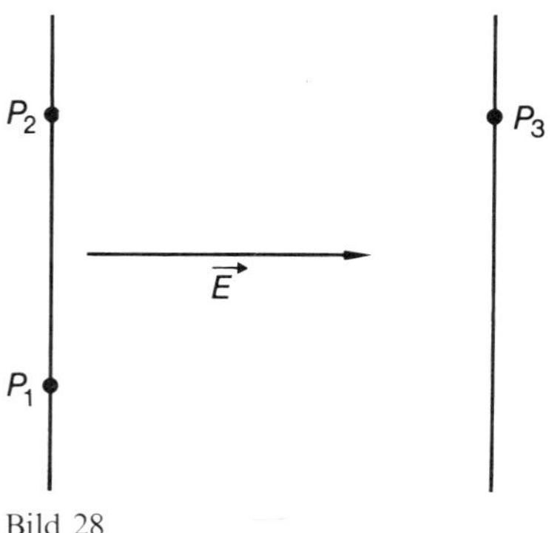

Bild 28

b) Eine Kugel mit den Radius R habe die Ladungsmenge Q. Dann ist die elektrische Feldstärke in einem Punkt P außerhalb der Kugel

$\vec{E}=\frac{1}{4\pi\varepsilon_0}\frac{Q}{r^3}\vec{r}$ (ε_0 ist eine Konstante).

(Vgl. Bild 29) Sei P_a ein Punkt der Kugeloberfläche und P ein Punkt in großer Entfernung von der Kugel. Begründen Sie:

$U(P_a, P)\approx\frac{Q}{4\pi\varepsilon_0 R}$.

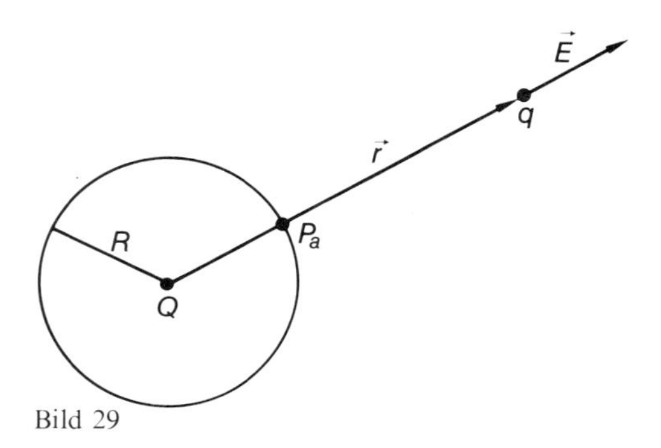

Bild 29

39. Bewegt sich ein Körper mit großer Geschwindigkeit, dann sind die Gesetze der Newtonschen Mechanik durch die Gesetze der speziellen Relativitätstheorie zu ersetzen. Danach gilt

I. Die Masse eines Körpers ist abhängig von der Geschwindigkeit v; es ist

$m(v)=\frac{m_0}{\sqrt{1-\frac{v^2}{c^2}}}$; dabei ist m_0 die Masse in der Ruhelage und $c=3\cdot 10^8\,\frac{\text{m}}{\text{s}}$ die Lichtgeschwindigkeit.

II. Ändert sich der Impuls $p=mv$, dann wirkt eine Kraft vom Betrag $F=\dot{p}$.

III. Wirkt zur Zeit t die Kraft $F(t)$ und ist $v(t)$ die Geschwindigkeit zur Zeit t, dann ist $W=\int_{t_1}^{t_2} F(t)\,v(t)\,dt$ die im Zeitintervall $[t_1; t_2]$ verrichtete Arbeit.

a) Berechnen Sie $\frac{m}{m_0}$ für $v=\frac{1}{10}c$. Wie groß ist v bei $m=2m_0$?

b) Begründen Sie: $F(t)=mc^2\frac{\dot{v}(t)}{c^2-v^2(t)}$.

c) Begründen Sie: Wird ein Körper der Ruhmasse m_0 aus der Ruhelage bis zur Geschwindigkeit v beschleunigt, dann ist die verrichtete Arbeit $W=(m-m_0)\,c^2$.

Mathematische Zeichen

$\mathbb{R}$	Menge der reellen Zahlen
$\mathbb{R}^*$	Menge der von Null verschiedenen reellen Zahlen
$\mathbb{R}_+$	Menge der nicht-negativen reellen Zahlen
$\mathbb{R}_+^*$	Menge der positiven reellen Zahlen
$\mathbb{R}_-$	Menge der nicht-positiven reellen Zahlen
$\mathbb{R}_-^*$	Menge der negativen reellen Zahlen
$\mathbb{N}$	Menge der natürlichen Zahlen (einschließlich Null)
$\mathbb{N}^*$	Menge der von Null verschiedenen natürlichen Zahlen
$\mathbb{Z}$	Menge der ganzen Zahlen
$\mathbb{Q}$	Menge der rationalen Zahlen
$\mathbb{Q}^*$	Menge der von Null verschiedenen rationalen Zahlen
$\mathbb{Q}_+$	Menge der nicht-negativen rationalen Zahlen
$[a; b]$	abgeschlossenes Intervall von a bis b
$]a; b[$	offenes Intervall von a bis b
$]a; b]$ $[a; b[$	halboffene Intervalle von a bis b
$[a; \infty[$ $]-\infty; a]$	abgeschlossene unendliche Intervalle
$]a; \infty[$ $]-\infty; a[$	offene unendliche Intervalle
$\lvert x \rvert$	Absolutbetrag von x
$f\colon x \to f(x);\ x \in D_f$	(reelle) Funktion f mit Funktionsterm $f(x)$ und Definitionsmenge D_f
$f(D_f)$	Wertemenge der (reellen) Funktion f
$f \circ g$	Verkettung der Funktionen f und g
id	identische Funktion $x \to x$
C	konstante Funktion $x \to c$
l	lineare Funktion $x \to mx + b$
q	Quadratfunktion $x \to x^2$
p_n	Potenzfunktion $x \to x^n (n \in \mathbb{N}^*)$
r	Reziprokfunktion $x \to \frac{1}{x}$
w	Wurzelfunktion $x \to \sqrt{x}$
sin	Sinusfunktion
cos	Kosinusfunktion
tan	Tangensfunktion
abs	Betragsfunktion $x \to \lvert x \rvert$
sgn	Signumfunktion $x \to \begin{cases} -1 \text{ für } x < 0 \\ 0 \text{ für } x = 0 \\ 1 \text{ für } x > 0 \end{cases}$
$[x]$	größte ganze Zahl kleiner oder gleich x
int	Integerfunktion $x \to [x]$
$\lim\limits_{x \to a} f(x)$	Grenzwert der Funktion f an der Stelle a

$d_{f,a}(x) = \dfrac{f(x) - f(a)}{x - a};\ x \in D_f \setminus \{a\}$ Differenzenquotient

f'	Ableitung(sfunktion) von f
$\dot{f}$	Ableitung nach der Zeit
f''	zweite Ableitung von f

$f^{(n)}$	n-te Ableitung von f
$\Delta y = \tilde{y} - y$	Differenz zweier y-Werte
$\sup M$	Supremum der Menge M
$\inf M$	Infimum der Menge M
${}^*S_f(T)$	Obersumme von f zur Teilung T eines Intervalls
${}_*S_f(T)$	Untersumme von f zur Teilung T eines Intervalls
${}^*\int_a^b f$	Oberes Integral von f in den Grenzen a, b
${}_*\int_a^b f$	Unteres Integral von f in den Grenzen a, b
$\int_a^b f$, $\int_a^b f(x)\,dx$	Integral von f in den Grenzen a, b
F	Stammfunktion von f
$A_f(a; b)$	Flächeninhalt von f über $[a; b]$

Register